# L'usage des maisons lorraines

*Familles et maisons paysannes*
*de la fin du XVII$^{e}$ au milieu du XX$^{e}$ siècle*

**Historiques**

*Dirigée par Bruno Péquignot et Denis Rolland*

La collection « Historiques » a pour vocation de présenter les recherches les plus récentes en sciences historiques. La collection est ouverte à la diversité des thèmes d'étude et des périodes historiques.

Elle comprend trois séries : la première s'intitulant « travaux » est ouverte aux études respectant une démarche scientifique (l'accent est particulièrement mis sur la recherche universitaire) tandis que la deuxième intitulée « sources » a pour objectif d'éditer des témoignages de contemporains relatifs à des événements d'ampleur historique ou de publier tout texte dont la diffusion enrichira le corpus documentaire de l'historien ; enfin, la troisième, « essais », accueille des textes ayant une forte dimension historique sans pour autant relever d'une démarche académique.

Série Travaux

Dernières parutions

André POLARD, *Ecrire l'histoire de l'épilepsie*, 2012.

Claude COHEN-MATLOFSKY, *Flavius Josèphe. Les ambitions d'un homme*, 2012.

Georgiy VOLOSHIN, *Le nouveau Grand Jeu en Asie centrale. Enjeux et stratégies géopolitiques*, 2012.

Emmanuel de CHAMBOST, *Histoire de la CSF sous l'Occupation, L'enfance de Thales*, 2012.

Armand AJZENBERG, *L'abandon à la mort... de 76 000 fous par le régime de Vichy*, 2012.

Michel GRENON, *Charles d'Anjou. Frère conquérant de Saint Louis*, 2012.

Thomas PFEIFFER, *Marc Lescarbot : pionnier de la Nouvelle-France*, 2012.

Michel VANDERPOOTEN, *3000 ans de Révolution agricole, Techniques et pratiques agricoles de l'Antiquité à la fin du XIX^e^ siècle*, 2012.

Kilien STENGEL, *L'aide alimentaire : colis de vivres et repas philanthropiques. Histoire de la Gigouillette 1934-2009*, 2012.

Donald WRIGHT, *L'Antiquité moderne*, 2012.

Georges ASSIMA, *La France et la Suisse. Une histoire en partage, deux patries en héritage*, 2012.

François CHEVALDONNE, *Rosa Bordas, rouge du Midi, mémoires, oublis, Histoire*, 2012.

Jean-Paul AUTANT, *De la mobilisation à la victoire. 1939-1946. Un singulier parcours sous l'uniforme durant le second conflit mondial*, 2012.

Christian FEUCHER, *Ali Bey, un voyageur espagnol en terre d'islam*, 2012.

Mélanie GABE, *Accoucher en France. De la libération aux années 1960*, 2012.

Jean-Yves Chauvet

# L'usage des maisons lorraines

*Familles et maisons paysannes*
*de la fin du XVII^e^ au milieu du XX^e^ siècle*

L'Harmattan

Du même auteur

*Vivre la maison lorraine*, Ed. Jaher, 1981.
*Les loups en Lorraine*, Ed. Horvath, 1986.
*Les toits des pays de France*, Ed. Eyrolles, 1996.
*La maison paysanne*, Ed. Aubanel, 2005.

À paraître la suite : *La transmission des maisons*.


**5-7, rue de l'Ecole-Polytechnique, 75005 Paris**

http://www.librairieharmattan.com
diffusion.harmattan@wanadoo.fr

ISBN : 978-2-336-00878-3
EAN : 9782336008783

Jean-Yves Chauvet

# L'usage des maisons lorraines

## *Familles et maisons paysannes de la fin du XVII^e au milieu du XX^e siècle*

L'Harmattan

Du même auteur

*Vivre la maison lorraine*, Ed. Jaher, 1981.
*Les loups en Lorraine*, Ed. Horvath, 1986.
*Les toits des pays de France*, Ed. Eyrolles, 1996.
*La maison paysanne*, Ed. Aubanel, 2005.

À paraître la suite : *La transmission des maisons*.


**5-7, rue de l'Ecole-Polytechnique, 75005 Paris**

http://www.librairieharmattan.com
diffusion.harmattan@wanadoo.fr

ISBN : 978-2-336-00878-3
EAN : 9782336008783

*En mémoire de Guy Cabourdin, Claude Gérard et Jean Peltre*

Ce texte représente une réduction et une adaptation pour l'édition de la première partie d'une thèse de doctorat soutenue à l'Ecole des Hautes Etudes en Sciences Sociales, le 13 décembre 2004, sous le titre : ***« Une anthropologie de l'Habitat. Intérêts, pratiques communautaires et domaine familial de la maison rurale en Lorraine. Fin XVII**$^{e}$**-milieu XX**$^{e}$ **siècle. ».***

**Jury :**

M. Gérard Béaur, directeur d'études à l'EHESS.
M. Jean-Michel Boehler, professeur à l'université Marc Bloch, Strasbourg.
M. André Burguière, directeur d'études à l'EHESS, directeur de thèse.
M. Jean Duma, professeur à l'université de Paris X-Nanterre.
M. Joseph Goy, directeur d'études à l'EHESS.

# Sommaire

**Avant-propos** p. 11
**Les sources** p. 13

**I. LES DROITS COMMUNAUTAIRES** p. 17

**1, les contraintes et les droits communautaires** p. 19
1.1, les attitudes communautaires agraires p. 19
1.2, l'organisation communautaire du cadre bâti p. 22

**2, les acensements** p. 27
2.1, le cens d'Ancien Régime, outil de repopulation p. 27
2.2, les anticipations de cens p. 38

**3, les servitudes** p. 41
3.1, le partage des pignons mitoyens p. 41
3.2, l'exhaussement du pignon ou du mur mitoyen p. 47
3.3, les jours et les vues p. 49
3.4, les éléments insalubres et les aménagements à proximité de mur p. 51
3.5, l'entretien commun du mur p. 54

**4, les droits de marronage et d'affouage** p. 57
4.1, le caractère contractuel du droit de marronage p. 57
4.2, les restrictions du droit de marronage au XVIII^e siècle p. 66
4.3, la géographie des droits et l'estimation des ressources p. 72
4.4, les applications du droit de marronage p. 77
4.5, le droit d'affouage p. 83

**5, le droit de four domestique** p. 89
5.1, un droit seigneurial souvent contentieux p. 89
5.2, les petits fours p. 94
5.3, le droit de four domestique pour la cuisson du pain p. 98

**6, les réactions collectives devant l'incendie** p. 105
6.1, la prévention des risques p. 105
6.2, la solidarité face au sinistre p. 108
6.3, la fréquence et la gravité des incendies p. 110

**7, l'éradication du chaume dans l'ancienne Moselle** p. 113
7.1, les conditions de mise en œuvre du chaume p. 113
7.2, les arrêtés préfectoraux du XIXe siècle p. 116
7.3, les effets de la politique d'attribution de primes p. 122
7.4, le recensement des chaumières p. 126
7.5, l'état du bâti et les effets techniques de la substitution p. 129
7.6, la géographie du chaume dans l'ancienne Moselle p. 134

**II. CONSTRUIRE, ENTRETENIR ET HABITER** p. 137

**8, la conduite des chantiers** p. 139
8.1, la construction et l'entretien de maisons p. 139
8.2, le choix des modèles p. 140
8.3, les contrats d'ouvrage et le déroulement des chantiers p. 143
8.4, les matériaux et leur mise en œuvre p. 151
8.5, les désordres observés par visites d'experts p. 153
8.6, les intervenants sur le chantier p. 157
8.7, rituels de fondation, de réception et de mise en possession p. 161

**9, terminologie des XVIIe et XVIIIe siècles dans le bailliage d'Allemagne** p. 167
9.1, la maçonnerie p. 168
9.2, les planchers p. 170
9.3, la charpente p. 171
9.4, la couverture p. 172
9.5, les enduits p. 175
9.6, les menuiseries p. 176
9.7, les lieux du feu p. 177
9.8, les sols et divers p. 177

**10, l'espace domestique. Anthropologie de l'habitat et de l'habité** p. 179
10.1, les fonctions de l'espace domestique p. 179
10.2, une question sans réponses : la diversité des formes d'habitat rural p. 180
10.3, un lieu d'anthropologie familiale p. 186
10.4, l'usage différencié des maisons p. 190
10.5, le partage personnel de l'espace p. 192
10.6, les fonctions attachées aux objets p. 193
10.7, le nombre et la distribution des pièces des maisons p. 196
10.8, la représentation sociale des pièces des maisons de Bisping p. 198
10.9, les maisons de Barisey-la-Côte p. 200
10.10, la distribution des pièces du corps de logis à Barisey-la-Côte p. 202

10.11, les valeurs estimées des corps des logis et des corps d'exploitation p. 203
10.12, les valeurs comparées des prisées par pièce p. 205

**11, les meubles** p. 207
11.1, historiographie du mobilier lorrain p. 207
11.2, espaces domestiques différenciés et lieux d'usage de l'objet p. 209
11.3, identification du poêle p. 210
11.4, identification de la cuisine p. 211
11.5, identification de la chambre p. 213
11.6, lieux spécifiques de Bisping inexistants à Barisey-la-Côte p. 214
11.7, lieux spécifiques à Barisey-la-Côte p. 216
11.8, énumération fonctionnelle des meubles, par pièce p. 217
11.9, les lieux du corps d'exploitation p. 220
11.10, la maison de Bisping au XIXe siècle p. 223

**12, la matière et l'objet à travers les classes sociales** p. 225
12.1, les meubles p. 225
12.2, la lingerie p. 228
12.3, les tissus d'ameublement p. 232
12.4, les objets, pièces de vaisselle et ustensiles de cuisine p. 234
12.5, les objets en terre p. 237

**Bibliographie** p. 239

# Avant-propos

En Lorraine, un subtil équilibre s'est toujours établi entre les intérêts communautaires et les droits des propriétaires, même au XIX^e^ siècle quand les biens-fonds ont remplacé les fermages. En certaines périodes du cycle agricole, le parcellaire était ouvert à tous, notamment après la moisson, pour permettre aux plus pauvres de glaner. C'était également vrai pour l'occupation des maisons parce que l'on habitait chez soi autant qu'avec les autres. La communauté d'habitants défendait des principes de savoir habiter qui tenaient à l'usage effectif des maisons, au respect d'un code d'urbanisme avant la lettre, aux précautions à prendre pour éviter les incendies. Ce n'était là qu'une partie des contraintes que devaient accepter les propriétaires de maisons pour convenir aux bonnes règles parce que nombre d'entre celles-ci s'appliquaient au droit d'habiter, à commencer par les articles des coutumes qui déclinaient, à travers la diversité du coutumier lorrain, toutes les servitudes qui s'imposaient mutuellement aux tenanciers mitoyens, de part et d'autre de leur pignon commun, ou bien qui définissaient certains droits communautaires comme ceux de marronage et d'affouage.

Lorsque les crises avaient rompu l'usage habituel du droit, le retour à la croissance demandait l'adaptation d'un droit spécifique qui est particulièrement passé, au début du XVIII^e^ siècle, par l'obligation de relever les masures et par des contraintes d'urbanisme justifiées par la prépondérance de l'intérêt collectif sur l'intérêt privé. On ne pouvait ni construire où l'on voulait ni devenir possesseur sans user immédiatement de son bien. De son côté, le droit de four n'imposait pas de condition d'usage obligatoire mais il était inégalement distribué à travers l'ensemble des communautés puisqu'il correspondait à la conversion d'un droit seigneurial en un droit communautaire, ajusté au cas par cas au cours des trois derniers siècles de l'Ancien Régime.

Ce faisceau de règles, de lois et édits de droit public ne nous apparaît bien sûr qu'à la lumière des archives aujourd'hui conservées ; il représente une ***mémoire par le texte***, distincte de la ***mémoire par l'architecture***. Cette mémoire textuelle nous informe, par exemple, avec une certaine netteté, sur le rôle joué par les acensements dans la politique de reconstruction, dès le XVIII^e^ siècle, sur les contraintes d'urbanisme qui conduisaient à construire à la bonne place, dans les limites imparties du cadre bâti, et sur les politiques d'incitation à remplacer le chaume par la tuile, une mesure de sécurité qui mit bien un siècle à faire effet. Elle pousse notre curiosité à mieux comprendre les conditions qui orientent les façons d'habiter, lesquelles se définissent en termes de construction et d'entretien des maisons, d'aménagement et d'occupation de l'espace bâti. Ces normes et ces règles domestiques échappent elles aussi aux choix personnels des familles puisqu'elles se conforment à des choix sociétaux partagés, voire contraints. Les inventaires après décès démontrent, d'une façon générale, que les meubles et les objets domestiques étaient pour la plupart les mêmes dans toutes les maisons. On peut dès lors parler d'une véritable convention, sinon d'une discipline, dans les manières d'habiter.

Saisir les façons dont les familles occupaient leurs maisons demandait que nous disposions d'un champ d'observation assez réduit pour être détaillé et précisé. C'est pourquoi la seconde partie de notre recherche a été conduite à partir de l'exemple de deux villages - Barisey-la-Côte et Bisping - respectivement attachés à l'Evêché de Toul et au Duché de Lorraine (bailliage de Dieuze puis d'Allemagne). Ce double choix s'est opéré parce que nous disposions d'archives photographiques sur ces villages, datant des années 1970, et que nous possédions une certaine connaissance de leurs maisons respectives. Avoir sous les yeux son sujet d'étude, c'est un privilège pour un historien. Les sources écrites utilisées pour cette seconde partie de recherche venaient cette fois-ci des comptes de tutelle, des actes notariés intéressant quelques contrats d'ouvraison et surtout, des inventaires après décès, particulièrement riches pour Bisping au XVIII$^e$ siècle. Ils représentent une véritable archéologie par le texte des maisons dont ils identifient les pièces et énumèrent les meubles et les objets. Cette énumération permet de quantifier et de préciser les fonctions de l'espace domestique à travers ses lieux d'usage.

Auparavant, les contrats d'ouvraison et les comptes de tutelle nous auront éclairés sur les techniques de construction des maisons, sur les matériaux mis en œuvre. En les nommant et en les situant dans la chaîne des travaux de bâtiments, ils mesurent l'évolution du vocabulaire, depuis le XVII$^e$ siècle jusqu'à aujourd'hui, et d'évaluer notre propre regard sur l'architecture paysanne, à la mesure des connaissances de ceux qui l'ont construite. Ainsi, nous situons-nous à contre temps de l'observation des maisons paysannes dont nous faisons une lecture assez personnelle tout en essayant de comprendre l'état d'esprit, les façons de penser et les éléments de langage de ceux qui les ont bâties en leur donnant un temps présent d'origine.

Nous serons donc, tout au long de notre recherche, alternativement passés de la lecture des textes d'archives à celle des maisons, empruntées d'une certaine profondeur de temps à laquelle les archives donnent une certaine graduation de dates. Le plus gratifiant est de pouvoir remonter le temps d'une maison à partir des textes qui s'y rattachent ; d'identifier ses propriétaires, ses occupants ; d'en connaître le plan, l'ameublement, le contenu ; de saisir l'ensemble des successions dont elle a fait l'objet, ce qui sera le propos du second volume de cette publication.

# LES SOURCES

## Le droit de marronage

***Archives Départementales de la Meurthe-et-Moselle.***
B 2668 6485 8789 12461 H 508.
*Lettres patentes des ducs de Lorraine :* B1 f°416, B 3 f°63V° , B 17 f°300v°, B 21 f°147, B 29 F°93 v°, B 88 f°178v°, B 101 f°21.

***Archives Départementales de la Meuse.***
*Chambre des comptes du Duché de Bar :* B 353.

***Archives Départementales de la Moselle.***
B 10171-10173, 10184-10189, 10215, 10216, 10374-10376, 10427, 10428, 10430, 4 E 379-381.

***Archives Départementales des Vosges.***
1 C 30, 31, 3 C 44-45, 3 E 12, 14, 15, 16, 18, 19, 20, 21, 22, 23, 28, 29, 30, 36, 44, 45, 53, 66, 69, 75, 86, 90, 94, 97, 110, 113, 122, 124, 125, 127, 129.

***Archives Nationales.***
Q1 721, 758, 802, 803, 811, 816, 818, 1627, 1640, 1642.

## Le droit de four

***Archives Départementales de la Meurthe-et-Moselle.***
*Banalité des fours :* B 896 1109 8332, G 180 183 336 719, H 3 191 193 591 748 750 1086 1103 1106 1155 1193 1305 1311 1329 1349 1683 2758 2828 2916 3004 3041 3077 3084 3109 3119 3142 3153 3225.
*Affranchissement de fours :* B 372 594 749 836 856 898 2072 6588 8306 9082 10397, G 770.
*Fours :* B 4258 9050 10010 10038 10060 10073, H 138 152 1192 1761, G 257.
*Fours particuliers :* B 9 26 347 353 286 513 724 799 836 860 861 2170 2329 2380 2810 2818 2819 2829 2833 2834 2852 2958 3253 3591 4400 4581 8168 8528 8931 9236 9447, G 139 205 387 475 686

1381, H 117 139 764 1292 1331 1836 1993 2715 3016 3030 3086 3142.
*Amendes pour fours :* B 5789 5761.
*Lettres patentes des ducs de Lorraine :* B 9 f°176 v°, 15 f°85v°, 29 f°275v° à 277v°, 33 f°274 à 275v°, 115 f°81v° 82.

***Archives Départementales de la Moselle.***
C 216 219, 1 E 40 169-192 1004.

***Archives Nationales.***
Q1 744, 1626.

## Les acensements de terrains à bâtir

***Archives Départementales de la Meurthe-et-Moselle.***
*Lettres patentes du Duc de Lorraine :* B 4 f°138 v°, B 4 f°138 v°, B 101 f°46-46v°.

***Archives Départementales de la Moselle.***
B 9305, C 29 100 112 698, 3 E 2572-2573.

***Archives Départementales des Vosges.***
1 C 51.

***Archives Nationales.***
Q1 713 714 716 718 724 762 800 1626 1628 1629.

## L'urbanisme

***Archives Départementales de la Meuse.***
C 188.

***Archives Départementales de la Moselle.***
B 5400-5405 9138, C 821.

***Archives nationales.***
Q1 717.

## Les incendies

***Archives Départementales de la Meurthe-et-Moselle.***
*Lettres patentes des ducs de Lorraine :* B 88 f°149.

***Archives Départementales de la Meuse.***
B132 135 156 437 439 440 444 448 450 456 458 459 465 472 474 481 482 483 486 488 490, C 176 219 387.

## L'éradication du chaume en Moselle

***Archives Départementales de la Moselle.***
119 M, 119 M 2-3, 120 M, 121 M, 121 M 1-2-2bis.

L'auteur tient à la disposition de ses lecteurs un état plus détaillé de ces sources ainsi que l'ensemble des graphiques du texte de soutenance.

1^re^ partie

# LES DROITS COMMUNAUTAIRES

# 1er chapitre

# Les contraintes et les droits communautaires

## 1.1, les attitudes communautaires agraires.

Issu de clairières de défrichement, le parcellaire lorrain a répondu à des règles collectives déterminées, au moins depuis le XIIe siècle[1], par l'organisation de l'espace agricole en champs ouverts. Ce parcellaire en lanière regroupait l'ensemble des propriétés individuelles en trois saisons dont l'exploitation s'effectuait en temps communautaire. Rayonnant à partir du centre du territoire paroissial où s'était implanté le village, le finage passait tour à tour par le bâti, le *hortus*[2], le *saltus*, l'*ager* et la *sylva*, dont les cultures se trouvaient respectivement ordonnées selon un cycle d'assolement triennal (pour l'*ager*) ou d'un calendrier annuel alternant temps de grainée ou de paisson et temps de mise en défens (pour le *saltus* et la *sylva*). La rotation des cultures sur un cycle de trois ans - blés d'hiver, marsages et sommarts, ou jachères[3] - ainsi qu'un certain désir d'égalité dans la valeur des terres et des rendements conduisaient à répartir les biens-fonds sur l'ensemble des trois saisons sans qu'on puisse les enclore, de manière à ce que toute parcelle fût visible et accessible sans entraves. Pour autant, le terroir lorrain ne produisait pas le paysage entièrement dénudé qu'il est devenu après les « démembrements arraseurs » du XXe siècle : bosquets, bouquets d'arbres, arbres isolés l'agrémentaient souvent ; le relief n'était pas nécessairement très plat, il pouvait même se montrer vallonné et le labour en billons accentuait l'effet d'un territoire en « lames de parquet »[4].

Un double régime foncier dissociait la réserve seigneuriale, exploitée par corvées, et les biens-fonds laissés à la disposition des laboureurs, qui pouvaient toutefois provenir d'acensements du seigneur. Ils étaient le plus souvent en main de seigneurs fonciers, laïques ou ecclésiastiques, de bourgeois, parfois de gros laboureurs, mais la maîtrise foncière échappait majoritairement aux exploitants directs du sol ce qui rendait, jusqu'au début du XIXe siècle, le fermage obligatoire et conduisait à une rotation des

---

[1] Entretien privé avec Jean Peltre, hypothèse toutefois non étayée.

[2] Les jardins, les prairies, les champs et la forêt.

[3] On dit également « versaines » en Lorraine.

[4] Le billon est dû au procédé de labour tournant autour de la parcelle, de sa périphérie vers son centre, la charrue tend à accumuler la terre vers son axe central, provoquant le bombement de sa surface. La différence de hauteur entre le centre et les bords du billon permet, en principe, de connaître l'âge du parcellaire. Cf. PELTRE Jean, *Recherches métrologiques sur les finages lorrains*, op.cit.

gagnages tous les trois, six ou neuf ans. Ce transfert offrait aux familles l'opportunité théorique d'ajuster leurs trains de culture à leurs capacités d'exploitation en fonction de leurs cycles démographiques ; il sous-entendait un certain nombre de négociations préalablement signées entre les bailleurs et les preneurs, comme si les transactions au sein des réseaux jouaient au niveau des droits d'usage autant qu'à celui des propriétés[5]. Le fief se trouvait lui-même souvent amodié et parfois baillé en seconde main par l'amodiateur. A l'exception des communaux, le parcellaire est ainsi resté détenu et surtout exploité individuellement, par faire-valoir indirect jusqu'à la fin du XVIIIe siècle, puis par faire-valoir direct à partir du début du XIXe. Ces deux régimes obéissaient aux mêmes règles d'exploitation collective du sol qui survécurent à l'application du code civil napoléonien[6].

Jouissance individuelle des terres, donc, mais dans un certain esprit d'intérêt collectif qui explique et justifie l'emprise de règles communautaires fortes allant jusqu'à suspendre le droit de l'exploitant en certaines périodes de l'année. Ces contraintes collectives s'exerçaient sur l'exploitation personnelle des parcelles, essentiellement de la fin des moissons jusqu'au temps des labours. Il entrait dans les prérogatives de la communauté de choisir en place et lieu des exploitants les dates d'ouverture et de fermeture des bans de récoltes et de vendanges. En la matière, les plaids-annaux[7] avaient valeur d'ordonnance, l'autorité communale et la justice seigneuriale délibéraient, avec coercition s'il le fallait, sur le calendrier des fenaisons, des moissons, des vendanges et des autres récoltes, de fruits par exemple, dont les dates étaient proclamées publiquement et dont l'exécution se trouvait dûment contrôlée. Cette obligation fut opportunément rappelée par un arrêt de la cour de Lorraine du 31 décembre 1746 : « *le ban aux fruits champêtre doit être levé en assemblée de communauté au son de la cloche* »[8]. C'était donc la communauté qui se portait, dans son unité mais famille par famille, vers les terres emblavées ou vers les vignes, à jours fixés pour tous. Les dates d'ouverture ou de fermeture des bans de récolte variaient selon les conditions climatologiques et même si l'ouverture des vendanges se faisait habituellement à la Saint-Rémy[9], l'état de mûrissement des raisins en décidait seul. Tout train de culture - biens-fonds personnels ou fermage - s'inscrivait ainsi dans une programmation collective et égalitaire des activités agricoles saisonnières auxquelles chacun, quels que fussent sa puissance, son rang social et sa fortune, était tenu de se soumettre.

---

[5] Les déclarations des surfaces de biens-fonds et de fermages cultivées par les assujettis à la subvention montrent que les intéressés ont bien souvent négocié entre eux la reprise des fermages. AD Meurthe-et-Moselle Bj 10466.
[6] Cf. ASSIER-ANDRIEU, *Les usages locaux en France rurale*, op.cit.
[7] Assemblées annuelles des communautés, sous l'Ancien Régime, en présence du seigneur.
[8] Recueil des édits et ordonnances de Lorraine, tome VII, p.122.
[9] PARISSE Michel, *Histoire de la Lorraine*, op.cit. p.264.

Conservé entre 1740 et 1764, le greffe de la justice seigneuriale de Corny-sur-Moselle[10] offre un modèle de cette intervention constante de la communauté sur la famille, tant pour la conduite de l'agriculture que pour la libre disposition des maisons ; celles-ci pouvant receler bien des secrets, il fallait les visiter aussi souvent que le nécessitait l'ordre public. Bans de récolte d'un côté, surveillance des risques domestiques de l'autre, la différence ne tenait généralement qu'à une question de saisons (du calendrier). C'était évidemment l'été que les regards se portaient sur la recrue des prés, dès le mois de juin puis en septembre, selon qu'il s'agissait de la première ou de la seconde herbe, afin de fixer un jour pour faucher. Le ban de moisson intervenait courant juillet, après reconnaissance de la maturité des blés faite par trois experts assermentés qui se transportaient dans les cantons de telle manière que « *pour le plus grand profit du public* », on ouvrait le ban de moisson ; en 1760, ce fut le 4e du mois d'août pour le froment, et le lundi 11 suivant pour le méteil. Parallèlement - le 13 juillet en 1760 - la communauté mettait en épargne tous les poiriers du ban faisant « *défense à toutes personnes de cueillir ni ébrancher aucun* », ordonnant que les poires seraient vendues à la folle enchère sur la place publique à son profit. En septembre, on demanda à d'anciens vignerons d'observer la maturité des fruits des vignes - l'âge gageant de l'expérience -, délégation de pouvoirs qui s'accompagna d'une défense faite aux bangards « *de ne mener aucune personne dans les vignes* ». Enfin, on préparait les fruits des prochaines saisons en ordonnant un échenillage général qui permettait d'occuper les temps morts : cette corvée devait être renouvelée plusieurs fois dans l'année, en règle générale en mars, début mai et en novembre[11].

A Corny, la surveillance des récoltes se poursuivait, au besoin, sur les lieux mêmes de leur entrepôt, ce qui conduisit, le 7 septembre 1746, les autorités à contrôler toutes les maisons du village car un grand nombre d'habitants s'étaient avisés, après les moissons des blés, « *de mettre la faulx dans les étoubles* » et d'y faucher les herbes pour servir de fourrage. Ces visites n'avaient de caractère impromptu qu'en cas d'incident ou de sinistre faisant craindre pour l'intégrité de certains biens ; par exemple, lors des crues de la Moselle, les risques de vol de bois de flottage échoué étaient tels que, le 13 décembre 1753, le maire et les officiers de la haute justice, assistés du sergent ordinaire, se transportèrent dans toutes les maisons. On retrouva effectivement, auprès de certains foyers, du bois de flottage déjà à l'état de tisons. Ou bien il s'agissait de vols de bois déclarés sur un bateau au cours de la nuit précédente, la fouille était alors immédiate. Les larcins pouvaient prendre forme de vol d'habits : sur un simple soupçon, les autorités villageoises procédaient à des perquisitions. Ces visites circonstancielles

---

[10] AD Moselle B 9139.

[11] CABOURDIN Guy, *La vie quotidienne en Lorraine aux XVIIe et XVIIIe siècles*, op.cit., p.192.

s'ajoutaient aux visites ordinaires proclamées par le sergent à la sortie de la messe pour le dimanche suivant. Il s'agissait en général de répondre à l'ordonnance sur la police des incendies sous forme de visites en principe bimestrielles ; en vérité, elles avaient surtout lieu l'hiver. Etaient surveillés les cheminées, les fours, les greniers, les chambres et les paillasses, les réserves de fourrage, les planches et les tisons qui pouvaient traîner hors du foyer. Etaient également examinées les lanternes et toutes les sources de lumière et de chauffage. Les défauts d'entretien et la contravention à l'interdiction de posséder une cheminée en bois étaient sanctionnés de 25 f[12] d'amende. On demandait également que les habitations fussent nettoyées incessamment, à même peine d'amende. On s'intéressait aussi à la présence éventuelle d'armes à feu comme l'on dénombrait les chevaux dans les écuries. Les vignerons étaient eux-mêmes mis à contribution : le 12 août 1753, une ordonnance de police conduisit à reconnaître les crédits de pièces de vin conservées dans les caves de telle sorte que les cabaretiers et autres vendangeurs fussent taxés selon la valeur de leurs réserves.

### 1.2, l'organisation communautaire du cadre bâti.

Les mêmes règles collectives d'exploitation des terres et des prés justifiaient le choix de regrouper les maisons en un lieu unique, le besoin d'ouverture saisonnière du parcellaire interdisant toute forme d'habitat dispersé, à l'exception de maisons attachées à des corps de culture dessaisonnés[13]. En quelque sorte, le village lorrain compact résultait d'un esprit d'organisation de l'espace à partir d'unités exploitées individuellement dans un cadre à statut communautaire ; le cadre bâti représentait véritablement la « quatrième saison » du parcellaire dont la fonction était exclusivement liée aux besoins d'habiter. Tout comme les membres de la communauté se retrouvaient, tous ensemble, dans les champs mais chacun sur sa parcelle, les familles résidaient solidairement, chacune dans sa maison. Le regroupement de l'habitat répondait à une certaine forme d'exploitation communautaire du ban selon une logique qui associait la propriété familiale des maisons à l'ensemble des contraintes d'urbanisme qui pesaient sur le cadre bâti et orientaient les rapports de voisinage. Espace intérieur familial, la maison s'inscrivait dans un espace extérieur social.

L'assolement triennal, donc la rotation du centre de gravité annuel des cultures, rejetait le village au centre du parcellaire, « *au point de jonction des terres* », écrit Jean Peltre[14], comme si l'habitat devait se trouver à égale distance de l'ensemble des gagnages dont la géographie se modifiait tous les

[12] Des francs barrois.
[13] Cf. PELTRE Jean, *L'encyclopédie illustrée de la Lorraine*, op.cit. p.151, 156.
[14] Ibid., p.151.

ans. La mobilité trisannuelle et la grande dispersion des parcelles interdisaient à chacun d'habiter son domaine et conduisaient à concentrer l'habitat au milieu du territoire paroissial, lui-même partagé entre droits seigneuriaux (cens, rentes et banalités) et droits d'usages communautaires (marronage et affouage, fournage)[15].

Le cadre bâti se regroupait non seulement en villages mais il évoluait encore selon une sorte de décision communautaire plus que par la volonté de chaque propriétaire. Son développement était accompagné sinon dirigé par les autorités compétentes : maires et syndics des communautés, juridiction des prévôtés et des bailliages, administration royale ou ducale, parfois. Depuis le milieu du XVII^e^ siècle au moins, l'urbanisation du village lorrain répondait ainsi à une dynamique d'aménagement de l'espace assurée par les communautés elles-mêmes, au nom d'un partage strict des fonctions entre le cadre agricole et le cadre bâti, et rappelé à l'occasion par les directives ducales, en l'occurrence un règlement de 1664 sur les chemins et les constructions ; il imposait de bâtir les maisons nouvelles dans l'alignement des anciennes et de reconstruire les maisons ruinées sur leur fondement originel, de manière à ce que l'habitat n'anticipât en rien sur ces chemins en les rétrécissant et n'aliènât pas l'espace public reconnu d'utilité et d'intérêt communs[16].

Les reconstructions consécutives à la guerre de Trente ans représentent un champ d'observation privilégié de l'intervention des différents niveaux d'autorité qui pesaient sur le libre arbitre des communautés et des chefs de famille. Le contrôle de l'aménagement du territoire, avec le retour aux charges et aux droits qui s'y rapportaient, et la maîtrise d'un repeuplement cohérent dans un duché pacifié entraient dans leurs prérogatives. De nombreux édits, ordonnances et autres arrêts de la chambre des comptes et du conseil ont accompagné cette remise en ordre en encadrant l'implantation de colons ou le retour des réfugiés sur leurs terres. L'Etat ducal s'est d'abord occupé de faire défricher les biens-fonds, du moins de les remettre en état, « *faute par les propriétaires de mettre ces biens en valeurs* »[17], déclarant qu'à défaut de titre exprès présenté par les survivants ou leurs successeurs, la terre se trouverait à la libre disposition de qui voudrait la prendre, sous réserve de s'accorder avec l'ancien possesseur s'il faisait un retour tardif, dans un délai donné ; l'indemnisation se calculait alors sur une base de dix années de jouissance, en nature ou en argent. Des avantages fiscaux accompagnaient ces installations sous forme d'exemption d'une année accordée aux soldats, aux étrangers et aux jeunes mariés venus s'installer

[15] En particulier, pour le seigneur, corvées dans la réserve, cens, droits de banalité, droits de justice ; pour la communauté, droits de parcours, droits forestiers. Cf. l'exemple de Bisping AD Moselle 3 E 1377, 3 E 1385, 3 E 1414, 3 E 1435, 3 E 1449, 3 E 1453, 3 E 1530, 3 E 1544.

[16] PELTRE Jean, *Une génération de nouveaux villages en Lorraine*, art.cit., p.18.

[17] Recueil des édits et ordonnances de Lorraine, ordonnance du 10 octobre 1698, t 1, p.89.

dans les duchés ; elle fut portée à trois ans pour les laboureurs et les manouvriers candidats à la construction de maisons neuves ou au relèvement de masures[18].

A travers ces mesures d'aide à l'installation s'est esquissée la distribution d'une société rurale hiérarchisée puisque les franchises accordées pour la subvention (elles dureront tout le XVIII^e^ siècle) l'étaient de manière dégressive selon le nombre de travées que comportait la maison ; or, ce nombre se rapporte par principe à la classe sociale de l'occupant. La franchise se montrait totale pour une maison de laboureur constituée d'une maison (en vérité, le logis), d'une grange et d'une écurie (soit trois travées), elle n'était que des deux tiers pour la maison de manouvrier à deux travées comprenant un logis et une grange/écurie, et d'un tiers seulement pour la simple maison dépourvue de corps d'exploitation[19]. En dernier ressort, pour lutter contre l'habitat précaire et le nomadisme qui nuisaient à la stabilité des communautés, il fut fait obligation de détruire les baraques édifiées dans les bois ou en rase campagne, « *à la diligence des procureurs du Prince ou de ceux des seigneurs* »[20], une contrainte destinée en plus à éviter la dispersion des constructions et à réduire les risques qu'elles se fixent en forêt, ou dans les champs, en contrevenant au bon ordonnancement d'un habitat destiné à rester groupé. Un finage, un village concentré, une communauté vigilante, une seigneurie ayant autorité : le retour à l'ordre s'effectuait avec rigueur.

Après la question des terres, les ordonnances ont porté sur le relèvement des masures (les ruines) et sur le lotissement des places masures (les fonds d'habitat ancien) en leur appliquant les mêmes règles de préemption au profit d'un tiers si le précédent propriétaire était lent à se montrer[21]. Quiconque pouvait donc en réclamer la maîtrise, en accord avec la justice du bailliage ou de la prévôté, sous la même condition de dédommager un possesseur ou un ayant droit éventuellement apparu sur le tard. Deux ans dans un premier temps, puis trois dans les villes et six dans les campagnes en 1715[22], ce fut le délai accordé aux propriétaires en titre pour procéder par eux-mêmes à l'épuration de leurs friches bâties, faute de quoi ils les perdraient au profit du premier demandeur venu, à condition que celui-ci en paie le prix. Se déclarer et se montrer propriétaire ne suffisait donc pas, il fallait encore jouir de son bien pour ce qu'il devait être, c'est-à-dire un terrain constructible. En 1729, Michel Dunoleur, maître de poste à chevaux demeurant à Falk[23], convoita une place masure appartenant pour une moitié à Simon Chéder et pour l'autre à l'église de Dalem. Comme tous deux ne la rétablissaient pas, le requérant, qui n'avait pas d'habitation et louait chèrement sa maison et ses écuries à

[18] Recueil des édits et ordonnances de Lorraine, ordonnance du 2 avril 1698, t.1, p.16.
[19] Recueil des édits et ordonnances de Lorraine, déclaration du 7 juillet 1721, t.2, p.486.
[20] Recueil des édits et ordonnances de Lorraine, ordonnance du 14 février 1700.
[21] Recueil des édits et ordonnances de Lorraine, ordonnance du 24 janvier 1704, t.1, p. 415.
[22] Recueil des édits et ordonnances de Lorraine, ordonnance du 12 janvier 1715.
[23] AN Q1 792.

chevaux souhaita la relever lui-même en en payant le prix suffisant, à dire d'expert nommé par le prévôt de Boulay, plus une somme de 3 f de cens à l'église. Le gruyer de Boulay enjoignit à Chéder de construire dans sa moitié de masure un bâtiment solide dans l'année, sous peine d'autoriser le requérant à le faire ensuite.

Pierre par pierre se sont ainsi reconstruits les villages sans que les communautés supportent la moindre implantation sauvage, veillant même à interdire les constructions écartées du village. L'urbanisme lorrain s'inscrivit dans le cadre de « véritables schémas d'aménagement directeurs » initiés au XVI^e^ siècle par la création *ex nihilo* d'une quarantaine de nouveaux villages dans l'ancien bailliage d'Allemagne[24]. En plus, la reconstruction répondait à un programme à long terme dont Martine Bontemps-Litique a évalué l'amplitude en se servant du rapport masures/maisons[25]. Les villages lorrains se seraient plutôt renouvelés sur une structure de village-rue déjà acquise, la création normative de ces quarante nouveaux villages représentant alors un « mise en parenthèse idéale » de l'urbanisation du village lorrain classique : un terrain vierge autorise plus facilement un alignement immédiat et rigoureux des parcelles, contrairement à l'assiette d'un village déjà constitué dont le cadre bâti a été le produit de tâtonnements[26].

Les reconstructions classiques du XVIII^e^ siècle sont restées parfaitement contrôlées par les communautés dans le sens d'une occupation rationnelle et progressive de l'espace constructible, d'abord représenté par un cadre bâti ancien, ponctué d'un certain nombre de dents creuses, ensuite, par l'extension de ce cadre. Il est possible qu'un essor démographique sans précédent ait poussé à organiser les maisons plus en profondeur et de façon plus jointive qu'elles ne l'avaient été auparavant, même si la conformation classique du village lorrain, tel qu'elle se généralisera au XVIII^e^ siècle, n'était pas nouvelle[27].

Pensés à long terme, les plans de reconstruction ont donné une préférence à l'aménagement d'un cadre bâti dévolu à une communauté entière plutôt qu'à des arrangements successifs et spécifiques à chaque demandeur. L'exemple de Mulcey (prévôté de Dieuze et bailliage d'Allemagne jusqu'en

---

[24] PELTRE Jean, *Une génération de nouveaux villages en Lorraine*, art.cit.

[25] BONTEMPS-LITIQUE Martine, *Les destructions à la suite de la guerre de Trente ans dans les bailliages d'Allemagne et des Vosges*, art.cit.

[26] Dans l'ensemble, les remembrements terriers consécutifs aux crises du XVII^e^ siècle n'ont pas remis en cause les structures héritées du Moyen Âge, à la différence des remembrements effectifs réalisés dans la seconde moitié du XVIII^e^, PELTRE Jean, *Les remembrements en Lorraine à la fin de l'époque moderne*, art.cit.

[27] La question des antériorités possibles entre le village-tas et le village-rue n'est pas explicitée même si certains exemples, en particulier celui de Rorbach-les-Dieuze (Moselle), tendent à démontrer que le village-tas désorganisé a précédé le village-rue structuré. Cf. CARDON Alain, WEILL Patrick, *Pays des étangs en Moselle, étude de typologie des villages, étude des paysages* ; art.cit. Claude Gérard associe la surpopulation et l'extension en profondeur des maisons de Lorraine, centrale, au XVIII^e^ siècle, in *Les villages lorrains*, op.cit., p.68.

1751) représente un modèle d'urbanisation maîtrisée, conduite de bout en bout à partir du centre du village. Un plan de 1780, assez précis pour permettre de compter les maisons, montre que le village s'est pour partie reconstitué de façon compacte de part et d'autre de l'église ; son unique rue ne comptait encore qu'une vingtaine de bâtisses fortement mitoyennes[28]. On était donc reparti par le cœur pour progresser rationnellement vers les extrémités en ajoutant les maisons l'une après l'autre et l'une à côté de l'autre, afin d'étendre le village jusqu'à ses limites actuelles sans accepter qu'un terrain isolé fût loti avant qu'ait été acensé celui qui se trouvait le plus proche de la dernière maison en place. Acensé est bien le maître mot de ces programmes de reconstruction parce qu'il introduit celui d'acensement, l'outil indispensable de la maîtrise et de la redistribution foncières.

[28] AN Q1 717.

## 2e chapitre

# Les acensements

### 2.1, le cens d'Ancien Régime, outil de repopulation.

Sous l'Ancien Régime, la propriété se dissociait entre la réelle possession d'un bien et sa jouissance effective ; celle-ci se montrait perpétuelle, donc, directement transmissible ou aliénable par son détenteur, en Lorraine du moins, où la coutume autorisait le censitaire d'aliéner son droit de jouissance sans le consentement du seigneur[29]. Georges Augustins parle même « *d'éternelle ambiguïté qui s'instaure entre propriétaires et tenanciers, propriétés et usages* », sous-entendu quand la perpétuité d'un droit tendait à donner à la jouissance une force de possession d'autant plus légitime que le cens avait fini par s'alléger de sa part d'érosion monétaire[30]. Pourtant, la propriété roturière se trouvait rarement pleine et la propriété éminente du seigneur foncier, aussi réduite et symbolique qu'elle pût être, représentait la trame des droits de propriété véritables sur le ban communal. Pierre Goubert définit d'ailleurs le cens comme étant « *la redevance la plus générale et fondamentale récognitive de la seigneurie, caractéristique à la fois de la terre et de celui qui la tient* »[31].

En Lorraine, l'acensement participait pleinement aux régulations de populations quand agissait la volonté de peupler ou de repeupler un lieu qui n'avait pas atteint un équilibre démographique suffisant ; en retour, il n'était pas de liberté de construction sans concession particulière si bien que chaque nouvelle maison tombait sous la contrainte des droits seigneuriaux, avec des écarts de valeur de cens qui pouvaient être grands d'une communauté à l'autre et souvent au sein d'une même communauté. Voici le cas, vers 1755, du domaine d'Hénaménil, prévôté et office d'Einville, où chaque habitant devait, à la Saint-Rémy, deux liards pour chacune des maisons qu'il occupait, cens partagé entre le roi et le seigneur haut justicier, en plus de quoi dix-neuf particuliers ou héritiers devaient une poule pour leur maison[32]. Voici également l'exemple de la seigneurie de Delme, en 1747, dont les habitants payaient un cens appelé mailles, levé chaque année le jour de la fête des

---

[29] AUGUSTINS Georges, *Comment se perpétuer ?*, op.cit. p.28.
[30] LE ROY-LADURIE Emmanuel, in *Histoire économique et sociale de la France*. Aucun des contrats de constitution de rente que nous avons étudiés pour Bisping ne prévoit de révision de la valeur de la rente.
[31] GOUBERT Pierre, *Histoire sociale et économique de la France*, op.cit. p.125.
[32] AN Q1 726.

plaids-annaux sur leurs maisons[33]. La maille se réglait deux fois dans l'année, le jour des plaids, pour son altesse (le duc de Lorraine) et à la Saint-Martin ; les fermiers en étaient quittes, vingt-deux particuliers y étaient assujettis. A cette redevance s'ajoutait une rente en chapons (variable entre un et six), le lendemain de Noël, qui portait en partie sur les maisons, en plus de rentes en poules le lendemain de Noël pour certaines places masures, maisons et chènevières.

Ce cens d'Ancien Régime différait de notre actuel impôt foncier car il s'attachait à la jouissance de la chose acensée comme droit d'usufruit, inaliénable puisqu'il était perpétuel mais non rachetable au possesseur du bien-fonds, sauf clause particulière de contrat ; de son côté, le seigneur foncier n'avait vendu qu'une rente perpétuelle sans pouvoir user autrement et à jamais d'un terrain dont il avait perdu l'usage matériel. L'acensement représentait ainsi un démembrement de propriété (au contraire du domaine seigneurial) « *dont les avantages utiles passent entre les mains du censitaire tandis que le seigneur censier n'en conserve que le domaine éminent* »[34]. Dans son principe, l'acensement assujettissait toujours le tenancier au seigneur et la valeur du cens représentait davantage qu'un loyer, elle était la marque d'un état de dépendance sociale et morale envers le seigneur dont le titre et le pouvoir s'attachaient à l'ensemble des droits d'exploitation, autant qu'ils le faisaient pour tous les droits seigneuriaux, par exemple ceux de haute, moyenne et basse justice.

En vérité, dans les faits, les actes de vente de maisons de particulier à particulier montrent, tout au long du XVIII$^{e}$ siècle, que le droit de jouissance des terrains et la propriété effective des bâtiments avaient fini par se confondre dans la même propriété pleine et entière de la maison et de son sol, du moins dans l'esprit du notaire et des contractants[35]. On vendait bien la maison et pas seulement le droit d'en user et le cens était devenu à ce point secondaire dans le bailliage de Dieuze qu'on le traitait au plus rapide, « *chargé de tous ces cens et rentes anciens et droits seigneuriaux si aucun sont dus* », précisaient accessoirement les tabellions de la ville avec un ton qui laisse penser que ces cens pouvaient ne plus exister[36]. Les cens expressément mentionnés dans ces actes étaient de nature exceptionnelle en raison d'emprunts ou de rentes récentes ; en plus, l'ayant droit devait faire la preuve sur titre de la réalité du cens quand celui-ci passait du vendeur à l'acheteur du bien. En 1734, la fabrique de Bisping dut plaider devant la justice seigneuriale pour faire reconnaître un cens dont les actes étaient partis

---

[33] AN Q1 1627.

[34] RISTON, *Des différentes formes de la propriété*, op.cit., p.199.

[35] Ce que tendent du moins à démontrer les actes notariés de Bisping ; le cens y devient exceptionnel.

[36] En général, à Bisping, quand un cens est attaché à un bien vendu, il est précisément déclaré, le bénéficiaire est désigné, ce qui, par différence, tend à laisser supposer que le cens n'existe plus quand il n'est pas caractérisé.

en fumée lors de l'incendie de la cure ; en la circonstance, il fallut en appeler à témoins[37].

Ces cens non seigneuriaux mais perpétuels prenaient un caractère de rente foncière permanente lorsque le propriétaire n'avait cédé que la jouissance du terrain à bâtir et non sa nue-propriété, l'installation de la maison restant alors à la charge du preneur. En apparence, le système profitait aux deux parties même si la rente tendait à se déprécier, sauf clause de réévaluation trentenaire par exemple, alors que le repreneur du droit de jouissance disposait d'un terrain à bâtir presque par gratuité ; il l'obtenait en vérité contre le paiement d'un cens assez supportable qui valait loyer tout en lui assurant la garantie d'une installation définitive, héréditaire et néanmoins cessible. La charge financière était reportée sur la construction de la maison qui entrait en pleine propriété du censitaire, dès lors libre de la vendre à son prix puisqu'il en cumulait la possession et la jouissance. Une telle contrainte d'investissement explique que les contrats d'acensement de friches ou de places masures réservaient une clause de construction obligatoire à court terme, ce qui pouvait limiter le volontariat de candidats appauvris ; au contraire, la libre disposition du sol représentait un moyen d'intégration de colons dépourvus d'attache foncière.

Lors de la remise en état après la guerre de Trente ans, le cens servit à contractualiser les rapports entre les propriétaires de biens-fonds et les preneurs, en permettant au seigneur ou à la communauté (pour ses biens propres) de se remettre dans ses droits juridiques tout en donnant au preneur le moyen de s'installer dans une propriété légitime, à bas prix, à la seule obligation de bâtir. En 1714, l'office de Bruyères accorda ainsi un acensement perpétuel de quarante arpents de friches et terrains incultes sur la montagne, au profit d'un particulier, pour y bâtir une maison dans les deux ans et en payer 6 gros de cens annuellement par arpent ; la condition *sine qua non* de l'accord tenait en entier dans cette contrainte de résidence dont le principe rejoignait l'esprit de l'ordonnance sur le relèvement des masures : jouir d'un droit d'habitation à condition de l'exercer[38]. Aucune propriété ne pouvait être réservée pour plus tard et ce fut à la même condition qu'en 1725, le capitaine prévôt, gruyer et chef de la police de Châtel-sur-Moselle, donna un avis favorable à la requête d'un habitant de Saint-Boingt pour un terrain avec masure et jardin dont le demandeur voulait l'acensement perpétuel, au prix de 3 f 6 gros l'an, à charge de construire incessamment une maison, ceci dans l'intérêt bien partagé des deux parties puisque l'administration de la prévôté accroissait son effort de repeuplement tandis que le censitaire assurait son logement[39].

---

[37] AD Meurthe-et-Moselle Bj 8163.
[38] AN Q1 1629.
[39] AN Q14 1629.

La gestion raisonnée des terres, des friches et des parcelles constructibles ne devait pas porter préjudice aux intérêts du domaine[40] qui passaient en particulier par la recrue forestière. En 1736, le gruyer de Sarreguemines répondit favorablement à la requête du censitaire de la cens Egelshart (office de Bitche) en déclarant qu'il était de connaissance que les terrains demandés n'étaient d'aucun produit au domaine, « *n'étant écrus que de fayes et buissons* », et qu'on pouvait accorder au suppliant neuf arpents supplémentaires, contigus aux douze qui lui avaient été précédemment acensés pour y bâtir une maison, avec grange et écurie, à charge de payer annuellement à la recette de la gruerie de Bitche, un cens de 1 f pour chaque arpent[41]. Le cas de cette construction isolée est représentative d'une certaine capacité à régler l'aménagement de l'espace agricole et forestier : l'administration des forêts, comme les communautés, faisait la part entre les domaines respectivement réservés à la forêt, aux cultures et au bâti, étant entendu que la friche devait être convertie en arbres, en emblavures (selon la qualité des sols) ou en bâtiments. Cet état d'esprit a régné tout au long du XVIIIe siècle bien au-delà de la période critique de la reconstruction car il fallait continuer à mettre l'espace naturel en bon ordre d'exploitation même si l'entreprise était plus délicate du côté de la montagne vosgienne (c'était vrai pour l'office de Bitche) où le relief n'assurait plus aussi facilement le bel ordonnancement du finage lorrain classique. Dans ce cas, l'acensement était isolé, socialement et géographiquement, dès l'instant qu'il y avait des jachères à supprimer, même sur le tard, comme le montre le sort de la moitrerie[42] d'Angomont qui appartenait au roi de France et se trouvait ruinée en 1775, avec des friches et des broussailles ; elle fut acensée à deux Suisses venus de Lucerne[43].

On acensait donc les fonds anciens comme on avait loti les nouveaux villages du bailliage d'Allemagne, en tenant compte des contraintes du cadre bâti existant tel que la présence de « dents creuses » qui étaient des ruines à rebâtir. Quand l'acensement venait d'un particulier et échappait au droit seigneurial, il perdait son caractère imprescriptible[44] ; il s'établissait dès lors une possibilité de double succession et de double transaction entre la propriété et la jouissance. Pour le censitaire, la construction était certainement préférable au rachat du cens en raison de la faible valeur de celui-ci. Le jour où Nicolas Dufour, de Létricourt, acensa à perpétuité, en 1701, à Georges Brice, une place masure avec ses usuaires[45], pour un cens annuel de 4 f barrois et de quatre chapons vifs, il n'était pas soucieux de tirer profit de la valeur de la maison destinée à y être construite ; il conservait sa

[40] Domaine du Roi, cela s'entend.
[41] AN Q1 804.
[42] La métayère
[43] AN Q1 724.
[44] Dès lors qu'il se soumet aux règles ordinaires des échanges du marché roturier.
[45] AN Q1 714.

rente, aussi faible et menacée d'érosion qu'elle fût, tandis que le censitaire gardait la jouissance de sa maison et le bénéfice de sa vente éventuelle. Sous l'Ancien Régime, l'acensement ne conduisait à capitaliser que les terres à bâtir et non les objets constructibles qui s'y rapportaient.

***La réduction des masures***. Intense et méthodique, la reconstruction entendait une double remise en ordre, foncière et fiscale dont l'instrument consistait dans la suppression des places masures, ces fonds de maisons ruinées qui accompagnaient tout reflux démographique[46]. Ce mot de masure peut être équivoque et se trouver mal défini même si les acceptions les plus souvent retenues font de la masure, un habitat très précaire, néanmoins sur ses murs, et de la place masure, le sol d'une maison nettement plus démembrée. Du moins s'agirait-il de rétrograder la maison à l'état de ruine ou de néant ; on parlait ainsi, en 1782, pour Torcheville[47], d'une place masure « *sur laquelle s'est tenue ci-devant une maison* ». Il est également possible que les maisons et les masures désignent respectivement de véritables maisons, faites pour durer, et des formes d'habitat provisoire mais d'un provisoire qui se maintient, certainement, comme à Rorbach-les-Dieuze[48] où les maisons pouvaient être déjà couvertes de tuiles, ou prendre l'apparence de chaumières qualifiées de « petites maisons » ou de « maisonnettes » dans les actes notariés.

La définition de la masure peut être éventuellement nuancée selon le contexte de l'essor de la construction, l'intérêt restant, dans l'ensemble, de savoir si ces masures étaient ou non habitées. La place masure représentait si bien la valeur foncière et juridique d'un sol qu'on continua à la désigner comme telle, même quand la présence d'une construction ne le justifiait plus. « *Vente de portion de masure* », « *actuellement en nature de maison* », écrivait-on en 1769 dans un acte notarié intéressant le village de Guénestroff[49] et précisant que cette maison consistait en un poêle[50], une écurie et une cuisine, ce qui lui conférait des qualités domestiques modestes mais incontestables. On traita, pour Assenoncourt, en 1732[51], de l'acensement d'une place masure sur laquelle était construite une petite maison et pour Wuisse, en 1728[52], de la vente d'une place masure qui portait une baraque - deux symboles d'un habitat provisoire puisque même une petite maison ne valait pas une maison entière.

---

[46] Cf. CABOURDIN Guy, *Villages et maisons rurales au début des temps modernes*, op.cit. p.82.
[47] AD Moselle 3 E 1529.
[48] AD Moselle 3 E 1504.
[49] AD Moselle 3 E 1313.
[50] Le poêle, ou « belle chambre », est contigu à la cuisine centrale de la maison lorraine, il est chauffé, du moins tiédi par un système d'arrière-taque qui permet de récupérer une part de la chaleur du foyer.
[51] AD Moselle 3 E 1330.
[52] AD Moselle 3 E 1326.

Cette façon de continuer à parler de place masure pour qualifier une place bâtie peut également marquer une dissociation juridique entre le terrain acensé et la maison vendue. Un acte de 1726 traite, pour Angviller[53], de la vente d'une maison bâtie sur une place masure ; les deux statuts paraissent distincts, nous serions en présence d'une maison, presque meuble, rapportée sur une place masure, immeuble, représentant la valeur principale du fond. Dans les documents fonciers établis entre la fin du XVII^e^ siècle et le début du XVIII^e^, on ne confondait par contre pas les places masures et les prés ; le terrier-remembrement de Bisping de 1688 l'atteste[54], il y avait les places masures, immédiatement constructibles, et les prés qui, pourtant, pouvaient l'être sans paraître entraîner de projets de construction dans l'immédiat. Les unes et les autres présentaient des réalités physiques et juridiques distinctes, la masure fut bâtie, le pré ne l'a pas encore été.

Voici deux rares descriptions de masures, presque photographiques, la première est établie par le dessin, la seconde par le texte. Le 2 octobre 1743, était dressé le plan de la place masure seigneuriale de Donnelay[55], elle ne portait pas de construction et la légende fait état de jardins et d'usuaires, c'est-à-dire, respectivement, du meix qui accompagne tout corps de logis sur son arrière, et de la place utile qui le précède entre la rue et la façade avant de la maison. Cette place masure non construite était nettement différenciée, par un choix de couleurs, des jardins qui lui étaient adjacents sur l'arrière et sur les côtés ; ses anciennes fondations existaient encore, ce qui déterminait sa vocation à être construite de nouveau. Fondations peu profondes, certes, présence d'une cave, peut-être, accumulation d'éboulis, sans doute, parmi lesquels avait déjà poussé une végétation inextricable : la place était de toutes façons perdue pour la culture. Même cas de figure à Vittel[56], en 1777, lors de la concession, pour un cens annuel et perpétuel de 20 sols par hommée, d'une place masure de trois hommées[57] sur laquelle avaient poussé deux pruniers et qu'encadraient, à l'arrière, un pré, et à l'avant, une place à fumier et une autre place à mettre du bois sur laquelle se trouvait un puits - les attributs classiques de l'usoir. Il ne restait donc plus qu'à réédifier la maison entre les deux, un choix logique parce que le sous-fermier du domaine de Vittel n'avait jamais tiré qu'un faible produit de cet emplacement à cause des moellons et des pierrailles qui en couvraient une partie et de la stérilité relative du pré qui produisait peu d'herbe. On note toutefois l'essai de culture, le détournement provisoire de la vocation de ce fond de maison : les pruniers n'étaient peut-être pas venus là tous seuls. Cette ruine était une dévastation, pour la relever, un particulier se proposait de l'acenser,

[53] AD Moselle 3 E 1325.
[54] AD Meurthe-et-Moselle B 11835.
[55] AD Moselle C 29.
[56] AN Q1 1628.
[57] Unité de surface correspondant à ce qu'un homme peut labourer dans une journée.

considérant « *que le terrain est propre à la construction d'un bâtiment, (et) que c'est vraisemblablement à cet usage que le demandeur la destine* », le procureur du roi lui accorda un cens de 20 sols ce qui, d'ailleurs, « *augmentera considérablement sa valeur* », à charge en plus d'entretenir les clôtures, donc de contenir le bien acensé dans ses strictes limites.

La masure, ou la place masure, répondait également à une réalité juridique qui faisait peut-être, justement, la différence avec les simples prés et les jardins, notamment ceux qui s'intercalaient entre les maisons et pouvaient être facilement construits ; d'ailleurs, ils l'ont souvent été lors de l'accroissement du cadre bâti au XVIIIe siècle. De la même façon que la place portait l'acensement, puisque la maison est rendue meuble par sa disparition possible, c'est sur le terrain et non sur la maison que pesaient les charges seigneuriales dues par les habitants d'une communauté donnée. A Flavigny[58], les détenteurs de certaines maisons du lieu-dit « à la rue de Chaumont », et ceux de trois autres maisons du lieu-dit « au Cagnot », étaient astreints à la corvée pour faucher, épandre et amasser l'herbe dans un pré appartenant à la communauté. Les maisons ultérieurement bâties sur les trois masures susdites se trouvaient dès lors exemptées des autres corvées dues au seigneur parce que c'était le terrain qui en était affranchi et non la maison, ce que déterminaient les anciens titres de la communauté.

La masure représentait une ruine architecturale et une perte démographique ; elle donnait au cadre bâti villageois une nature de terre de conquête intérieure : dans un premier temps, il fallait défricher et, dans un second, renouveler les cens qui pouvaient avoir été perdus. En 1729, la prévôté de Blâmont régla ainsi divers droits domaniaux à Aménoncourt, concernant la succession de deux particuliers - Demange Debis et Mougenot Marchal - dont les décès libéraient deux places masures, des meix et des terres d'importance inégale[59]. La première fut adjugée 7 f 6 gros, la seconde laissée en bail judiciaire à 38 f par an, augmentés de 4 f quelques années plus tard, à la décharge de quatre chapons. Les deux places trouvèrent donc preneurs par des moyens différents mais dans les deux cas, l'acensement et le bail étaient enregistrés par la chambre des comptes de Lorraine ; de cette manière, celle-ci prenait un droit de regard sur la reconstruction des villages.

Le cas n'est ni isolé ni limité dans le temps : en 1779, un acensement de terrain communal de Destrich[60] ne put avoir lieu qu'avec l'autorisation de l'intendant. Visiblement, l'Etat ducal, puis l'Etat royal, maintenait sa tutelle sur l'effort de reconstruction ; tutelle par ailleurs assortie d'un droit de contrôle sur le bon droit des constructions, surtout lorsqu'il y avait eu anticipation. Dans ces conditions, les prévôts et les baillis, comme les autorités de police, consentaient assez facilement à régulariser les prises de

---

[58] AD Meurthe-et-Moselle H 139.

[59] AN Q1 725.

[60] AD Moselle 3 E 1527.

terrain contre la garantie que l'acensement accordé *a posteriori* vaudrait obligation de construction, autant pour une simple masure vouée à l'habitation que pour un bien-fonds écarté destiné à devenir partiellement habitable par l'obligation de résidence. En 1714, concession était faite de dix jours de terre au Val de Sénones[61], à condition qu'y fût bâtie une maison pour y résider, la charge était donc moins financière que résidentielle. L'acensement de terrain conduisait ainsi au droit de bâtir en le transformant en devoir impératif de construire dans les délais impartis.

A Berthelming[62], le dénommé Nicolas Pierre demanda la subrogation d'un acensement de place masure contre Joseph Théus ; le décret qu'il obtint des grâces du roi de France (il s'agissait d'un bien du domaine) lui accorda le dit terrain pour bâtir sa maison, ce qui poussa le receveur aux offices de Fénétrange à lui délivrer un contrat d'acensement, accompagné d'un avis circonstancié sur le caractère négatif qu'aurait la révocation d'un pareil décret d'acensement, « *sans de fortes raisons de révoquer des acensements passés en conséquence des décrets émanant des grâces de SAR, d'autant plus que lorsqu'il y aurait quelques ruines ou héritages déserts en friches à rétablir, personne ne voudrait plus les entreprendre* ». Il y avait vraiment urgence à réduire les ruines et les friches mais également nécessité d'entretenir la confiance des censitaires par la stabilité et la durée, enfin, utilité de choisir entre plusieurs demandeurs possibles celui qui construirait dans les délais prescrits par l'ordonnance. Joseph Théus bâtirait donc, dans le courant d'une année, une maison solide (le terme est choisi) sur le terrain qui lui avait été acensé à cet effet (la destination est claire) et qu'à défaut de le faire, il serait privé du bénéfice de l'acensement qui reviendrait aussitôt à Nicolas Pierre. Celui-ci devrait toutefois payer à Théus les frais de défrichement, d'augmentation du cens et de poursuite sans quoi ces charges perdues pourraient être cause de dégoûter « *d'en faire et de mettre le domaine en valeur* ».

La consultation de la communauté, du moins de ses représentants autorisés, était une règle que respectaient les autorités chargées d'instruire les demandes d'acensement, en particulier sur les fonds appartenant au roi, au duc ou aux communautés. Du moins, l'esprit de concertation participait-il à la prise de décision dans un intérêt partagé entre les besoins du demandeur et les politiques d'aménagement du territoire parce que les communautés auraient en dernier ressort à supporter la présence du censitaire. En 1729, un laboureur demanda l'acensement d'une place masure à Dignonville pour y bâtir une maison[63], le procureur du roi du bailliage d'Epinal s'assura d'abord que la masure appartenait au domaine, il se fit confirmer qu'elle était en

---

[61] HUSSON Jean Pierre, *Essarts et lisières forestières dans les Vosges au XVIII$^{e}$ siècle*, art.cit. p 472, AD Meurthe-et-Moselle B 11080.
[62] AN Q1 718.
[63] AN Q1 1629.

déshérence. Il offrit dans un premier temps un cens annuel et perpétuel de 6 gros mais, après visite des lieux et consultation de la communauté, il fit une proposition nouvelle de 18 gros contre l'engagement de ne pas publier de mise aux enchères, dans la mesure où personne ne voudrait surenchérir sur cette masure qui était de peu de valeur. En plus de ce choix négocié avait joué une règle de proximité puisque le requérant était déjà propriétaire d'une masure joignante ; on donnait donc une prime au possesseur du bien le plus voisin, avantage favorisé par l'absence d'autres candidatures. En réunissant les parcelles, le postulant pourrait faire construire « *une maison suffisante pour un bon laboureur* ».

Comme on l'avait fait à Mulcey[64], on a souvent tendu à respecter la règle de concentration de l'habitat à l'ombre du clocher sans perdre une occasion de transférer les maisons isolées au sein de l'agglomération villageoise. Il existait à Merten[65], près de l'église (ce lieu n'est sans doute pas indifférent), à la fin du XVII<sup>e</sup> siècle, une maison tombée en ruine depuis plusieurs siècles (belle assurance et remarquable mémoire !), dite maison de cense que le seigneur avait négligé de faire reconstruire parce qu'il se contentait d'y conduire les grains. La foudre ayant réduit la ruine en cendres, l'occasion devint bonne pour l'agent du roi de France de relever cette maison qui pourtant présentait l'inconvénient de se trouver à une bonne demi-lieue des terres de ladite cense, que le censier ne pourrait plus faire valoir aussi facilement s'il habitait au village. On choisit donc, dans un premier temps, de rétablir l'ancienne maison du censier qui se trouvait isolée près de l'église Saint-Orance, au milieu des terres de la cense et, par compensation, le requérant proposa de reprendre la maison de Merten ainsi que celle d'une autre petite cense, de façon à y loger deux laboureurs. L'acensement fit donc ici d'une pierre trois coups en assurant la remise en bon ordre de production de deux censes isolées et en relevant une ruine villageoise au profit d'une nouvelle famille.

D'une façon générale, les communautés rejetaient les maisons écartées. En mars 1733, celle de Conthil (Moselle)[66] fit vivement opposition à l'acensement d'une place à bâtir située hors du village, entre deux grands chemins. Le chef de la police de Dieuze, qui administra la demande, prit l'avis de la communauté ; celle-ci répondit que l'acensement diminuerait la largeur des deux chaussées et que les héritages voisins souffriraient des dommages « *considérables* » occasionnés par les volailles et les bestiaux du censitaire. Elle offrit donc d'autres endroits plus convenables, en particulier, 28 pieds carrés près de l'église (encore l'attraction du centre ?[67]) en réservant

---

[64] Voir *supra* p.26.
[65] AN Q1 762.
[66] AN Q1 714.
[67] Deux cas ne font bien sûr pas une règle mais cette demande de rapprochement près de l'église est conforme à celle que nous venons de voir pour Merten.

le surplus pour construire la maison du maître d'école, cela pour un cens annuel de 12 f. Si cette solution ne convenait pas au requérant, on aurait une autre place masure à lui proposer, toujours dans le village où il bâtirait une maison solide et couverte de tuiles.

Dans l'affaire qui suit, elle se passe en 1732 à Dompierre (Vosges)[68], la bonne foi des protagonistes n'était certainement pas totale mais le dossier expose tous les arguments qui aident à comprendre le sens des intérêts respectifs d'une communauté attachée à la concentration de l'habitat exclusivement dans les limites du cadre bâti, et d'un particulier désireux de s'en éloigner pour des raisons plus ou moins discutables. L'affaire fut arbitrée, du moins administrée par le lieutenant général du bailliage d'Epinal dont on ne sait pas jusqu'où alla l'autorité puisque ce texte n'a pas de conclusion. Le fin mot de l'histoire nous aurait permis d'apprécier la valeur du rapport de force établi entre le nommé François Perrin, désireux d'acenser un petit terrain écarté appartenant à la communauté pour y bâtir une maison servant d'hôtellerie, et la susdite communauté, en vérité représentée par son maire et les principaux laboureurs, « *particuliers du lieu, riches et opulents qui s'érigent en maîtres, soucieux de leurs intérêts personnels et non de ceux de la communauté* », soutenait le postulant. De leur côté, les représentants attitrés de la communauté abaissèrent les prétentions de Perrin à celles d'un « *mauvais citoyen* » dont on apprend de surcroît qu'il s'était installé au village voisin de Pallegney et n'était revenu que « *pour vexer cette communauté* ». Visiblement, les deux parties vidaient une querelle ; la demande de Perrin fut néanmoins instruite par le bailliage dont le lieutenant conduisit une véritable enquête *commodo et incommodo*. Il se rendit sur place et, malgré l'opposition du maire et de la communauté, il fit arpenter les trois petits terrains en question, face à deux grandes routes, et consigna contradictoirement les dires des parties. Perrin déclara qu'il entendait bâtir une hôtellerie pour recevoir des étrangers et quoique possédant des héritages en ce lieu, il n'y disposait ni de logement ni de maison parce que ses propriétés ne consistaient que dans le quart de deux maisons indivises et d'une écurie, et seulement dans le tiers d'une grange, ce qui ne suffisait ni à ses besoins d'espace ni à sa condition de gros laboureur, bien souvent fermier des dîmes, précisait-il. Il souligna même cette double raison, matérielle et sociale, en affirmant que ces portions de maisons n'étaient suffisantes que pour des manouvriers.

Les représentants de la communauté objectèrent qu'il y avait dix masures dans le lieu, dont une belle, et que le demandeur pouvait y bâtir et que même au cas où il ne voudrait pas les acheter, il pourrait se servir du bénéfice de l'ordonnance (sur les masures - le texte se réfère directement à l'édit du 15 février 1715 dont on voit à quel point il était familier aux communautés), cependant l'intéressé répondit que si telle était son intention, il en ferait les

[68] AN Q1 1629.

frais mal à propos parce que ces places appartenaient justement aux plus riches du lieu et plutôt que de d'en être séparés, ils y construiraient des halliers pour leur utilité particulière - la communauté y perdrait en logement de nouveaux cotisables - ou bien ils voudraient lui rendre le double de ce qu'elles valaient. Perrin répondit que ces maisons ne pouvaient être bâties (il faut évidemment entendre masures), autant qu'il y avait eu partage agréé et accepté par tous les héritiers ; cela signifie que la jouissance de tous les héritiers s'opposait à celle d'un seul, en l'occurrence la sienne, parce que le droit de partage n'entraînait pas une obligation de revendre pour un intérêt unique. On comprend ici la différence qui s'instaure entre la maison, plus difficile à diviser parce qu'elle a une certaine présence matérielle, et la masure, dont le terrain nu, ou quasiment, se prête à tous les arpentages.

Ensuite, la discussion porta sur les avantages, les risques et les inconvénients de bâtir à l'écart du village. La communauté soutint d'abord que le terrain mis en cause, situé à 300 toises du village, faisait une languette entre les meilleurs champs et les meilleurs prés, la demande de Perrin serait donc nuisible à cette communauté, au public, aux particuliers et même au domaine, lésés tous ensemble par une construction extérieure au cadre bâti. Mais on se contenta d'avancer que les bestiaux de la maison iraient continuellement dans les grains et dans les prés et, qu'en plus, le choix d'un site isolé risquerait d'entraîner le besoin d'un troupeau à part qui serait à charge pour la communauté.

Puis vinrent des raisons de bonnes mœurs, les limites données au cadre bâti étaient également affaire de morale ; combien d'inconvénients apporterait une maison située au milieu des champs, surtout un cabaret écarté, susceptible de se transformer en coupe-gorge, en réceptacle de voleurs et en retraite de jeunes gens et de libertins. Ce mauvais exemple conduirait les propriétaires des champs de même consistance à y bâtir eux aussi, sans bénéfice pour la communauté puisque dans ce présent cas, un cens d'un franc par jour pour un terrain qui valait plus de 1 500 f ne représenterait qu'un maigre intérêt pour une communauté chargée de plus de 5 000 f de dettes anciennes et qui devait en plus rétablir le pont et la tour de l'église. Bien sûr, Perrin rétorqua que ce terrain n'était que « *bagatelle* », que la communauté en avait deux fois plus en de meilleurs endroits, façon de montrer que l'incompatibilité éventuelle d'un lieu isolé ne tenait qu'à sa valeur pour l'agriculture.

Enfin, l'argumentaire étudia la question de savoir si la route était circulante ou non parce qu'une hostellerie, par vocation, devait se tenir sur les axes de communication. L'emporterait celle des deux parties qui prouverait que cette route représentait un certain intérêt économique ou démontrerait le contraire. Un chemin, prétendit la communauté, fort peu visité ; une route, défendit Perrin, ou plutôt un grand chemin et d'ailleurs, l'hôtellerie serait proche d'un moulin de vingt toises et située à 200 m du village, dégagé de tout, c'est-à-dire que les lieux n'étaient pas vierges et connaissaient une véritable indépendance qui les déliait, en quelque sorte, des servitudes incombant ordinairement aux bâtiments mitoyens.

### 2.2, les anticipations de cens.

Le cens permettait de régulariser l'anticipation de masures ou de terrains à bâtir qu'un certain laxisme pouvait laisser prospérer, même au début du XVIII$^{e}$ siècle quand l'effort de redressement des masures et des places masures justifiait un contrôle rigoureux des prises de possession de sols. Rappelant devant les présidents et trésoriers généraux de France, au bureau des finances de la généralité de Metz, qu'il n'était loisible à personne de bâtir sur le fond appartenant au roi, le fermier des domaines royaux de Thionville mit de la sorte en cause le nommé Honoré Gardes pour avoir édifié une petite maison sans agrément et contre seulement le paiement de 15 sols de rente annuelle au profit du domaine[69]. S'étant transporté sur les lieux pour en reconnaître la valeur et l'étendue (15 pieds de largeur pour 37 de longueur), le fermier jugea les offres de Gardes trop modiques pour être acceptables et plaça le contrevenant devant le choix, ou de voir la maison en question abattue et rasée de fond en comble ou, s'il aimait mieux, augmenter cette rente jusqu'à concurrence de 20 sols par an. Le domaine était à son avantage pour négocier la valeur d'une rente dont l'aurait privé la destruction effective de la maison alors que l'intérêt du propriétaire de celle-ci était de conserver son acensement, peut-être pas à n'importe quel prix mais à celui, supportable, d'une augmentation de 30 %.

D'une façon générale, la gestion des anticipations se montrait souple puisque leur avantage était de repeupler les campagnes et d'entretenir la rente foncière. En 1725, un habitant de Lallemand-Rombach (gruerie de Sainte-Marie-aux-Mines), demanda à être propriétaire (faut-il entendre censitaire ?) d'un terrain qu'il avait déjà défriché et sur lequel il avait bâti une petite maison, en proposant 1 f de cens annuel[70]. La requête fut acceptée parce que ce terrain, bien que communal, ne servait pas au passage des habitants ; par contre, le cens serait de 2 f au profit du domaine : les preneurs n'étaient guère en position d'imposer leur prix.

Le risque d'emprise sur la voie publique, présente ou à venir, était faible, si bien que le règlement des anticipations s'effectuait de manière assez tolérante et rarement contentieuse. A Ferconrupt (comté de Salm), Hans Vuolge, un tyrolien, s'était installé en 1764 dans une masure et sur quelques terres appartenant au domaine[71] ; lui-même demanda un acensement de 15 f, aux offres qu'il rebâtirait sur la masure. Cet étranger était déjà établi, il avait

[69] AD Moselle C 112.
[70] AN Q1 1635.
[71] AN Q1 724.

édifié sa petite résidence et même s'il aurait été de règle de « *faire publier et laisser à qui plus* », c'est-à-dire, mettre ce cens en adjudication, vu que ce pauvre tyrolien y avait déjà beaucoup travaillé, qu'il passait pour un homme de bien et que la communauté, où il avait pris femme, y trouvait son intérêt. L'acensement lui fut accordé à charge de bâtir solidement et de défricher toutes les terres dans les trois ans ; par contre, le cens annuel et perpétuel fut haussé à 30 f. Quant à la seconde masure (le terrain en comptait deux), sur laquelle un autre particulier s'était également établi sans permission, le domaine en réserva l'acensement dans l'attente que l'anticipateur se pourvoit « *incessamment aux grâces de la dite SAR, pour en obtenir une lettre d'acensement sous peine de privation* ». La différence avec le cas précédent était qu'il n'avait pas fait cette proposition de son propre chef. L'époque était tardive - 1774 - on était déjà loin des efforts de reconstruction et de repeuplement et pourtant, la logique restait la même : attirer des colons, les intégrer ou régulariser leur installation quand ils l'avaient précipitée.

L'attitude des communautés était favorable aux anticipateurs dans la limite des droits d'usages publics. En général, ceux-ci se restreignaient au besoin de circuler ou bien ils intéressaient des projets de construction à venir, par exemple, une école ou une cure. Assez souvent, sinon la plupart du temps, le contentieux se réglait donc sous forme de transaction, devant notaire. On n'encombrait pas la justice seigneuriale d'affaires intéressant le bon sens des opposants même si le droit des communautés pouvait conduire à faire deux poids, deux mesures : les anticipations pesaient différemment selon la gêne apportée à l'usage de l'espace public. A Cutting, en septembre 1780, les habitants reconnurent qu'il s'était commis différentes anticipations sur des places et meix de leur village[72] si bien que le syndic fut chargé de se pourvoir en désistement ou de faire payer des cens pour des particuliers qui ne gêneraient point le passage. Des procès-verbaux furent adressés à cinq anticipateurs, entre autre pour un pressoir qu'il faudrait démolir en vue d'élargir la rue, du moins, la partie qui entravait le passage serait réduite de manière à ce que ce pressoir fût aligné sur les maisons ; les autres bâtiments et maisons seraient acensés. Concernant une boutique de maréchal-ferrant édifiée sur une chènevière communale - un terrain productif - la communauté exerça une légère pression en demandant l'autorisation de se porter devant le bailliage de Dieuze afin de faire condamner à démolir ladite boutique, mais l'anticipateur se déclara volontaire pour effectuer cette démolition au plus tard à la Saint-Georges suivante. Les autres bâtiments et maisons furent acensés parce qu'ils avaient été bâtis à bonne place.

Le cas de Cutting n'est pas isolé, on retrouve une situation analogue à Bisping pour les mêmes années 1780. Cette seconde affaire révèle l'articulation des intérêts bien partagés entre une communauté presque laxiste, lente à réagir mais attachée à ses prérogatives, quelques-uns de ses

[72] AD Moselle 3 E 1528.

membres pressés de se loger et un seigneur assez lointain. Il s'agissait en vérité de deux séries d'anticipations dont les premières firent l'objet d'une transaction en juin 1783[73] et dont les secondes conduisirent à un accord en mars 1789[74]. La première fois, c'était une veuve, un manœuvre et un maréchal-ferrant qui avaient fait construire, chacun, une petite maison sur le bord du chemin allant à Guermange, à la sortie du village. La communauté avait d'abord laissé faire avant de se raviser, « *attendu que ces logements étaient faits sur le terrain qui lui appartient* » ; elle menaça de poursuivre, menace verbale seulement puisqu'on s'orienta vers un compromis en sollicitant l'accord de l'Intendant pour qu'il autorise l'acensement annuel de ces terrains, à 12 sols pour le premier, 20 sols pour le deuxième et 16 sols pour le troisième. Chacun des membres de la communauté fut invité (en principe) à donner un avis circonstancié sur la nuisance ou l'innocuité de ces anticipations ; ce furent donc le maire, les syndics et un grand nombre des habitants qui délibèrent sur le fait que les trois maisons obstruaient, ou non, le passage des voitures et des bestiaux.

Les deux anticipations suivantes furent de même nature, l'une concerna la construction d'une maison et d'une boutique de maréchal-ferrant, l'autre, celle d'une maison, toutes édifiées sur un terrain communal[75]. On ne sollicita que l'avis des représentants de la communauté, soit le maire, son lieutenant, les syndics et le greffier, auxquels se joignit le curé. La communauté sollicita l'accord du seigneur, directement intéressé puisqu'un tiers du cens lui adviendrait. Nuances, donc, entre ces deux procédures, avec le même esprit d'ouverture : la faute n'était pas d'anticiper mais de mal anticiper.

---

[73] AD Moselle 3 E 1530.

[74] AD Moselle 3 E 1501.

[75] AD Moselle 3 E 1501.

# 3e chapitre

# Les servitudes

## 3.1, le partage des pignons mitoyens.

Une telle tolérance à l'anticipation procède de l'état d'esprit avec lequel les coutumes lorraines ont dans l'ensemble encadré les rapports de cohabitation de part et d'autre du mur mitoyen de la maison. On peut même parler de terreau fertile en matière de servitudes et de liens de voisinage. A partir du XVIe siècle, les ducs de Lorraine ont entrepris un vaste travail de rédaction des usages de droit privé en y introduisant pleinement la question des servitudes domestiques. La coutume de Vaudémont les déclarait inhérentes et affectées au fond sur lequel elles étaient constituées ou prescrites ; elles restaient pérennes même si l'édifice était démoli et reprenaient leur force s'il était réédifié. Ces travaux ont été commentés dès la fin du XVIIIe par un juriste du nom de Riston, pour l'instruction des avocats du barreau de Paris[76] qui maîtrisaient mal les spécificités du droit lorrain ; ils ont été repris par un second Riston[77], à la fin du XIXe siècle, dans le cadre de ses cours à la faculté de droit de Nancy ; ils ont enfin été rafraîchis par Jean Coudert[78] pour les questions spécifiques d'habitat, à l'occasion du colloque de Nancy des 23-25 octobre 1979, avec cette nouveauté que l'auteur a tenté d'éclairer l'évolution urbanistique du village lorrain entre l'isolement et la contiguïté des maisons, à partir des dispositions prises pour l'usage des pignons communs. Nous suivrons ici l'ensemble de ces analyses pour les introduire dans le contexte plus large du droit public et du droit privé[79] attachés à l'usage de la maison lorraine, en explicitant les effets pratiques induits par ces dispositions juridiques. Nous nous appuierons essentiellement sur les trois coutumes de Lorraine[80], de Toul et du Pays toulois[81], et de Vaudémont[82], en empruntant à Jean Coudert les références éventuellement venues d'autres coutumes[83].

---

[76] RISTON, *Analyse des coutumes sous le ressort du Parlement de Lorraine*, op.cit.

[77] RISTON Victor, *Contribution à l'étude du droit coutumier lorrain*, op.cit.

[78] COUDERT Jean, *Les usages communautaires en matière d'habitat*, art.cit.

[79] L'essentiel des dispositions coutumières en matière d'habitat est de droit privé puisque ces articles ne font que régler les rapports des voisins immédiats entre eux.

[80] *Coutumes générales dans le duché de Lorraine pour les bailliages de Nancy, Vosges et Allemagne*, op.cit.

[81] *Usage locaux de la ville de Toul et du pays toulois*, op.cit.

[82] COUDERT Jean, *La coutume de Vaudémont*, op.cit.

[83] COUDERT Jean, *Les usages communautaires en matière d'habitat*, art.cit.

Sur le fond, les coutumes lorraines furent très consensuelles en matière de servitudes et leurs nombreuses nuances ne s'attachaient jamais qu'à l'application de principes communs. Ces servitudes ne semblaient énoncées qu'en faveur d'un habitat devenu mitoyen et qui ne l'aurait pas été auparavant, elles contribuaient donc à l'aménagement d'un cadre bâti, d'abord épars, jusqu'à sa complète saturation entre les XVIII^e^ et XIX^e^ siècles. En raison des flux démographiques et du besoin de logement, la tendance générale voulait alors qu'un tiers, généralement désigné sous le nom de comparsonnier, puisse construire sa maison contre le pignon libre de son voisin[84]. Les coutumes ne différenciaient toutefois pas les modèles d'aménagement urbains et ruraux qui, pourtant, pouvaient diverger : en ville, la mitoyenneté et l'existence d'immeubles à propriétés multiples étaient de règle ; à la campagne, chaque immeuble représentait une possession particulière, la mitoyenneté n'était pas totale (même si elle deviendra absolue dans le courant du XIX^e^ siècle) et les besoins de rehausser les maisons étaient moins grands. Le plus souvent, l'étage n'apparut qu'au XIX^e^ siècle dans les villages et quand il exista plus tôt (dans le nord lorrain ou l'est mosellan par exemple), il fut aménagé dès la construction de la maison ; la question de la rehausse du pignon ne se posait donc pas.

***La propriété du pignon mitoyen***. Ce mur pignon revêtait un intérêt majeur sur le plan de l'architecture comme sur celui du droit. D'abord, parce qu'il était le seul élément porteur, avec les poteaux centraux de la charpente. L'orientation en profondeur de la maison lorraine classique le déterminait à jouer un rôle structurel nettement plus affirmé que la façade. Allongé et peu pentu, commun aux deux maisons qui l'encadraient, ce pignon se trouvait habité des deux côtés, techniquement et juridiquement parlant. Il ne possédait donc qu'une seule épaisseur, assurée par deux parements de maçonnerie[85], comblés par du tout venant[86] et liés, tous les mètres, en largeur et en hauteur, par des parpaings[87] formant clefs. Si les deux maisons adjacentes avaient été élevées simultanément, les deux façades respectives étaient en principe rendues solidaires de ce pignon par des harpages en

---

[84] Cette règle, très consensuelle, est indissociable de la structure du village lorrain dont les maisons adoptent une mitoyenneté très dense. Cf. COUDERT Jean, *Les usages communautaires en matière d'habitat*, art.cit., p.25 : « Partout règne la prescription de la mitoyenneté ».

[85] Un mur en maçonnerie traditionnelle est construit de deux parements de moellons redressés (face visible taillée) entre lesquels est versé du tout venant ; chaque comparsonnier dispose donc de son parement intérieur propre.

[86] Matériau composite constitué de terre, d'argile, de fragments de pierres, de petits moellons, voire, d'ossements. Les moellons des parements sont eux-mêmes scellés à l'argile ou à la terre argileuse ; la chaux aérienne n'est utilisée que pour les joints extérieurs des parements.

[87] Pierre qui traverse toute l'épaisseur de la maçonnerie, pour former clef entre les deux parements. En principe, on doit poser un parpaing tous les mètres, en largeur comme en hauteur, c'est du moins ce que préconisent les contrats d'ouvrages du XIX^e^ siècle, extraits de la série 2O, traitant des affaires communales.

venant se plaquer sur lui de manière à se montrer contiguës dans leur plan[88]. Par contre, si les élévations respectives des façades et des pignons s'étaient trouvées décalées dans le temps, la façade édifiée avec le pignon lui serait liée par un chaînage d'angle, la seconde façade pouvant rejoindre sans attaches l'angle du pignon ou nécessiter une reprise du pignon de manière à aménager un nouvel harpage.

Au point de vue juridique, les règles de cohabitation définies par les coutumes admettaient dans leur principe qu'un mur mitoyen, à cheval sur les deux propriétés ou porté en limite de la propriété d'autrui, revenait de droit à chacune des parties pour le côté qui l'intéressait si elle désirait en avoir l'usage[89]. Cet emploi commun d'un même mur reliant deux maisons entraînait une solidarité étroite entre les deux voisins, du moins il engageait le respect de règles de partage qui pouvaient se montrer provisoirement contraignantes lorsque l'aménagement de l'un des deux côtés du pignon s'imposait à l'autre. Cette tolérance était nécessaire puisque les coutumes, en premier celle de Lorraine, affirmaient que les murs séparatifs étaient réputés mitoyens[90] sauf s'il y avait titre (négocié), usage (résultant en particulier de prescription trentenaire) ou enseignement par l'art des maçonneries indiquant le contraire, qui démontrerait donc que l'usage mitoyen d'un mur serait préjudiciable à sa solidité. S'il advenait que la mitoyenneté n'existait pas pour tel cas d'espèce donné, son rachat par le comparsonnier ne pourrait être refusé par le parsonnier propriétaire des deux côtés du mur[91], autrement dit, celui qui voulait bâtir contre l'édifice du voisin pouvait se servir de son mur même s'il n'était pas totalement mitoyen, en en payant la mise.

Par contre, la coutume ne précisait pas si l'achat de la mitoyenneté pouvait être délié de tout projet de construction immédiat mais dans la mesure où la mitoyenneté était un principe de droit, on peut supposer que celui-ci s'appliquait dans l'absolu et que l'aménagement du côté non bâti pouvait être réservé à plus tard. Ce principe est illustré par l'accord passé en 1719 entre François Nicolas, menuisier de Dieuze, et François Lerouge, charpentier[92], le premier vendant au second le droit mitoyen d'appuyer au derrière de sa maison un « apparoy » (un pan de bois) de sept pieds de largeur dont « *l'appartenance sera mitoyenne sous tout le long des deux maisons et à hauteur d'icelle* » ; de même était vendu le terrain qui se trouvait dans la cour dudit Nicolas, derrière ladite maison, à prendre de côté, dans

[88] Un harpage consiste dans un assemblage vertical de pierres de taille, alternativement posées en « tête » (largeur) et en « queue » (longueur), de façon à lier les maçonneries de moellons qui viennent à sa rencontre.
[89] En part. titre XIV, article XIX de la coutume de Lorraine.
[90] C'est-à-dire que chaque parement, jusqu'au milieu du mur, appartient par principe à celui des comparsonnier qui l'habite.
[91] Nul ne peut donc rester dans la propriété complète de son pignon si le parement opposé au sien a été construit et si le comparsonnier désire le racheter.
[92] AD Moselle 3 E 1320.

l'alignement du jardin de Lerouge, depuis l'apparoy de derrière sa maison, avec le pouvoir donné à Lerouge de joindre le terrain vendu à son jardin et à sa cour. C'est-à-dire que Lerouge entendait régulariser la surface de son jardin situé derrière sa maison pour prolonger celle-ci d'un mur en pan de bois limitrophe aux deux terrains, les deux voisins partageant le droit d'équiper ce pignon, chacun de son côté, de la façon qui lui conviendrait.

Il est arrivé que l'obligation de racheter la mitoyenneté pour jouir du pignon du voisin attendît l'opportunité d'une reconstruction du mur quand son état de délabrement le nécessitait. En 1769, Jean Moye, maître de poste de chevaux de Cutting[93], permit à Nicolas Titremont, manœuvre, de poser les poutres et les bois lors de la construction de sa maison au-dessus de celle dudit Moye, dans son mur de pignon, sans qu'il pût aucunement prétendre à la propriété de ce mur, à charge, s'il était question de le reconstruire, de l'entretenir ou le réparer, que ledit Tritemont y contribuerait par moitié à la proportion de la hauteur de son bâtiment. Il deviendrait de ce fait propriétaire de sa face de mur jusqu'à hauteur de ses gouttereaux et de son faîtage.

***Témoins de mitoyenneté***. Avec la coutume de Lorraine, l'état de non mitoyenneté d'un mur pouvait être clairement et hautement affiché par le moyen de témoins ayant forme de trous de diamètre réduit (borgnes et aveugles) traversant le mur de part en part, à n'importe quelle hauteur[94]. La coutume de Toul[95] admettait le même procédé sauf qu'elle dissociait les témoins traversant entièrement le mur, des témoins simplement percés du côté possédé par celui qui les avait créés. Il s'agissait plus, en l'espèce, de murs de séparation de terrains cultivés que de murs de séparation de maisons. Comme pour l'ensemble des coutumes, le propriétaire d'un mur entier ne pouvait s'opposer à ce que le voisin rachetât sa partie, ces témoins représentaient sans doute moins l'état d'une propriété éventuellement provisoire qu'un marquage de territoire définitif. Leur installation présentait l'intérêt de prévenir le voisin que sa partie de mur ne passait pas sur son terrain et qu'il n'en aurait la jouissance qu'après en avoir acheté la mitoyenneté, ce qui par principe, déplaçait la limite entre les deux terrains au milieu de l'épaisseur du mur. La liberté pour le comparsonnier d'acheter ce droit d'usage ne l'autorisait pour autant pas, selon la coutume de Lorraine, à négocier avec le premier bâtisseur le retrait ou le déplacement des merrains (les poutres) et des cheminées que celui-ci aurait ancrés dans ce mur[96].

On retrouve à Vaudémont ce même avantage d'antériorité puisque le voisin (second bâtisseur) ne pouvait faire muer ou changer l'assiette des sommiers de son voisin, ou quelconque jambage de cheminée, du lieu où il les aurait trouvés, « *encore que cela soit discommode aux siens, mais il devra les*

[93] AD Moselle 3 E 1477.
[94] Titre XIV, articles V et XXI de la coutume de Lorraine.
[95] Titre X, article CXXXII.
[96] Titre XIV, article XIX.

*accommoder en toute autre meilleure sorte qu'il pourra mieux* »[97]. Donc, s'il y avait gêne pour équiper, par exemple, la poutraison du logis qui venait en second lieu - le sommier déjà existant pouvant traverser toute la largeur de la maçonnerie - le second bâtisseur devrait dès lors accepter cette contrainte en positionnant autrement son propre sommier, de la meilleure façon possible.

La coutume de Toul n'envisageait pas un pareil ordre de préséance et ne prévoyait que le risque d'une mésentente entre les deux comparsonniers à cause d'éventuelles incompatibilités techniques résultant des positions respectives des poutres et des cheminées[98]. Reprenant le cas d'un mur non mitoyen, elle permettait seulement au comparsonnier d'en user contre le paiement de la valeur de la moitié de ce mur, et jusqu'à la hauteur seulement où il voulait y tracer son propre pignon. Voici les termes d'un accord passé, en 1683, entre deux habitants de Barisey-la-Côte devant le tabellion de l'Evêché de Toul[99]. Le premier, Didelot Champougny, avait relevé sa maizière (masure) en prélevant des pierres de taille et des éléments de cheminée sur la maizière voisine dont le propriétaire, Jean Poirot, avait dès lors des raisons de se plaindre. Pour « *nourrir paix et amitié* », les deux parties acceptèrent amiablement que Champougny accordât et octroyât à Poirot le droit de bâtir et faire un « accostage » sur la grande muraille que Champougny avait faite, joignant Poirot, et que lorsque celui-ci aurait la commodité de faire bâtir dans sa propre maizière (qui était joignante), le contractant lui restituerait les pierres de taille et les « angonde » de cheminée qu'il avait prises. Pour cette liberté d'accostage, Poirot paierait à Champougny et à ses ayant cause la somme de 35 f en monnaie de Lorraine en principal et 3 f 6 gros en vins. Ce contrat ne détaillait pas les prérogatives que pouvait avoir Champougny sur Poirot afin de garder l'avantage financier du droit de mitoyenneté.

***L'équipement du mur***. L'usage d'un mur pignon intégré dans une construction implique qu'on puisse y aménager ce que l'on appellerait aujourd'hui « des creux de maison », c'est-à-dire des excavations de taille assez réduite, pratiquées dans la maçonnerie pour y introduire des embouts de solives[100] ou des consoles de cheminée[101], par exemple. Dans l'ensemble, les coutumes se rejoignaient sur la possibilité offerte à chacune des parties de percer sa face du mur mitoyen pour l'équiper d'éléments mobiliers fixes. Ainsi, la coutume de Vaudémont[102] déclarait qu'en murs communs et mitoyens, les voisins pouvaient les percer d'outre en outre pour y asseoir des

[97] Titre 13, article 18.
[98] Titre IX, article CXI et article CXXVII.
[99] AD Meurthe-et-Moselle 3 E 87.
[100] L'extrémité de la solive qui s'enfonce, plus ou moins profondément, dans le parement intérieur de la maçonnerie.
[101] Pierre de taille large et arrondie, située sur l'extrémité supérieure du piédroit et engagée dans la maçonnerie qui porte le linteau de la cheminée.
[102] Titre 13, article 16.

sommiers, des poutres, des chevrons et des jambages de cheminée en remplissant les trous, ce qui relevait autant d'une nécessité juridique que d'une simple application technique. L'importance de cette disposition tenait à la condition que la muraille puisse être percée de part en part, mais, l'obligation de reboucher les trous laisse entendre qu'il s'agissait là d'une simple facilité pour introduire des bois et des pierres sans qu'ils s'enfoncent aussi profondément dans la maçonnerie. Les percements seraient alors comblés du côté du voisin, une hypothèse que tend à contredire la disposition suivante : à l'endroit des cheminées (qui se situeraient en vis-à-vis), on ne pouvait asseoir aucun bois d'outre en outre, seulement à la moitié du mur.

Avec la coutume de Toul, les cheminées et les armoires installées sur un mur mitoyen pouvaient prendre, non pas le tiers mais la moitié de l'épaisseur, de façon à asseoir les jambages nécessaires, à condition que le voisin n'eut pas déjà creusé de l'autre côté à cet endroit[103]. Quant aux poutres, si elles venaient de chaque côté à se trouver en contact, chacune ne pouvait excéder la moitié de l'épaisseur du mur mitoyen tandis que, si les embrèvements[104] étaient percés en différents endroits, les poutres pouvaient s'enfoncer des trois-quarts dans l'épaisseur du mur. En matière de facilité de travail, la coutume de Toul allait plus loin que celle de Vaudémont qui acceptait le percement de part en part en autorisant éventuellement la démolition partielle du mur mitoyen, sauf titre contraire, à charge pour le bâtisseur de rétablir promptement le mur à ses dépens et, bien sûr, pour les maçons, de le signifier préalablement aux voisins[105]. La coutume de Lorraine faisait la synthèse des deux précédentes puisqu'elle autorisait à percer outre le mur pour poser des poutres, des sommiers et des chevrons, des écoinçons de pierre[106] et d'autres matériaux, en rebouchant les trous ; elle supposait encore que la démolition partielle du mur serait possible puisque le voisin était tenu de souffrir les travaux et que le bâtissant devrait incontinent réparer ce qu'il aurait démoli au voisin, en le faisant avertir avant toute démolition. La coutume de Lorraine disposait par ailleurs qu'on ne pouvait mettre des poutres à l'endroit des cheminées et des fours, ni installer d'armoires à l'endroit des cheminées et des fours, et que les contre-feux des cheminées ne pouvaient s'enfoncer de plus du tiers dans la maçonnerie[107].

---

[103] Titre IX, article CXI.
[104] Trou dans une maçonnerie, dans lequel s'engage l'extrémité de la solive.
[105] Titre IX, article CXXIV.
[106] Titre XIV, article VII.
[107] Titre XIV, article VII.

### 3.2, l'exhaussement du pignon ou du mur mitoyen.

La règle communément admise était que le parsonnier, qui désirait exhausser le mur commun à son profit, c'est-à-dire, pour élever la hauteur de sa maison en ajoutant un étage à celle-ci et en y perçant des fenêtres, pût le faire, édictait la coutume de Bar-le-Duc de 1579[108], à ses dépens et sans le consentement de son voisin. La rehausse échappait donc au contrôle et à l'accord du comparsonnier, disposition particulièrement importante puisque l'appareil unique du pignon oblige à défaire la partie de toiture adjacente qui s'appuie sur sa part du pignon, en contraignant le comparsonnier à subir le désagrément des travaux. La coutume de Toul restreignait toutefois ce droit par la possibilité qu'il y eut un titre contraire[109] ; le voisin qui engageait ces travaux avait pouvoir de faire enlever (provisoirement) « *chevrons et autres choses empéchantes établies par le voisin* » (Bar), de retirer les chéneaux (eschenées) et chanlatte communes (Lorraine, Châtel, Gorze) et de donner, au besoin, plus de fondement et de largeur au mur si le rehaussement l'exigeait techniquement (Vaudémont, Hattonchâtel, Evêché de Metz, Metz, Gorze, Verdun, Toul). La coutume de Lorraine[110] reprenait toutefois que si le comparsonnier désirait rebâtir à l'égal de son voisin à la même hauteur, il pourrait rapporter la chanlatte sur le mur qui serait de nouveau commun après qu'il eût contribué à la dépense de la précédente rehausse du mur commun. La coutume de Lorraine édictait en plus que la rehausse pouvait être faite aussi haute que le voudrait son promoteur, et que s'il existait des sommiers, des cheminées et « *autres choses avançantes ou pendantes sur ladite place qui empêche telle rehausse* »[111], le comparsonnier serait tenu de les retirer et d'accepter que son mur fût aligné et mis à bon plomb[112]. Appliquant le principe de témoins de mitoyenneté, cette même coutume déterminait que, si le construisant pratiquait la rehausse à ses frais, il devait en faire témoignage par des fenêtres de maçonnerie de la hauteur de 5/4 de pieds et de la largeur de 2/3 de pieds, ouvertes de son côté pour montrer qu'elles étaient mises par lui, à charge de les « *étayer* » si le voisin voulait se servir de cette rehausse en offrant sa contribution aux frais de construction du mur[113]. La coutume de Vaudémont parlait de « *petites fenêtres borgnes* (sans jour) *en forme de "lizardes"* », destinées à porter témoignage en faveur de celui qui avait réalisé la rehausse à ses frais[114].

Si la rehausse appartenait à son auteur, il ne pouvait empêcher que son voisin en devienne propriétaire en en payant le prix, soit la moitié de la

---

[108] COUDERT Jean, *Ibid.* p.31.
[109] Titre IX, article CXVI.
[110] Titre XIV, article XX.
[111] Titre XIV, article XV.
[112] C'est-à-dire construit verticalement, sous contrôle du fil à plomb.
[113] Titre XIV, article V.
[114] Titre 13, article 9.

valeur estimée de la construction[115]. La mitoyenneté de droit se retrouvait ici respectée, en temps voulu par le comparsonnier, au moment de ses besoins. Jusque-là, la rehausse du mur n'aurait fait que prolonger sa part de mur commun sans qu'il en fût gêné d'appuyer sa toiture. La coutume de Toul[116] ajoutait que le voisin, désireux de se servir de la rehausse, devrait également en acquérir la moitié du fond depuis le pied du mur jusqu'en haut, si le mur avait dû être élargi à la base plus que d'ancienneté. Dans tous les autres cas (coutume de Lorraine[117]), le voisin qui refuserait de contribuer au mur nécessaire pour supporter l'exhaussement projeté par son voisin, ne perdrait pas sa mitoyenneté jusqu'à la naissance de l'exhaussement si le mur était alors suffisant.

Cette liberté d'attendre offerte au comparsonnier pour racheter sa part de mitoyenneté lui donnait le temps de préparer et de négocier les aménagements successifs que pouvaient envisager l'un et l'autre des comparsonniers sur leur part de propriété bâtie propre. Voici un modèle de transaction conclue devant notaire, en 1745, entre les nommés Etienne Péron et Charles Brézel[118], au sujet de la servitude d'une muraille construite à neuf par le premier, en limite ou à cheval entre leurs deux propriétés. Dans un premier temps, Brézel avait accepté que le four de Péron, construit dans sa cuisine mais depuis lors exhaussé par le côté droit dans leur muraille commune, fût conservé sauf s'il devait être reconstruit, il le serait dès lors conformément aux dispositions de la coutume. Celle-ci aménageait donc l'avenir sans s'imposer dans l'immédiat, à condition que les deux parties y consentissent. En contrepartie, Péron serait libre d'exhausser sa cheminée le long de la muraille, jusqu'à la toiture construite par Brézel, celui-ci se réservant les jours borgnes qui témoignaient de sa possession de la muraille depuis le haut de la maison de Péron jusqu'à celui de la sienne. Enfin, quand Péron serait lui-même disposé à exhausser sa maison de la même hauteur que celle de Brézel, l'exhaussement de la muraille deviendrait commun entre eux, comme l'était déjà la base jusqu'à l'exhaussement. En somme, Brézel échangeait un futur droit de mitoyenneté, introduit par un usage limité de la rehausse à l'appui d'une cheminée, contre une servitude imposée par un four à pain sans doute mal placé.

---

[115] Coutume de Lorraine, titre XIV, article V ; coutume de Vaudémont, titre 13, article 10.
[116] Titre IX, article CXV.
[117] Titre XIV, article V.
[118] AD Moselle 3 E 1343.

**3.3, les jours et les vues.**

Se mettre à jour revient à conduire la lumière du ciel à pénétrer dans un intérieur pour l'éclairer ; se mettre à vue consiste à percer un mur pour voir à travers l'ouverture même quand le regard porterait sur le fond du voisin. La question est importante en matière de cadre bâti rural lorrain, devenu compact au cours du XVIII^e^ siècle après que les espaces restés libres entre les maisons isolées eussent été construits. Pareille tolérance était accordée à condition d'avoir vue sur son terrain, donc que la maçonnerie portant cette vue ne touchât pas directement le fond du voisin. En coutume de Lorraine[119], la distance d'un tour de ventillon (l'arc de cercle qu'effectue le volet en pivotant sur ses gonds), entier ou brisé, suffisait à montrer qu'on avait regard sur soi. Ce droit n'était toutefois pas opposable au voisin qui ne pouvait être empêché de bâtir sur son héritage pour ne pas occulter cette vue sauf si le propriétaire du fond démontrait le contraire ; le second voisin pouvait donc bâtir sur sa limite au risque de masquer le jour ou la vue du premier. En corollaire, le propriétaire qui ouvrirait une vue donnant immédiatement sur le terrain contigu outrepasserait ses droits, à moins d'une prescription trentenaire. En présence de mur mitoyen, la limite entre les deux terrains étant construite, il n'y avait pas de possibilité d'établir des vues sans le consentement de l'autre comparsonnier sauf à opposer cette même prescription.

La coutume de Toul[120] était plus restrictive que celle de Lorraine puisqu'elle mettait une condition de distance de six pieds entre le jour et la limite du fond du voisin ; cette indication introduisait un effet de regard sur l'autre et non plus simplement de regard sur soi. Pour la même coutume, si la servitude de vue droite sur le voisin (on imagine directe) était constituée par titre et si le voisin voulait bâtir sur son terrain, il devait laisser quatre pieds de distance entre le mur et la vue ; deux pieds seulement si la servitude avait été acquise par prescription. Cela voulait dire que, même si le voisin bâtissait sur sa parcelle, il devrait reculer sa construction d'autant de pieds que le voulait la coutume par rapport au mur du voisin dès lors que celui-ci aurait acquis, comme dit, ce droit de regard. Dans ces conditions, la mitoyenneté directe et la soudure entre les maisons devenaient impossibles. La difficulté se montrait la même avec la coutume de Nancy[121] qui en revenait au rayon de manœuvre d'un volet, pour déterminer la distance à observer entre le regard et le mur qui se construirait dans son axe. Elle était donc plus utilitaire que juridique, à condition encore que la vue portât sur la parcelle de son propre terrain, n'aurait-il pour étendue que ce tour de volet. La vue n'était donc pas toujours destinée à porter loin mais sans doute à laisser le

---

[119] RISTON, *Des différentes formes de la propriété*, op.cit., p. 239.
[120] Titre IX, article CXXII.
[121] COUDERT Jean, *Ibid.* p.28.

regard tomber chez soi ; le reste se montrait accessoire mais possible jusqu'à ce que le voisin décidât de construire sur sa limite, ce qui suppose l'existence de deux murs séparés par la bande de terrain du voisin qui avait la vue et aurait ce tour de volet pour largeur minimale.

Pour l'ensemble des coutumes, un parsonnier pouvait avoir directement vue sur la propriété d'autrui mais avec une fenêtre aveugle ou dormante, précisaient les coutumes de Lorraine et de Toul[122]. Au XVIII^e^ siècle, les coutumes de Toul et de Verdun[123] inversèrent cette obligation en permettant d'ouvrir, dans ce mur joignant, une fenêtre ou une vue à ferraille et verre dormant. On peut s'interroger sur la qualité précise d'une fenêtre aveugle qui n'aurait donc aucune utilité de jour ou de vue sauf s'il s'agissait d'une fenêtre fixe offrant le jour et la vue sans communication possible à travers son ouverture : passage d'objets ou de personnes. Dans ce cas, les coutumes de Lorraine, d'Epinal, de Châtel et de Gorze[124] reconnaissaient unanimement au propriétaire mitoyen, qui avait joui pendant trente ans de la vue sur son voisin, le droit d'en acquérir définitivement l'usage sous la même réserve de le faire avec un châssis dormant. Droit acquis que Jean Coudert considère comme un consentement tacite donné par un voisin inactif, suivant une règle de mitoyenneté fondée sur une unanimité expresse ou implicite.

Parallèlement, se posait la question du percement d'ouvertures par rapport au toit du voisin selon que la fenêtre donnait au-dessus ou au-dessous de celui-ci. La coutume de Lorraine[125] édictait que le droit de vue sur la maison, au-dessous du toit, se prescrivait par trente ans ; si elle se trouvait au-dessus, le propriétaire de la vue ne pouvait empêcher que le voisin la fisse baisser, même quand elle existerait de temps immémorial, sauf par titre ou tout autre moyen pouvant démontrer qu'elle représentait un droit de servitude. Pour la coutume de Vaudémont[126], si les murs étaient rehaussés par dessus la toiture du voisin, on pouvait y ouvrir des fenêtres, grandes ou petites, seulement pour la commodité de celui qui avait fait construire ces rehausses et non par émulation ou volonté de nuire à son voisin, à condition néanmoins que le voisin, en élevant sa maison, pût faire remplir et « *estoupper* » ces fenêtres. Au-dessus d'un toit, ou si les vues donnaient sur des cours ou des héritages ouverts, on ne pouvait y prendre autrement de lumière qu'à partir de petites ouvertures borgnes servant de témoins.

Quant aux simples jours, destinés à recevoir de la lumière et non à regarder, la coutume de Toul prescrivait[127], quand ils donnaient sur le fond du voisin, de les mettre à verre dormant et à fer maillé, en cas de plainte. La règle semble bien légère puisque le jour ouvrant restait possible tant que le

---

[122] Coutume de Lorraine titre XIV, article XXI ; coutume de Toul, titre IX, article CVIII.
[123] COUDERT Jean, *Ibid.* p.28.
[124] COUDERT Jean, *Ibid.* p.28.
[125] Titre XIV, article II.
[126] Titre 13, article 14.
[127] Titre IX, article CVIII.

comparsonnier le tolérait ; cette tolérance se trouvait suspendue au risque d'une plainte soumise à d'éventuelles relations de mauvais voisinage. Les coutumes de Bar-le-Duc, Verdun Toul et Gorze[128] contournaient cette possible difficulté en soumettant la position des jours à des conditions de hauteur, à huit pieds du plancher, pour les rez-de-chaussée, et à sept pieds, pour les étages, ces jours respectifs devant être munis de barreaux de fer et équipés de fenêtres fixes à verre dormant.

Le droit de jour s'achetait parfois quand il y avait risque de le voir aliéner par une construction adjacente ; en 1771, le nommé Jean Lang[129] permit à son voisin direct, Joseph Grégoire, au prix de 112 #[130], de prendre sur lui les deux jours qu'il avait pratiqués au derrière de la maison pour l'éclairage de sa cave, mais ces jours seraient bien barreaudés ; si Jean Lang venait à bâtir le terrain sur lequel prenaient lesdits jours, il ne pourrait les faire ôter ni gêner en deçà du tour de volet habituel. La présence de ces jours contraignait donc la position du mur qui pourrait venir s'élever en vis-à-vis, seulement parce qu'un accord avait été conclu. Quant à Jean Rémy Djugles[131], de Dieuze, il passait en 1786 un marché inverse avec la veuve Thorel, obtenant de celle-ci qu'elle renonçât aux jours ouverts sur le devant de la maison que le dit Djugles venait d'acquêter, contre l'engagement que celui-ci ferait reconstruire à ses frais le pignon commun qui menaçait de s'écrouler, ainsi que les trois cheminées qui lui étaient adossées ; ce pignon serait ensuite rendu mitoyen entre les deux parties.

### 3.4, les éléments insalubres et les aménagements à proximité de mur.

Les servitudes envisageaient les risques de pollution ou d'incendie dus à la proximité des puits, des réseaux d'eau usée, des fours ou des cheminées. Ces préoccupations sanitaires se montraient déjà grandes entre le XV^e^ et le XVI^e^ siècle lorsque les coutumes ont été rédigées ; on craignait les infiltrations et donc la fragilisation de murs trop proches des puits, des latrines, fosses de cuisines, égouts ou tous autres cloaques ; on redoutait à juste titre les incendies résultant d'âtres ou de foyers insalubres, mal entretenus ou situés trop près des corps inflammables des maisons. Dans leur ensemble, les coutumes prescrivaient donc le respect d'une certaine distance entre les puits, les égouts et autres semblables immondices (coutume de Lorraine) et le mur commun[132] ; pour nombre de coutumes, cette distance devait être de huit pieds[133]. Ces règlements sanitaires se limitaient toutefois à la codification des

---

[128] COUDERT Jean, *Ibid*, p. 27.
[129] AD Moselle 3 E 1361.
[130] Livre de Lorraine.
[131] AD Moselle 3 E 1535.
[132] Titre XIV, article XII.
[133] COUDERT Jean, *Ibid.*, p.26.

relations de voisinage et ne considéraient pas la sécurité et la salubrité des lieux propres où étaient créés ces risques de nuisance ; chez soi, hormis du côté du mur mitoyen, on ne devait satisfaire à aucune norme particulière.

La coutume de Vaudémont ne prescrivait pas de distance entre la source de nuisance possible et le mur commun, elle s'en tenait à un simple principe de précaution voulant qu'on ne puisse « profonder » de puits ou de citernes sans que la muraille mitoyenne ne soit conservée en son entière nature, ce qui bien sûr, laissait à l'appréciation des juges la responsabilité éventuelle d'un voisin pollueur[134]. C'est seulement dans le cas particulier de fours ou de forges que cette coutume imposait un intervalle d'un pied et demi de vide, au moins, entre lesdits murs, fours et forges. Pour les puits, elle en revenait à la nécessité de ne pas causer de dommage au voisin ; pour les latrines, elle édictait simplement qu'elles fussent installées dans les lieux les plus écartés de la maison, ou alors, que fût aménagé un contre-mur de deux pieds d'épaisseur pour empêcher les putréfactions et autres dangers procédant de tels lieux. Aucune obligation de profondeur n'était imposée comme si l'idée d'insalubrité ne portait que sur les contaminations hors sols des maçonneries, à l'exclusion de toute nuisance résultant d'infiltrations en terre[135]. Les coutumes de Verdun et de Toul inversaient la prescription en autorisant la construction d'un mur contre le puits du voisin mais derrière un contre-mur sérieux[136]. Envisageant le cas où le puits existerait avant la création du mur, cette disposition tendait ainsi à protéger le constructeur du péril à s'installer trop près d'une source de nuisances possible.

Plutôt que l'intervalle sanitaire - cette distance neutralisée entre la source d'incommodité et le mur partagé - de nombreuses coutumes faisaient le choix de ce contre-mur destiné à absorber les nuisances, donc à les reporter du côté de leur source. Par exemple, la coutume de Lorraine disposait que si le voisin installait sur son héritage, un four, un emplacement à fumier ou un égout, il devait les séparer du mur mitoyen par un autre mur « *si bon et suffisant que la chose commune ne puisse recevoir de détérioration soit de feu, de pourriture ou autrement* »[137]. En vérité, on s'attachait plus à éviter tout contact direct qu'à mesurer techniquement les effets possibles d'une pollution ou d'un sinistre susceptible de se répandre bien au-delà du contre-mur. La question de la résistance ou de la compatibilité des matériaux n'était pas non plus abordée, elle était moins importante avec l'habitat de pierre, plus cruciale en présence de pan de bois. En 1725, Dominique Louis, maréchal-ferrant de Dieuze[138], permit à Jacques Joubert, manœuvre, d'élever un tuyau de cheminée au derrière de la maison et de le poser contre la dalle

---

[134] Titre 13, article 20.
[135] Titre 13, article 23.
[136] COUDERT Jean, *Ibid.*, p.27.
[137] Titre XIV, article X.
[138] AD Moselle 3 E 1376.

de séparation de leur maison, en faisant cependant entre les deux un contre-mur, d'exhausser et de monter ce tuyau jusqu'au-dessus de la toiture sur le gouttereau arrière de sa maison (celle de Louis), à charge pour Joubert de l'entretenir seul et de le garantir contre les accidents de feu. Dans la mesure où la dalle en question pourrait être un élément de pan de bois[139], l'intérêt d'un contre-mur ne tient pas tant à son épaisseur qu'à l'utilité de le construire en pierre, matériau non combustible, et à la nécessité de prévoir une facture en pierre ou en brique pour le conduit de cheminée.

La coutume de Toul détaillait assez précisément l'épaisseur requise pour le contre-mur en fonction du risque dont il devait se protéger[140], huit pouces seulement entre une étable, ou une écurie, et un mur mitoyen, à condition toutefois que le contre-mur fût bâti à chaux et à sable, une invocation à la solidité bien plus qu'une précision technique sauf s'il s'agissait de marquer la différence avec un mur qui ne serait monté qu'à la terre[141]. De la même façon, il fallait prévoir un contre-mur d'épaisseur égale, seulement jusqu'à la hauteur des mangeoires des bêtes où celles-ci tournaient la tête, peut-être en raison des risques d'infiltration d'éventuelles eaux d'abreuvage et des inévitables vapeurs de respiration directement exhalées contre les murailles. Pour les puits et les aisances, le contre-mur devait être d'un pied d'épaisseur ; sa hauteur n'étant pas indiquée, on peut imaginer qu'elle devait être égale à celle de la margelle. Il n'est pas non plus précisé si le contre-mur devait descendre aussi bas que la nappe phréatique à laquelle touchait le puits. Consciente du caractère non hydraulique de la chaux aérienne, c'est-à-dire de sa perméabilité, plusieurs coutumes (Metz, Marsal, Gorze, Lorraine, Epinal et Châtel)[142] imposaient l'application sur le contre-mur de chaux et de sable, d'un « conroi » d'argile, donc un revêtement étanche, descendant aussi bas que les fondements[143].

La coutume de Vaudémont envisageait la question des eaux coulant du toit[144], un risque assez commun étant donné la mauvaise tenue de la tuile creuse lorraine, dépourvue d'ergot d'accrochage et que les pentes de toits, plus fortes que de nature[145], tendaient à faire glisser. On se souciait par ailleurs d'équiper la toiture de chanlattes et de chéneaux, de manière à canaliser les eaux de pluie jusqu'au pied du mur sans risquer qu'elles débordent par le pignon ou jaillissent trop brutalement à partir de l'égout du

139 Ce n'est pas sûr, voir *infra* pp.151, 154, 156, 175.

140 Titre XIII, article CX.

141 Puisqu'elle est dépourvue de fonction hydraulique et se désagrège en milieu humide.

142 COUDERT Jean, *Ibid.* p.26.

143 Ce dispositif protège la base du mur des eaux d'infiltration depuis la surface du sol mais non des eaux souterraines qui remontent par capillarité dans la maçonnerie.

144 Titre 13, articles 25 et 26.

145 Des pentes généralement de l'ordre de 25° représentent une limite au-delà de laquelle ces tuiles n'auraient plus de stabilité ; les toits du Midi et de Provence sont moins pentus, aux environs de 20°.

toit[146]. Lorsque ces équipements faisaient défaut et que seules les tuiles, toutefois mal arrangées et déposées, assuraient le débit des eaux, la servitude de porter les eaux écoulées du toit du voisin ne pouvait être prescrite. La prescription ne jouait qu'une fois posée la chanlatte ou le canal qui ferait descendre les eaux sur le fond d'autrui, toutefois, celui qui supportait le passage des chanlattes contre son mur ne pouvait être empêché de bâtir au lieu même où s'écoulaient ces eaux, à condition qu'il les déplaçât à ses frais en un autre lieu de la maison. Quant aux égouts d'eau, assurés par des conduites souterraines et autres moyens occultés, ils ne se prescrivaient que si le propriétaire du fond par lequel ils passaient en avait connaissance, et c'était à celui qui en avait la charge et en demandait la servitude d'en vérifier la « *science* », depuis le temps que cette prescription courait et non avant[147].

### 3.5, l'entretien commun du mur.

Logiquement, les murs mitoyens devaient être entretenus et réparés en commun, la coutume de Lorraine prévoyant que cette servitude puisse ne pas être équitablement respectée[148] ; elle disposait donc que si l'un seul des voisins faisait réparer le mur à ses frais, ses parsonniers ne pourraient s'y mettre, s'y appuyer ou s'en servir tant qu'ils n'auraient pas restitué les frais de la réparation, en payant la mise, c'est-à-dire, la moitié du prix des travaux. Mais si ces murs se trouvaient en état suffisant (si ce n'était la charge nouvelle d'un bâtiment neuf), le comparsonnier ne serait pas tenu de contribuer à sa consolidation tant que la rehausse ne l'intéresserait pas. Celui qui conserverait la pleine propriété, depuis l'ancienne hauteur du mur mitoyen jusqu'à sa nouvelle hauteur, pourrait y établir des témoins de 5/4 pouces de hauteur par 1/3 pouces de largeur, avant de les reboucher si le voisin achetait la mitoyenneté de la partie nouvelle. On peut voir dans cet article comme un moyen de sortir de la mitoyenneté par défaut d'entretien, une perte de droit provisoire qui pourrait être aussitôt rétablie par un ajustement de frais que le premier voisin ne pourrait refuser, à moins, peut-être, de prescription trentenaire, dès lors que le comparsonnier aurait nettement décliné l'offre de prendre en charge sa part de frais. Par contre, si les réparations étaient faites alors que la solidité du mur était prouvée comme suffisante, le voisin ne serait pas obligé d'y participer sans perdre ses droits de mitoyenneté. Cette disposition de la coutume de Lorraine, consistant à renoncer au bénéfice de la mitoyenneté par refus de contribuer aux réparations, était assez largement partagée, notamment par les coutumes

---

146 La partie inférieure du toit, à partir de laquelle chutent les eaux pluviales.
147 Coutume de Vaudémont, titre 13, article 27.
148 Titre XIV, article XXV.

de Bar, d'Epinal, de l'Evêché de Metz et de Châtel[149]. Les coutumes de Lorraine, de Gorze, d'Epinal et de Châtel émettaient cependant une réserve de responsabilité pour le cas où la ruine serait advenue par défaut de l'un des deux co-propriétaires ; il devrait alors y faire remédier à ses seuls dépens[150].

La coutume de Vaudémont conciliait les deux situations, entre le mur resté en l'état mais simplement dégradé et le mur rehaussé, en édictant que si les murs étaient communs et mitoyens, et que s'ils étaient ruinés ou en si mauvais état qu'ils ne pussent subsister encore longtemps pour leur hauteur présente, celui des voisins qui voudrait l'édifier de nouveau pour élever sa maison à plus de hauteur pourrait contraindre son voisin à démolir avec lui l'ancien mur et le construire tout à neuf jusqu'à sa hauteur première, la rehausse restant bien à sa charge, sous-entendu, jusqu'à ce que le voisin la rendît mitoyenne en payant sa part de construction[151]. La disposition était plus contraignante qu'avec la coutume de Lorraine puisqu'un refus n'entraînait pas une perte implicite de mitoyenneté mais, en cas de refus, le voisin désireux de rétablir le mur pourrait y travailler à frais communs, dès la première sommation, frais dont il recouvrerait la moitié sur le refusant par simple serment fait sur le coût de la construction, sans autres preuves sauf si le refusant préférait s'en remettre à un rapport d'experts, à ses dépens. Par contre, si ces experts jugeaient que les murs communs étaient assez bons et suffisants pour retenir les deux maisons adjacentes en l'état, et si le besoin de donner plus de fondement et de largeur à la muraille commune ne venait que du désir de l'une des parties de la rehausser, la reconstruction à neuf le serait à ses frais, le surcroît de largeur devant en plus être pris sur son fond. Ce détail introduit un facteur d'inégalité dans l'équité de partage ordinaire d'un mur mitoyen car, si le second voisin voulait un jour rendre la rehausse mitoyenne, il aurait gagné autant de la moitié de ce surcroît.

Dans le cas des maisons insalubres, les coutumes, notamment celle de Lorraine[152], devenaient plus contraignantes puisqu'elles donnaient le moyen à tous les comparsonniers d'obliger leurs voisins à réparer les maisons réduites en masure ou menaçant ruine, à leur préjudice, ou à les faire abattre ou remettre en état. Cet article introduisait implicitement une notion de responsabilité et étendait l'acception de mitoyenneté à chacune des deux maisons qui partageaient le même pignon, dans la mesure où la dégradation d'une seule des deux risquait, par voie technique, de porter atteinte à l'intégrité du mur commun. Les coutumes de Lorraine, de l'évêché de Metz, d'Epinal, de Gorze, de Marsal et de Châtel adoptaient de semblables dispositions qui allaient plus loin que l'esprit d'entente, de médiation et de plein accord qui caractérisait l'énoncé habituel des servitudes en matière

[149] COUDERT Jean, *Ibid.* p.33.
[150] COUDERT Jean, *Ibid.* p.33.
[151] Titre 13, article 8.
[152] Titre XIV, article XXV.

d'habitat partagé[153]. Elles supposaient qu'on s'engagerait dans une voie contentieuse et sous-entendaient déjà que la ruine puisse être constatée dans les conditions que définissaient les procédures en vigueur, sinon par experts, du moins par témoins patentés comme le maire, le lieutenant ou l'échevin. En 1726, s'était ainsi effondrée une maison de Corny-sur-Moselle[154], la toiture ayant entraîné les planchers de deux chambres, parce que le voisin avait fait rehausser le pignon voisin sans avoir vérifié que le pignon était en mesure de le supporter. Le plaignant invoqua donc le titre 12, article 1er de la coutume pour que fussent ordonnées une visite et une reconnaissance des dégâts. L'une et l'autre furent effectuées par trois maçons respectivement domiciliés à Cuvry, Jouy et Corny ; ils en rendirent compte au greffe de la justice de Corny, la justice seigneuriale du lieu étant la première instance contentieuse.

---

153 COUDERT Jean, *Ibid*, p. 35.
154 AD Moselle B 9138.

# 4e chapitre

# Les droits de marronage et d'affouage

## 4.1, le caractère contractuel du droit de marronage.

Le droit de marronage consiste dans la délivrance de bois d'œuvre pour la construction ou l'entretien des maisons ; le droit d'affouage intéresse la fourniture en bois de chauffage, il représente aujourd'hui, avec le droit de pâquis[155], le seul droit communautaire d'Ancien Régime qui soit toujours en vigueur en Lorraine. Ces deux droits forestiers, domestiques puisque l'un s'attachait à la construction de la maison, l'autre à son chauffage, n'étaient applicables aux individus ou aux familles qu'après avoir été concédés à la communauté d'habitants. Celle-ci pouvait en user directement pour ses bâtiments particuliers - l'église, le presbytère ou l'école - ou les rétrocéder, indirectement mais automatiquement, à l'ensemble des ménages de son ressort. Le droit de marronage n'était pas ouvert librement mais au cas par cas et faisait l'objet d'un protocole d'emploi qui ouvrait des droits spécifiques, pour un lieu déterminé, selon des conditions de rétribution données. En plus, il n'avait de valeur que s'il était d'usage immédiat : ce droit de principe ne s'appliquait que pour des besoins exprès, dans un temps imparti, dans le but exclusif de permettre à ses titulaires de construire ou de réparer leurs bâtiments sans qu'il pussent pour autant se sentir usufruitiers du droit.

Définis par la coutume de Lorraine, ce droit se prenait par assignal, selon le règlement donné par le seigneur haut justicier à ses sujets, ou par le seigneur foncier au profit de ceux qui tenaient le bois par acensement du premier ; donc, ce droit était négocié entre le seigneur (ou son censitaire) et la communauté. Attaché au besoin de bâtir dans l'immédiat, sans pouvoir être ni différé ni détourné de cet usage, il se restreignait au nombre d'arbres marqués, assignés et coupés à cet effet, non par la décision du requérant mais par celle de l'administration des forêts.

Lucratif sans être très onéreux, le droit de marronage supposait le paiement d'une indemnité de dix sols par arbre et par vacation ainsi répartie : trois sols pour le grand maître particulier, deux pour le procureur du roi, deux pour le garde marteau, deux pour le greffier, un pour le forestier accompagnant les officiers. Les vacations étaient gracieuses pour la réparation de maisons

---

[155] Vient du terme de Pâques, il permet aux familles de disposer, de façon non héréditaire, d'une parcelle de jardin, sur un terrain communal, dans la limite des parcelles disponibles ; il existe donc des listes d'attente.

incendiées et les contraventions étaient de la compétence des grueries seigneuriales. L'assignal représentait le sceau légal sous lequel s'effectuait la délivrance du bois, à condition qu'une fois le droit établi et défini, toute demande fût satisfaite dans les vingt-quatre heures, faute de quoi, le demandeur pourrait lui-même abattre et prendre son bois sans que celui-ci ne fût dès lors ni marqué ni assigné.

Tout au long du XVIII^e^ siècle, divers arrêts et ordonnances ont complété le droit établi par la coutume. Le 19 septembre 1701[156], un arrêt de la cour spécifiait que le bois devait être mis ou récolé par les habitants, en présence des prévôts, suivi par une ordonnance de 1707[157], elle-même reprise par un édit du 14 août 1721[158] faisant défense de changer la destination des bois de marronage. Cette disposition limitait le droit, qui était de répondre à des besoins donnés de construction ou d'entretien de bâtiments. Ensuite, une ordonnance du 12 septembre 1724[159] permit aux seigneurs ecclésiastiques ou laïques, aux communautés et aux gens de mainmorte, de faire marquer et vendre par les officiers seigneuriaux, les arbres secs et dépérissant, mal tournés, nuisibles au taillis ou reconnus ainsi, gratuitement par la Réformation, avec défense d'en couper de propres à bâtir sans la permission du Prince. C'est-à-dire que la coupe de bois pour bâtiment restait considérée comme spécifique, pour ne pas dire exceptionnelle, même lorsque le nettoyage des bois aurait permis d'en augmenter le volume. Le législateur souhaitait maintenir ce droit dans ses marges et dans les strictes limites du contrôle exercé par les autorités compétentes. En craignant que le bois de nettoyage ne fût détourné en bois de construction, le duc de Lorraine écartait toute exigence de qualité et méconnaissait cette règle de bon sens voulant que pour bien construire, il faut partir d'un bois vif, donc robuste. L'ordonnance du 12 septembre 1724 ajouta l'interdiction de vendre des arbres de bâtiment sans reconnaissance de la réformation (des forêts) qui serait donnée gratis.

La déclaration du 21 mai 1739[160] confirma la défense faite aux communautés de destiner les bois de bâtiment à d'autres usages, un rappel qui supposait la poursuite des abus, tandis qu'un arrêt de la chambre du 9 février 1754[161], plaçant le droit de marronage sous le régime des droits communautaires égalitaires, prévoyait que le partage serait équitable entre tous les habitants, une disposition certainement applicable pour l'affouage plus que pour le marronage car trop liée aux situations de construction spécifiques ; ainsi, qui avait les moyens de bâtir plus souvent et mieux que les autres bénéficiait davantage de ce droit. Enfin, un arrêt de la chambre du

---

[156] Recueil des édits et ordonnances de Lorraine, t.1, p.295.
[157] RISTON Victor, *Des formes de la propriété*, op.cit., p.327.
[158] RISTON Victor ; *Ibid.*, p.327.
[159] Recueil des édits et ordonnances de Lorraine, t.3, p.69.
[160] Recueil des édits et ordonnances de Lorraine, t.6, p.190.
[161] Recueil des édits et ordonnances de Lorraine, t.9, p.115.

24 septembre 1757[162] détermina qu'on ne devait marquer d'arbres pour les bâtiments que dans les cantons désignés, sans en marquer dans ceux des réserves et des ventes usées. Alors qu'au milieu du XVIII^e^ siècle, une certaine tension s'exerçait entre les droits séculiers de communautés de plus en plus peuplées et les besoins croissants des industries, cet arrêt renforçait le rôle arbitral de l'administration des eaux et forêts ; il soumettait les droits forestiers communautaires à un zonage de parcelles qui éviterait, d'un côté, la surexploitation des forêts mais réduisait, de l'autre, les ressources des communautés.

Un droit coutumier, donc, que le droit de marronage - nous dirions aujourd'hui qu'il est constitutionnel - mais dont l'application était soumise à conditions et, pour commencer, à la concession délivrée par un seigneur ou par le duc, sous forme d'une charte qui rendait légitime ce droit de principe en le soumettant à des règles d'exploitation strictes sur le plan des lieux, des délais et des charges. Voici, en date du 1er janvier 1502[163], un acte de concession qui liait le comte de Verdemberg, seigneur de Neufchâtel et Châtel-sur-Moselle, aux communautés d'Hergugney, de Battexey et Xaronval. « *Pour le soulagement de nos hommes, sujets et manants et habitants* », le seigneur les autorisait à couper, emmener en leurs maisons, cloisons de leurs champs, prés et autres héritages, les bois morts et vifs ; à dételer les chevaux et les laisser pâturer dans les bois pendant qu'ils couperaient et chargeraient leur bois, à condition de ne vendre ni donner de bois. Pour les affouages, la communauté paierait une fois pour toutes un dû de 50 florins d'or et les habitants, leurs hoirs et ayant cause donneraient, chacun, tous les ans, aux mains du receveur, à la Saint-Martin d'hiver, sous peine du double : chaque conduit ou ménage entier tenant feu, trois gros plus une geline par conduit entier ; chaque conduit ou femme veuve, six blancs plus une geline. Tous les droits forestiers n'étaient pas ici déterminés puisqu'il y manquait ceux de vaine-pâture et de glandée réduites aux besoins des attelages de transport des bois, mais le principe de base du droit de marronage se trouvait entièrement contenu dans ce texte : le bois n'était ni à vendre ni à donner, il devait strictement servir aux besoins du bénéficiaire d'un droit héréditaire sans être toutefois qualifié de perpétuel. Deux temps d'achat du droit étaient prévus : un achat ponctuel et définitif par la communauté, qui avait par contre un caractère de perpétuité puisqu'il n'était dû qu'une seule fois ; une redevance annuelle, ensuite, par chaque usager. Si la perpétuité n'était pas explicitement déclarée, on ne donnait aucune limite de temps à l'exercice du droit, de même qu'il n'était pas prévu de réévaluer la redevance annuelle. Autre imprécision qui risquait de tourner au conflit quand les produits de la forêt seraient devenus insuffisants pour une population éventuellement plus nombreuse : il n'était pas fixé de quota de

---

[162] Recueil des édits et ordonnances de Lorraine, t.9, p.369.
[163] AD Vosges 3 E 66.

délivrance d'arbres ni de zones d'exploitation. La clause du bon plaisir, qui servira plus tard aux seigneurs à contester la tarification de ces droits, n'était même pas prévue[164].

L'administration ducale fut plus prudente ; elle anticipa les insuffisances de ressources forestières à venir en délimitant des secteurs d'usage par communauté sans toutefois prévoir un ajustement déclaré des redevances. Voici, renvoyant à 1570, la copie d'une charte du duc Charles III donnant permission aux habitants de Vagney de prendre le bois nécessaire pour l'affouage, le marronage, le rouage (les travaux de charronnage), la couverture des maisons et pour les clôtures de leurs héritages, droits déjà anciens dans lesquels ils étaient maintenus et qu'ils prétendaient avoir[165]. En raison des grands dégâts et des excès qu'ils avaient commis, le duc prit néanmoins la précaution de réglementer cet usage « *afin de les faire user à l'avenir comme bons pères de famille* ». Le risque était que le pillage conduisît à l'appauvrissement de la forêt ; le gruyer d'Arches ferait donc mettre celle-ci en ban de manière à la laisser se repeupler et s'accroître et à transformer en hautes futaies certaines contrées de rapailles (de broussailles). Cette politique à long terme nécessitait que la communauté de Vagney intronisât des gardes forestiers, assermentés devant le gruyer. Les amendes seraient partagées entre le duc pour un tiers, et les communautés usagères pour les deux autres, une façon d'intéresser celles-ci à la bonne tenue des forêts. Comme Vagney n'était pas la seule communauté en cause, ce règlement procédait à un découpage géographique précis des lieux où ces droits forestiers pourraient s'exercer ; on donna de la sorte à chacune des communautés intéressées, selon le nombre de ses conduits, une surface à exploiter annuellement, en un lieu précis de la forêt. A Vagney, qui comptait trente conduits, le duc délivra cent arpents ; pour vingt conduits, il accorda entre soixante et quatre-vingt arpents ; pour quarante conduits, il en octroya cent vingt, soit une moyenne de trois arpents par conduit. Il compta parfois en nombre de maisons : pour dix maisons, c'était quarante arpents et pour vingt-quatre maisons, soixante-douze. Les règles de la délivrance furent ensuite définies : le bois serait bien sûr marqué par l'assignal des officiers de la gruerie à raison d'une ou deux visites des bois par an, dans les lieux les plus commodes et les moins dommageables, en faisant d'abord employer pour le chauffage les bois déjà par terre et abattus. S'il venait à être fait commerce de planches, de sommiers[166] et autres semblables, le prix en serait payé, par exemple, quatre gros pour un sommier de quarante pieds et au-dessus, trois gros pour un sommier de trente pieds, deux gros pour un sommier de vingt pieds, les pannes et les chevrons étant payés à l'équivalent.

---

[164] Une clause qui sera source de tensions au milieu du XVIII$^{e}$ siècle quand le duc et les seigneurs chercheront à augmenter la taxe du bois d'affouage.

[165] AD Meurthe-et-Moselle B 2668.

[166] Grosse poutre du plafond qui supporte les solives.

La guerre de Trente ans achevée, bien qu'elle fut tardive et connut quelques prolongations en Lorraine[167], le repeuplement du duché passa par le rétablissement des droits des communautés, entre autre celui de marronage dont Jean Pierre Husson écrit que « *la concession atteignait une quantité très élevée dans les régions où la forêt demeure le principal attrait pour implanter les populations* »[168]. Et de citer l'exemple du comté de Bitche où 978 arbres furent accordés en 1738 à vingt-quatre usagers, soit une moyenne de 40 troncs, ce qui correspondait à une délivrance trop faible pour des maisons en pan de bois mais trop forte pour des maisons en pierre[169]. Les besoins étaient urgents, le duc de Lorraine rétablit les communautés dans leurs droits anciens sans y regarder de très près parce que les titres avaient disparu ; en contrepartie, il ordonna aux communautés, le 15 mai 1702, de présenter les titres de leurs droits d'usage dans les six mois[170].

Dans la gruerie de Bruyères, en 1705, la forêt de Champ se partageait entre la ville de Bruyères et les villages de Champs, Fiménil, Beauménil, Lalval, Prey, Fays, Belmont, le Void et Domfaing[171] ; bien sûr, chacune de ces localités devait justifier de ses droits forestiers mais les concessions avaient généralement été perdues par « *les malheurs de la guerre* ». On se contenta donc des documents épars que les communautés avaient pu conserver ; celle de Beaumesnil, par exemple, exhuma deux extraits de comptes-rendus des plaids annaux de 1637 et 1639, cela suffit pour qu'elle demandât à être maintenue dans ses droits d'usage, chauffage, marronage et autres nécessités, contre l'offre de payer une redevance annuelle d'un gros, alignée sur les extraits des comptes des années 1629 et 1631, puis des années 1639 et 1643. Donc, on ne voulait pas payer plus cher qu'autrefois[172]. Le commissaire général réformateur du département de Nancy maintint les communautés susnommées dans leurs droits sans qu'elles ne pussent ni vendre, ni donner, ni concéder de bois ; deux officiers de la gruerie devraient se transporter tous les ans, au printemps, sur les lieux pour y marquer et distribuer ces bois d'usage communaux, à concurrence de dix à douze troncs par chaque habitant, payés 18 gros aux officiers et 3 gros aux forestiers. En cas de besoin de coupe extraordinaire pour la construction d'un bâtiment entier, le demandeur paierait chaque pièce principale de charpente le prix de 6 gros et les pièces de moindre importance seulement celui de 3 gros. Les officiers auraient soin de marquer ces bois dans les lieux les moins dommageables qui

---

[167] La guerre dure officiellement de 1618 à 1648 mais si la Lorraine entre tardivement dans le conflit - 1633 - les troubles se poursuivent jusqu'au début du XVIII$^{e}$ siècle avec les guerres d'annexion française.

[168] HUSSON Jean-Pierre, *La forêt lorraine*, op.cit., pp.164-166.

[169] Voir *infra*, p.76, le gruyer de Sarralbe compte une centaine de gros chênes pour la construction d'une maison de laboureur.

[170] BERNI Daniel, *La maîtrise des eaux et forêts de Nancy*, op.cit., p.169.

[171] AD Vosges 3 E 12.

[172] AD Vosges 3 E 12.

leur seraient indiqués tous les ans par le commissaire général du département ; pour le bois de marronage, ils n'en marqueraient que la quantité nécessaire établie par devis (de charpentier) ; pour le chauffage et les clôtures, ils désigneraient les arbres morts, gisants, viciés et inutiles avant tous autres. En plus des contributions personnelles des usagers, les communautés paieraient annuellement à la Saint-Martin d'hiver, par moitié, à la recette de la gruerie de Bruyères, à l'église de Saint-Pierre de Remiremont et à la ville et communauté de Bruyères, 50 f pour les villages de Champs, Fiménil et Laval, 10 f pour ceux de Prey et Fayes, Beauménil, Belmont et Domfaing, 5 f pour celui de Verzerelles et 2 f pour celui de Belmont.

La charte représentait bien l'une des conditions d'application du droit qu'une simple proximité géographique n'aurait su rendre automatique. En 1569, la cour du bailliage de Nancy débouta par exemple la communauté d'Ochey de sa demande contre l'abbaye de Clairlieue qui possédait le droit de marronage pour sa cense des Gimées, dans le bois d'Ochey[173]. L'abbaye avait obtenu d'un comte de Vaudémont la possession de ce qui lui appartenait dans ce lieu, dont les bois à brûler et les bois à « mairiens » (les madriers). Opposant son droit contractuel au droit de proximité de la communauté, pourrait-on dire, elle fut maintenue dans son usage, indépendamment du fait que la communauté se prétendait propriétaire de 400 à 500 jours[174] de haute futaie dont la consommation fut dès lors considérée comme mésusante. L'absence de titre représentait une véritable rupture entre les droits d'une communauté sur ses bois environnants et la faculté d'en jouir pour un usage d'auto production légitime en arbres de construction.

Le cas n'est pas isolé ; ces contentieux ont même pu opposer les communautés entre elles sur l'usage de forêts géographiquement partagées : en 1757-1758, un procès opposa les communautés de Mont-Avillard et de Monthureux-sur-Saône sur les droits d'affouage et de marronage prétendus dans les bois communaux de Monthureux[175]. Une précédente sentence du bailliage de Darney avait ordonné, le 29 juillet 1757, que les maires, syndics et habitants et communauté de Mont-Avillard feraient preuve tant par titre que par le moyen « *de temps suffisant à proscrire, ils avaient l'usage dans les bois de la communauté de Monthureux-sur-Saône pour l'affouage, le marronage, la grasse et la vaine pâture, aux charges communes (avec cette dernière communauté), cependant, depuis deux ans, la communauté de Monthureux leur distribuait, dans l'assiette marquée par l'affouage, un canton séparé dont ils s'étaient contentés, à la réserve des deux dernières années, attendu qu'il n'y avait point de bois* ». Les gens de Monthureux déclarèrent vouloir continuer à laisser à ceux de Mont-Avillard une portion de leur affouage au lieu qu'ils jugeraient à propos, les autres prétendirent au

[173] AD Meurthe-et-Moselle H 508.
[174] Une unité de surface.
[175] AD Meurthe-et-Moselle B 12461.

contraire avoir une part égale sur l'usage des bois, par tirage au sort. De l'avis des consultants de la chambre des comptes de Lorraine, les habitants de Mont-Avillard, ayant acquis par leur possession les droits d'usage dans les bois en question, il n'aurait pas été naturel de les laisser à l'arbitrage de ceux de Monthureux ; par contre, ceux de Mont-Avillard ne seraient pas fondés à avoir une part dans le produit des ventes et autres émoluments de cette nature.

Au cours de la première moitié du XVIII^e^ siècle, tout était donc revenu à l'état ancien même s'il fallut, ici et là, procéder à des ajustements géographiques. C'est que, dans les Vosges, le relief s'impose aux zonages trop administratifs, ainsi, à Travexain, les habitants pétitionnèrent en 1719 à cause de leurs hautes montagnes, couvertes de rapailles de médiocre production, pourtant, ils payaient le même droit pour l'affouage que les autres sujets ; ils demandèrent donc des avantages sur une autre forêt, à tarif égal avec la communauté de Cornimont[176]. Requête semblable, en 1717, à Uxegney, où les habitants payaient une redevance de 40 f, moitié au seigneur, moitié à la communauté, alors que la forêt concédée était éloignée ; les habitants souhaitèrent que ce droit d'usage fût reporté à la forêt du lieu[177]. Pour la Bresse, en 1718, le duc entérina le fait accompli par les quarante-cinq habitants du lieu, vu leur résidence et la nature rocheuse, reculée et escarpée de leurs forêts, il les autorisa à prendre les bois dans celles qui servaient à l'usage des habitants de Cornimont et lieux voisins, ils y jouiraient désormais du même droit et paieraient les mêmes redevances[178].

D'autres motifs de réclamation ont pu porter sur l'attitude arbitraire des gardes, ce qui représentait plus qu'un détail pour le législateur puisque la coutume de Lorraine les pressait à la rapidité. Le ban de Corcieux comptait six communautés[179] ; un arrêt de 1703 les maintint en possession de leurs droits ancestraux, or, dès 1706, elles réclamèrent contre le garde qui ne donnait que six ou sept pièces de bois et, de plus « *qu'à ceux que bon lui semblait* », en des lieux rapides (abrupts) impossibles à fréquenter, sans vouloir en délivrer pour la réfection des maisons et pour raccommoder les chariots sauf en payant six gros chaque pièce et sur le champ. Les plaignantes, qui demandaient le retour à l'arrêt de 1703, obtinrent gain de cause, le trafic de bois de marronage en resta là. Ce n'est pas le seul cas : en 1709, le substitut de la gruerie d'Arches fut mis en demeure de cesser d'inquiéter et molester les habitants de Ramonchamp sur le fait de leurs bois[180], il fut même condamné à dépens, dommages et intérêts pour l'avoir osé ; une récidive lui aurait coûté 500 f d'amende et la privation de ses

---

176 AD Vosges 3 E 122.
177 AD Vosges 3 E 124.
178 AD Vosges 3 E 18.
179 AD Vosges 3 E 29.
180 AD Vosges 3 E 97.

offices. Depuis 1700, chaque habitant disposait de deux arbres, plus les marques extraordinaires, la redevance de 99 f attribuée aux officiers pour chacune des deux visites avait été réduite à 6 francs et 2 gros pour toute vacation.

L'administration s'efforçait d'aplanir les différents de manière à ce que les communautés entrent pleinement dans leurs droits. En 1709, les habitants de Fresne connurent des difficultés avec la gruerie d'Arches[181], ils en appelèrent au conseil des eaux et forêts de Lorraine et du Barrois, lequel, dans un arrêt du 17 mai 1709, limita à douze cordes de bois de clôture, de couverture et d'entretien des maisons ce que chaque ménage pouvait recevoir, au prix de 15 gros pour les officiers et de 3 pour les forestiers, si cette quantité ne dépassait pas deux arbres par habitant. En cas de marque extraordinaire pour la construction d'un bâtiment nouveau, le rétablissement ou la réparation d'un ancien, justifiés par devis affirmé de charpentier, les demandeurs paieraient six et deux gros.

***Vers une remise en cause des droits***. Ce que certaines communautés venaient d'obtenir, leurs voisines se pressèrent de le réclamer ; celles de Neuviller, Lepaire et Grandrupt[182] produisirent un procès-verbal de 1606, une procuration de 1625, un arrêt de la cour souveraine de Lorraine du 21 septembre 1714, un autre du 14 juin 1716, pour être maintenues dans la possession des anciens droits d'affouage, marronage, charronnage et autres usages pour l'entretien des bâtiments, conformément au règlement fait en faveur des communautés voisines qui avaient un pareil usage dans les autres bois de la dite montagne. Cette facilité avec laquelle les communautés retrouvèrent leurs droits forestiers ne garantissait pas qu'ils leurs seraient longtemps acquis ; ils se verraient, déjà au XVIII<sup>e</sup> siècle, souvent remis en cause, sinon dans leur fondement, du moins dans leur application. Les nouvelles chartes avaient été octroyées à une époque où les forêts, inexploitées pendant des décennies, débordaient de bois d'œuvre alors que les populations des villages se montraient assez basses et sans qu'aucune clause ne prévoit toujours d'accommoder les conditions de délivrance en fonction de l'évolution des besoins et des capacités des forêts.

Les communautés s'installèrent donc, au début du XVIII<sup>e</sup> siècle, dans le sentiment d'un droit acquis dont elles supporteraient mal la contestation vers le milieu du même siècle, considérant principalement que les valeurs fixées pour la jouissance des droits forestiers étaient immuables. Pourtant, la forte consommation de bois, les capacités nécessairement limitées des forêts, les besoins croissants des industries rurales (tuileries, forges et fours, parfois verreries), ensuite, la réforme d'une l'administration forestière : toutes ces raisons inclinèrent à assurer une gestion plus rationnelle des forêts au détriment des anciens droits communautaires. Ces bouleversements se

---

[181] AD Vosges 3 E 53.
[182] AD Vosges 3 E 86.

traduisirent par l'augmentation des cens et par la réduction des bois délivrés au point, qu'en 1757, la communauté de Bois-de-Champ se plaignit au conseil royal de ce que la ville de Bruyères payait désormais 50 f contre 25 autrefois, certaines communautés, 36 f contre 10, et d'autres, 12 f contre 5[183]. Elle demanda donc un strict retour à la charte de 1702, posant en plus la question de la qualité et de l'éloignement des bois délivrés : « *on ne peut faire aucun profit des arbres parce qu'ils sont trop éloignés* », non sans dramatiser la situation : « *on peut assurer Sa Majesté que les habitants sont obligés de laisser périr leurs maisons* », un argument, sans doute spécieux, qui montre l'importance du rôle joué par le droit de marronage dans la prise de possession de maisons et dans le droit d'habiter

Les droits forestiers des communautés se trouvèrent encore et toujours contestés à la Révolution quand, fortes de la loi du 28 ventôse an XI relative aux droits de pâturage, pacage et autres usages des forêts nationales, les communautés tentèrent de racheter le cens en espérant obtenir la pleine possession de ces droits et usages. Par exemple, celle de Cornimont[184] produisit les actes probants de ses droits ancestraux, en particulier, un procès-verbal des bois communaux du 12 juin 1632, un décret du duc Charles III du 5 mars 1632, une lettre patente du duc Léopold du 17 avril 1705 (la remise en possession), plus un arrêt du conseil des finances du 31 juillet 1745, arguant que, le 5 mars 1632, elle avait été maintenue dans ses droits anciens et autorisée à prendre dans les hautes forêts des chaumes, le bois nécessaire au chauffage et à la construction, contre un cens annuel de 66 centimes par feu et par ménage. Pourtant, en 1745, elle s'était vue opposer un arrêt interprétatif de celui de 1705, les droits concédés à charge de cens étant limités jusqu'à bon plaisir de ce qui en aurait été ordonné autrement, c'est-à-dire qu'ils ne pouvaient être considérés comme définitivement acquis, avec des conditions immuables. Le détail de la contestation n'est pas connu mais il pouvait porter sur la valeur du cens, sur la quantité de bois fourni, sur la superficie des forêts où s'exerçaient les droits. Ce rachat de cens, effectué en vertu de la loi du 21 nivôse an VIII, fut révoqué par le ministre des finances le 13 vendémiaire an XI. Ensuite, le 13 pluviôse an XIII, le conseil de préfecture du département des Vosges considéra que la communauté n'était pas fondée par un titre suffisant pour prétendre à la jouissance perpétuelle du droit concédé par l'arrêt de 1705. La Révolution rejoignait donc l'Ancien Régime dans son désir de réduire des droits auxquels ne s'attachaient pourtant ni limite de temps ni réévaluation bilatérale du cens. Aucune révocation expresse n'ayant été faite, la communauté ne fut toutefois pas troublée dans la jouissance de ses droits et le *statu quo* fut maintenu

[183] AD Vosges 3 E 15.
[184] Ad Vosges 3 E 30.

### 4.2, les restrictions du droit de marronage au XVIIIe siècle.

***Les nouveaux villages.*** Le droit de marronage était d'abord un principe, acquis par charte et renouvelé sous réserve que le contexte forestier et géographique fût stable ; en cas de réduction ou d'aliénation, il n'entraînait aucun échange de territoires. Les communautés se montraient donc attentives aux projets de création de nouveaux villages ; on a vu plus haut[185] qu'une quarantaine d'entre eux furent créés *ex nihilo* entre le XVIe et le XVIIIe siècle, la majorité avant la guerre de Trente ans. Ces implantations se sont en général faites en milieu forestier à partir de la création d'une clairière culturale. Les promoteurs de ces lotissements cherchaient bien sûr à rassembler tous leurs droits sur la forêt défrichée ; en 1728, le sieur Tonnoy, capitaine au régiment des gardes, demanda ainsi la faculté de faire essarter la forêt d'Allamont pour y bâtir un village pour lequel il réclamait les haute, moyenne et basse justices, avec la permission de convertir la totalité de cette forêt « *en tel usage que bon lui semblera* », plus le droit de parcours sur les bans voisins et la liberté de mettre en regain une certaine partie de la forêt qu'il convertirait en prés ; il paierait ce droit au prix de 15 000 livres[186].

Les communautés sujettes à ces entreprises-là s'en plaignaient et tentaient de leur faire obstacle ; il arriva qu'elles y réussissent, du moins partiellement et provisoirement. En 1626, les habitants de Macheren et d'Ebersviller eurent vent d'un projet de nouveau village dans le bois de la Fraisne, ils adressèrent une requête à Louis de Lorraine, prince de Phalsbourg, demandant à ce qu'il fût obvié à ce projet car il causerait leur ruine en les privant de la vaine pâture, de l'affouage, du marronage et du paissage[187]. Pour conserver leurs anciens droits, ils allèrent jusqu'à offrir de payer annuellement cinquante quartes d'avoine. Monseigneur était bon prince mais dur en affaire, il consentit à renoncer au projet, laissant les communautés dans leurs droits au bois de la Fraisne - bois mort et mort bois pour le chauffage -, sans toucher aux chênes, lesquels seraient marqués et délivrés pour le marronage par les gruyers, à la Saint-Martin. Sauf qu'il monta la mise à cent quartes d'avoine.

En fin de compte, les deux communautés, plus celle de Lachambre, ne souffrirent que de la création de trois fermes franches ; le préjudice, réel bien que moindre, mettait en cause, en 1777, les accords de 1628. Bien sûr, en 1734, la redevance avait été réduite à quatre-vingt-deux quartes en raison de la diminution des droits, mais une lettre patente du duc de Lorraine, de 1759, l'avait rétablie à cent quartes. Turgot lui-même fut sollicité pour lever l'injustice. L'intérêt de l'affaire tient dans le fait que la communauté n'avait en fin de compte pu négocier qu'une réduction de la redevance au détriment

---

185 Voir *supra* p.25.
186 AN Q1 811.
187 AN Q1 818.

de la plénitude de ses droits, ceux-ci n'étant acquis que s'ils pouvaient s'exercer dans leur lieu d'origine.

Ces créations de but en blanc de localités nouvelles obligèrent à des ajustements forestiers, surtout quand les massifs étaient partagés, à la condition des anciennes chartes ; elles n'entraînèrent donc d'autres renouvellements de contrat que ceux qu'aurait pu directement justifier la concession de forêts spécifiques aux nouveaux villages. En 1767, le conseil d'Etat débouta ainsi la communauté de Monneren d'une requête concernant ses droits d'usage dans la forêt dite des Quatre seigneurs, faute de titres suffisants mais qu'en 1771 la communauté pensait être en état de fournir[188]. Ces titres lui auraient été accordés en 1713 après une longue période de friches, or, deux villages avaient été construits depuis, ceux de Saint-François et de Sainte-Marguerite, sur une partie du ban de Monneren. En 1737, un conflit de frontières et d'usages éclata entre Monneren et Saint-François au sujet d'un canton pris sur le domaine du premier. Le conseil du roi avait donné tort à la dernière mais confirmé les communautés de Budling, Saint-François, Veckring, Lémestroff, Sainte-Marguerite, Hunting et Métrig dans leurs droits affouages, marronages, grasse et vaine pâture dans ladite forêt de Monneren, à charge d'en payer le cens. A cette fin, on procéda à l'arpentage et à l'abornement des triages attribués à chaque communauté usagère suivant le nombre et les besoins de ses habitants. On établit une rotation de coupe de trente ans, en réservant par chaque arpent, douze baliveaux[189] de l'âge d'être taillés et dix arbres propres, de manière à ce qu'ils fussent délivrés à ceux qui en auraient l'emploi sur des devis établis en bonne forme. La vente serait interdite, de même que tout autre usage que l'affouage ou le marronage ; la vaine pâture serait permise dans l'étendue de la dite forêt sauf dans les endroits peuplés de bonnes espèces qui seraient jugés défensables. C'était seulement après ces prélèvements que le roi et les co-propriétaires pourraient faire profit du restant.

***La hausse des redevances.*** Dans l'ensemble, les communautés supportèrent assez mal les hausses de redevances qui intervinrent vers le milieu du XVIII$^{e}$ siècle, peut-être autant en raison d'un droit d'usage plus cher que d'un certain sentiment d'atteinte au droit acquis, la remise en question du tarif de celui-ci pouvant laisser craindre, à terme, une contestation plus grave de ce droit sur le fond. Comme les autres, les communautés de Laveline et de Lacroix-aux-Mines avaient fait procéder au rétablissement de leurs droits à la fin du XVII$^{e}$ siècle, en 1690[190] ; pour cela, elles avaient présenté une lettre patente du duc de Lorraine datée du 2 mai 1581. Ces droits leur furent confirmés en 1645 mais, en 1748-1749, les redevances étaient augmentées par le conseil des finances alors que les

---

188 AD Moselle 4 E 379.

189 De jeunes arbres.

190 AD Vosges 3 E 75.

communautés demandaient à ne devoir que l'ancienne prestation. Il est vrai que les chartes ne comportaient pas de clause de réévaluation des droits et pourtant, ceux-ci restaient à la discrétion du seigneur, du duc ou du roi de France, selon son « *bon plaisir* »[191]. Au milieu du XVIIIe siècle, les politiques forestières changèrent parce que l'administration des forêts se trouva réformée[192]. En plus, l'équilibre écologique, pourrait-on dire, entre les forêts et les communautés n'était plus le même : l'exploitation commerciale du bois s'était développée et diversifiée et, surtout, l'essor démographique des communautés usagères avait entraîné une raréfaction du bois, donc, une augmentation de son prix qu'il fallait payer à sa juste valeur.

La démographie réglait ainsi l'essor du marronage ; à l'inverse, on pouvait être tenté de jouer sur celui-ci pour tempérer un essor démographique qui conduisait parfois à peupler les villages plus que souhaité. En 1745, l'évêque de Metz travailla à un projet de règlement des droits des communautés usagères dans les bois de la châtellenie de Rémilly[193]. Les années 1740 étaient précisément la période au cours de laquelle les anciennes conventions devinrent inadaptées aux nouvelles conditions d'exploitation forestière. A leur demande, les habitants de Herny, Han, Adaincourt, Vittoncourt, Voyencharg, Chauville, Servigny et Frécourt furent maintenus dans leur droit d'affouage, de façon inégalitaire. Les laboureurs, égaux ou faisant plus de vingt jours de terre à la raie, auraient deux cordes de bois et trois cents fagots ; les vignerons et les manœuvres ayant moins de vingt jours, n'auraient qu'une corde et cent cinquante fagots. Ce droit d'usage s'exercerait apparemment dans la totalité de la forêt, du moins ne délimita-t-on pas de zones de rotations pluri décennales pas plus qu'on ne fît de réserves particulières ; pourtant, les abus et les dégradations étaient considérables. L'évêque procéda pareillement pour la châtellenie d'Albestroff, aux mêmes conditions sauf que les communautés des deux châtellenies furent maintenues dans les droits de marnage (marronage) seulement pour l'entretien et la réparation de leurs bâtiments et usines, sans que ce droit pût s'étendre aux constructions nouvelles, à charge également que les bois nécessaires aux réparations fussent annuellement délivrés dans la coupe ordinaire de ces forêts par les officiers, sur le devis de deux charpentiers assermentés devant le gruyer de Vic, dont l'un serait nommé par le substitut de la gruerie de Vic et l'autre par les usagers. De leur côté, les usagers seraient tenus de justifier de l'emploi de ces bois dans les dix-huit mois.

Cette limitation du droit de marronage aux bâtiments déjà existants traduisait un refus de toute construction neuve, donc d'accroissement des

---

[191] La clause du bon plaisir sert à augmenter les redevances des usages et à les faire coïncider avec la valeur croissante des produits forestiers au XVIIIe siècle, BERNI Daniel, *La maîtrise des eaux et forêts de Nancy*, op.cit. p.170.

[192] En 1747, les soixante-quinze grueries de Lorraine sont remplacées par quinze maîtrises, BERNI Daniel, *Ibid.* p.41.

[193] AN Q1 807.

populations par l'extension du cadre bâti, ce qui contraignait à diviser les maisons ou à ralentir l'essor démographique. Souhaitant étendre ces dispositions à l'ensemble des châtellenies de son ressort, dont celles de Lagarde, Guéblange, Fribourg et Baccarat, ce qui représentait 16 850 arpents de forêts, l'évêque exprima son intention de limiter le marronage à vingt pieds d'arbres par an et par communauté si cette quantité n'excédait pas le quart des arbres qui tomberaient en coupe au profit de l'évêché ; en cas d'excès, il serait délivré un nombre d'arbres jusqu'à la concurrence du quart.

***L'impuissance des communautés.*** Les communautés s'opposèrent aux restrictions de leurs droits dans le courant du XVIII^e^ siècle, la plupart du temps sans succès car elles n'étaient pas de taille à lutter contre les intérêts conjoints de l'administration des forêts et des maîtres des industries rurales en plein essor. Certaines de ces usines s'étaient implantées dès la reconstruction, à la fin du XVII^e^ siècle, en obtenant des droits d'usage au même titre que les communautés, tout en restant encore peu nombreuses en présence de populations faibles ; par exemple, en 1699, les forges de Moyeuvre bénéficiaient du produit de trois cents arpents dans la forêt du lieu[194]. Les premières difficultés apparurent dès la fin du premier tiers du XVIII^e^ siècle quand l'intérêt des seigneurs se tourna vers l'acensement d'industries, en l'occurrence, celui de la verrerie de Troisfontaines par le comte de Lutzelbourg[195]. Dès 1729, la communauté d'Archviller s'en plaignit au conseil d'Etat du duc François II, un arrêt de ce conseil en date du 25 novembre 1728 avait pourtant établi les limites des finages d'Archviller et de Trois Fontaines et laissé en possession du comte la forêt de Kleinartsweiller, plus quelques bois et héritages intermédiaires. Or, dans l'acensement passé en 1727 au profit de la verrerie, se trouvait la forêt du petit Hartzveiller où les droits d'affouage, de marronage et de vaine pâture avaient été laissés à la communauté. Par cet arrêt de novembre 1728, les conseillers interdirent que les droits de la verrerie y fussent transférés. Le 5 mai 1731, le duc de Lorraine déçut malgré tout les habitants et la communauté des droits d'affouage et de marronage dans la forêt de Kleinartszweiller ; ils ne pourraient désormais exercer leur droit de pâturage que jusqu'à l'écart de leur clocher.

Après 1750, un essor industriel sans précédent entraîna une consommation croissante de combustibles ligneux, poussant les maîtres de forges et les propriétaires forestiers à imposer un principe de propriété forestière pleine et entière, libre de tout usage communautaire[196]. La politique forestière tendit dès lors à généraliser les taillis au détriment des futaies parce qu'ils produisaient de plus gros cubages de bois de feu ; la culture du taillis sous

---

194 AD Moselle B 10 215.

195 AN Q1 721.

196 HUSSON Jean-Pierre, *Essarts et lisières forestières dans les Vosges au XVIII^e^ siècle*, art.cit., p.468.

futaie représentait une solution de compromis visant à la production de cette nature de bois (par le taillis) et à celle du bois d'œuvre (par la futaie). Les communautés pâtirent de cette évolution pour l'ensemble de leurs droits forestiers - marronage et affouage -, bien sûr, mais encore, droits de paisson et de glandée ; cette dernière pratique se montrait nuisible à la reproduction naturelle des chênaies, les porcs, fouisseurs, déterrant les racines et les semences de toute nature. Pareilles tensions furent exacerbées par la dispersion de ces industries rurales - faïenceries, poteries, tuileries et fours à chaux - dont l'emprise aliéna largement les droits des communautés. Les doléances de celles-ci noircirent les cahiers de 1789 ; c'est ainsi que la communauté de Bisping, pourtant riche en forêts - quelques trois cents arpents de bois lui appartenaient – s'y plaignait à la fois de la pâture des bestiaux qui dévastaient les bois, de la trop forte destruction des gros arbres propres aux bois de marronage et de la cherté des écorces, presque toutes absorbées par les salines[197]. La communauté ne demanda pas moins que la suppression de la saline de Moyenvic et une nette diminution de l'activité des poêles de celle de Dieuze ; pourtant, ces deux établissements se situaient respectivement à quelques vingt et quinze kilomètres à vol d'oiseau de Bisping, ce qui donne une idée des tensions sur les prix et sur les usages que pouvait générer leur activité.

Au XIX^e^, le droit de marronage se maintint mais les sources écrites en perdent la trace ; les archives communales de Bourdonnay parlent, en février 1848, du remplacement du marnage (marronage) du beffroi des cloches[198]. Dans la mesure où le droit de marronage avait surtout de l'intérêt pour la construction de charpentes, l'absence d'étude sur la datation des charpentes lorraines ne permet pas d'apprécier l'efficience de ce droit en un siècle où la charpenterie rurale put vivre sur l'acquis des siècles précédents, en particulier du XVIII^e^[199]. Cette problématique consisterait à connaître le nombre de constructions nouvelles dans les villages, au XIX^e^ siècle, et à apprécier le rapport entre ces constructions neuves et les reconstructions de maisons. Jusqu'à preuve du contraire, notre hypothèse reste, qu'en ce siècle, la construction neuve a été faible et que les besoins en charpentes nouvelles se sont montrés modérés.

Les municipalités restèrent néanmoins attachées à la conservation de leurs droits forestiers, ce que démontre le contentieux opposant la commune de Hambach et l'administration des eaux et forêts, laquelle tenta d'échanger les droits ancestraux communautaires contre des cantonnements dans les forêts

---

[197] AD Meurthe-et-Moselle 57 B1.

[198] AD Moselle 19 J 229.

[199] Il se pose en effet la question d'un ralentissement apparent de la construction de charpentes rurales au XIX^e^ siècle, qui serait liée à la faiblesse de la construction neuve pendant cette période. Les façades des maisons, datables aujourd'hui du XIX^e^ siècles, auraient été reconstruites sans modification des charpentes.

domaniales[200]. Daniel Berni explique comment cette administration s'était servie de la procédure du cantonnement, à partir du milieu du XVIIIe siècle, pour aboutir à l'extinction partielle ou définitive des droits d'usage forestiers des communautés[201]. Elle consistait à racheter le droit d'usage du bois contre sa valeur marchande, en attribuant à chaque communauté une partie de la forêt en toute propriété. Comme à l'accoutumé, un arrêt de 1709 avait assuré à celle de Hambach la poursuite des jouissances, mais, jusqu'au bon plaisir de son altesse, et les habitants avaient continué à recevoir leur bois de marronage pour la construction, l'entretien et la réparation des maisons. A ces droits s'attachait un cas de résolution si la redevance n'était pas payée. En 1749, en période de restriction, les officiers de la maîtrise de Sarreguemines avaient déjà tenté de priver la communauté de ses droits d'usages, le roi supprimant les droits d'affouage, de marronage, de grasse et de vaine pâture tant qu'il portait sur toutes les forêts, ordonnant qu'à l'avenir fussent délivrés seize arpents de taillis à convertir en bois de cordes, les ramures produisant des fagots pour l'affouage. Au XIXe siècle, les pressions encore plus fortes de l'administration forestière conduisirent la commune à ester, avec des résultats contradictoires puisqu'en 1837, un arrêt de la cour royale de Colmar la maintenait dans ses droits d'usage forestiers tandis qu'en 1840, un jugement du tribunal civil de Sarreguemines déclarait mal fondée sa prétention relative à la délivrance des arbres surnuméraires à la remise de la coupe affouagère, à laquelle elle avait droit annuellement dans les forêts de l'Etat. Il semble par ailleurs que le droit de feu (affouage) et le droit de marronage n'aient plus été exercés depuis un temps immémorial à cause de redevances trop nombreuses. L'affranchissement restait possible au moyen d'un cantonnement, contre l'abandon du droit d'usage ancestral de la communauté. En 1847, les Eaux et Forêts proposèrent aux usagers de Hambach cette sorte d'arrangement sur les bases de calcul suivantes : la coupe annuelle dans un taillis de quarante ans, sur 3 ha 6 ca, étant estimée à 17 187 f, un cantonnement l'étant à 17 764,19 f, la commune recevrait 577,19 f. Quant au droit de vaine pâture et de grasse pâture, il était évalué à 310,20 f. La transaction traîna en longueur ; le 10 mai 1854, le conseil municipal rejeta la proposition amiable de l'Etat mais l'accepta quatre ans plus tard. Un décret impérial du 20 mars 1860 entérina la concession à la commune de 34 ha, 52 a, 27 ca sur les forêts impériales.

---

[200] AD Moselle 2 Op 466, 2 Op 467.
[201] BERNI Daniel, *La maîtrise des eaux et forêts de Nancy*, op.cit., p.171.

## 4.3, la géographie des droits et l'estimation des ressources.

Sous l'Ancien Régime, les communautés lorraines ne se trouvaient pas à juste parité en matière de droits forestiers. Que la coutume s'appliquât également à toutes ne signifie pas que les droits d'usage étaient dispensés de façon solidaire. C'était chacune selon les chartes qu'elle avait reçues mais aussi selon les ressources forestières dont elle disposait ; à ce titre, les forêts lorraines étaient d'une inégale valeur. En 1737, l'intendant Chaumont de la Galaizière ordonna une série d'enquêtes à travers l'ensemble des grueries du domaine du roi qui reçurent des réponses d'une remarquable précision[202]. Les gruyers dressèrent un état complet des plantations, des essences et de l'usage des bois, en procédant d'abord par un inventaire des massifs de leur ressort puis en détaillant les richesses en bois des communautés. Les résultats sont édifiants en termes d'inégalité de ressources ; pour certaines communautés, les droits d'usage pouvaient jouer pleinement, pour d'autres, ils étaient inapplicables.

Dans la gruerie du comté de Vaudémont, le gruyer inventoria d'abord les ressources, forêt par forêt[203]. Ainsi, la forêt de Haye et le bois de Saint-Amond possédaient de beaux chênes aptes à faire des poêles, des sabots et autres ustensiles, de même que des frênes à mairins et des charmes pour le chauffage. La forêt de Livramont, que se partageaient les finages de Vitrey, Goviller, Thélod et Parey-Saint-Césaire, passait pour être la plus belle de cette gruerie et contenir des chênes propres à mairains. La forêt de la Feuillée, commune aux finages de Laleuf, Goviller, Dolcourt et Gélucourt, était peuplée de très beaux chênes pour le bâtiment. Le bois de Maroulieux, sur les finages de Goviller et de Crépey, disposait lui-même de chênes convenant à la construction. Le bois de Cheney, sur les finages de Vitrey, Goviller et Souveraincourt, abondait également en chênes de semblable qualité ; on y réservait en plus deux arpents par année pour l'entretien de la tuilerie de Rogon. Le bois de Serre, partagé par Harmonville, Houdreville et Parey-Saint-Césaire, offrait des mêmes natures de chênes propres au bâtiment ainsi que les bois de Vervelle-sur-Autrey et de Trémolot, entre Gramonviller et Fécocourt. Cette énumération porte sur un total de vingt-cinq bois ou forêts, ce qui limite la valeur de ces satisfecit puisqu'on peut supposer que les autres bois non désignés n'étaient pas aussi riches en arbres de construction.

Pour les villages du domaine, les arbres de Vaudémont avaient été destinés aux halles de ce lieu, il n'est cependant pas précisé si cette charpente avait épuisé toutes les ressources en arbres. Dolcourt possédait quelques chênes propres au bâtiment, Puxe et Velle également, mais sans quantité connue, de même qu'Ogneville, Chaouilley (quelques beaux arbres). Cela donne en tout

[202] AN Q 1 731-738.
[203] AN Q1 732.

cinq communautés, minoritaires face aux treize autres qui n'avaient visiblement pas les mêmes richesses qu'elles. A Favières, on distrayait chaque année quatre arpents pour la tuilerie ; à Thélod, à Souveraincourt, à Thorey et à Cugney, on trouvait du bois d'affouage ; pour le reste : Saulxerotte, Battigny, Goviller, Forcelles-sous-Gugney, Diarville et Praye, rien n'est indiqué, il faut croire que les ressources y manquaient. Cette inégalité se reproduisait pour les bois des communautés seigneuriales sans qu'il y eût pléthore pour les villages nantis de beaux arbres. Il existait quelques chênes de bâtiment à Fécocourt, à Repel (sur 300 arpents), à Courcelles (peu de futaies, à la réserve d'un canton où il y avait plusieurs arbres), à Forcelles-Saint-Gorgon (quelques arbres), à Dommarie-Eulmont (quelques arbres), à Vandeleville, à Pulney (quelques arbres) et à Houdreville aussi. Huit communautés contre dix-huit étaient donc privées de bois de marronage : Hamonviller, Vitrey, Grimonviller, Fraisnes, Frénelle-la-Petite, Frénelle-la-Grande, Boulaincourt, Bouzanville, Housseville, Vroncourt, Tantonville, Saxon, Etraveil, They, Autrey, Clérey, Omelmont et Queilloncourt, ces trois dernières ne disposant d'aucun bois. Les ressources étaient donc non seulement disparates mais encore clairsemées, elles ne suffisaient pas aux besoins d'un habitat destiné à s'accroître.

En précisant le nombre des habitants de chaque communauté de son ressort, le gruyer de Gondrecourt ménagea, lui, un lien possible entre les ressources en bois et l'essor démographique des communautés[204]. En d'autres termes, le droit de marronage n'était-il pas une condition obligée de l'essor des populations ? Ou bien les candidats à la construction de maisons pouvaient-il trouver d'autres arbres pour le bâtiment, principalement auprès du marché du bois, sans que les dépenses se montrent rédhibitoires ? Les gruyers avaient la conviction que les villages étaient déjà fortement peuplés en 1737 alors que, bien souvent, les accélérations démographiques qui aboutiront aux sommets du XIX$^{e}$ siècle n'étaient pas encore amorcées. En 1737, Gondrecourt (aujourd'hui Gondrecourt-le-Château, chef-lieu de canton) était moins peuplé que Bisping à la même époque (cent quarante habitants contre déjà quelques quatre cents), mais le bourg se trouvait totalement dépourvu en chênes propres au bâtiment, de même qu'Houdelaincourt (cent six habitants) et que douze autres villages de la gruerie. Pour les autres communautés, les ressources se montraient faibles ; à Demange-aux-Eaux, le bois du Bouchon contenait bien dix-huit arpents de chênes « vieille écorce » bons à bâtir, mais ils appartenaient au marquis de Stainville. Gérauvilliers, pour trente-sept habitants, possédait des chênes propres au bâtiment, à la réserve des bois de marronage. A Badonvilliers, (soixante-douze habitants dont trente-deux barisiens, le reste français), 642 arpents renfermaient des chênes convenables mais la communauté avait usurpé le droit de rendre des chênes propres à bâtiment ainsi que de la moitié

[204] AN Q1 811.

du prix des chênes dont on pourrait y faire vente ; les droits d'usage n'étaient donc pas à la hauteur des capacités de la production forestière. Epiez (vingt-neuf français, treize barisiens) disposait de chênes de construction en nombre apparemment suffisant tandis qu'à Maxey-sur-Vaise (déjà cent quarante habitants), il n'y avait que peu de vieilles écorces de qualité semblable. Même situation à Pagny-la-Blanche-Côte : cent quatre-vingt douze habitants pour à peine quelques chênes. Domrémy-la-Pucelle, soixante habitants, fort peu de chênes pour la communauté ; par contre, le commandeur de Robécourt possédait un canton peuplé de toutes espèces de chênes vieilles écorces utilisables pour la construction. Le même état de monopole seigneurial se retrouvait à Vouthon-Haut où vivaient soixante-quinze personnes entièrement privées de chênes propres à bâtir dans les trois cantons de leur forêt, c'était dans un quatrième canton que le seigneur du lieu disposait de beaucoup de chênes.

Ce chêne ne croissait pas toujours en qualité suffisante pour couvrir l'ensemble des besoins de construction ou d'entretien des maisons. Le village de Vouthon-Bas - soixante-dix-sept habitants - possédait ainsi cinq cantons de bois qui comptaient très peu de chênes ; il s'en trouvait cependant assez, à la réserve des gros bois, on ne lèverait donc pas d'hommes-debout de charpentes. A Rosières-en-Blois (quarante habitants), pléthore de vieilles écorces ne signifiait pas ressources abondantes en bois de bâtiment, seuls, quelques-uns de ces chênes pouvaient servir à construire. La pénurie n'était toutefois pas générale : Dainville-aux-Forges (trente-sept Barisiens, quarante Français), profitait d'une quantité de chênes bons pour le bâtiment, de même que Rosières-en-Blois et Mauvages qui gardaient trois cantons remplis de chênes vieille écorce - ce sont deux cas isolés d'abondance en arbres. Ces arbres-là ne pouvaient cacher la forêt d'une situation assez mauvaise dans l'ensemble : dans ces grueries, le droit de marronage n'avait pas d'application possible.

***Cycles forestiers et cycles d'habitat.*** L'épuisement des ressources en bois se montrait encore plus crucial dans la zone de pan de bois de l'est mosellan où les inégalités en surfaces forestières pesaient certainement plus lourd que les disparités des droits d'usage. Ces deux derniers exemples nous conduisent à parler en termes de cycles de production de matériaux et de cycles d'habitat, donc de croissance de population face au constat d'une pénurie assez large en bois de construction dans les deux grueries de Sarreguemines et de Sarralbe. En 1737, le gruyer de Sarreguemines rendait compte d'une véritable restriction de l'usage des bois à cause d'une demande commerciale forte et d'une reconstruction généralisée qui avaient épuisé les réserves en chênes, notamment pour le besoin du rétablissement de la ville de Sarreguemines et de la création de celle de Sarrelouis[205]. Cette demande commerciale était par ailleurs élevée de la part de la Hollande et des

---

[205] AN Q1 818.

chantiers navals, ce qui ne permettait plus de réserver les meilleurs bois pour la construction. Par exemple, Sarrelouis avait consommé tous les chênes propres au bâtiment du Parwald, tandis que les bois communaux de Sarreguemines et Neunkirch avaient été épuisés par les coupes extraordinaires faites pour la création des faubourgs de Sarreguemines. Même le redressement des simples villages, dont les cadres bâtis étaient pourtant encore limités, avait prélevé toutes les ressources des forêts domaniales, seigneuriales ou patronales.

Paroisse par paroisse, le gruyer établit le même lien de cause à effet entre les reconstructions du tout début du XVIII$^{e}$ siècle et la privation en arbres pour bâtiment. A Folschviller, on avait accordé tous les arbres nécessaires au cadre bâti de ce village, entièrement rétabli depuis trente ans. A Ebersing, les futaies étaient très claires à cause du grand nombre d'arbres coupés pour le rétablissement de tout le village. A Grand-Bliedestroff, on comptait trois forêts, la première avait servi aux bâtiments de la commune, la deuxième avait été dépeuplée pour la construction de Sarrelouis, et la troisième exploitée pour les palissades de Sarralbe. A Petit-Bliederstroff, les causes de la pénurie restaient les mêmes : les deux forêts avaient été entièrement éclaircies pour les besoins du village nouvellement construit et rétabli depuis 1700, en plus, des prélèvements s'étaient produits en faveur de Sarrelouis. Il en allait de même pour Ausmach et Tenteling ; le bois de bâtiment manquait dans l'ensemble des forêts de la gruerie.

Dans la gruerie voisine de Sarralbe, les forêts étaient également épuisées bien que les habitants des communes eussent jusqu'alors souvent profité de bois de construction en quantité suffisante sur leurs héritages[206]. Pessimiste dans ses projections, le gruyer évaluait de façon très précise les ressources selon le nombre d'habitants des communautés et les besoins en bois susceptibles de se déclarer à court terme ; il raisonnait à l'unité d'arbre près, en considérant par exemple qu'à Willerwald, les particuliers de la communauté avaient eu jusqu'à présent des bois propres à bâtir sur leurs héritages tandis qu'à Insming, prévôté qui comptait au moins cent habitants, chaque habitant ne pouvait disposer que de trois arbres et devait acheter le reste en forêt de l'évêque de Metz. A Réning, les quarante habitants avaient du bois en quantité sur leur propre part, à la réserve de quelques grandes pièces ; cette carence limitait toutefois les effets du droit de marronage. A Gréning (trente habitants), les particuliers ne disposaient pas de bois en suffisance et devaient en acheter. A Petit-Rorbach, les dix-huit habitants avaient épuisé les ressources fournies pour leurs essarts et devraient désormais acquérir leur bois ; même contrainte à Hilsprich où les soixante-dix habitants avaient vidé leur forêt, de même qu'à Rémering où le chênage avait été ruiné par les prélèvements pour les bâtiments, au point qu'on prenait désormais du hêtre pour construire à l'intérieur des maisons. Les habitants de

---

[206] AN Q1 818.

Nelling, de Laning et de Petit-Tenquin n'avaient aucun bois, ceux du dernier lieu achetaient leurs arbres en forêt d'Albestroff ; seul Grundviller, où le chênage était sur le retour, disposait de bois d'ouvrage en suffisance.

La décrue forestière dans ces grueries est évidente même si les carences du droit de marronage tenaient plus aux restrictions géographiques dans lesquelles les chartes les enfermaient qu'à une réelle pénurie totale en bois puisque les ressources du marché paraissent suffisantes. Les gruyers de Sarreguemines et de Sarralbe ne parlent pas d'entraves à la construction, simplement de contraintes d'achat d'arbres auxquels les droits forestiers des communautés ne pouvaient pourvoir en raison d'une réduction massive due aux prélèvements d'entre la fin du XVII^e^ et le début du XVIII^e^ siècle. Qui plus est, cette reconstruction s'était faite indistinctement et sans ordre de gruerie. Comme le pays ne fournissait pas de pierre, les maisons étaient entièrement construites en bois, de façon précaire, elles duraient à peine vingt ans, on devait ensuite les rebâtir en neuf et leur édification demandait, pour une maison de laboureur, avec sa grange et ses écuries, une centaine de gros arbres. En vérité, une maison en pan de bois dure plus de vingt ans, le patrimoine existant aujourd'hui le prouve même si les comptes-rendus de visite de maisons, à Bisping par exemple[207], tendent à montrer que l'absence d'entretien précipitait la ruine d'ossatures capables de résister naturellement aux intempéries pendant un siècle ou deux[208]. Notre connaissance du patrimoine en pan de bois subsistant dans l'est mosellan (une centaine de maisons dans les années 1990) montre toutefois qu'il correspond pour une large part à une seconde période de construction qui se situerait après 1750[209]. En 1737, les deux gruyers précités ne considéraient certainement que les effets de la première vague de constructions, celle qui correspondit au repeuplement de la fin du XVII^e^ siècle et du début du XVIII^e^. L'appauvrissement des forêts n'avait donc pas empêché le renouvellement de ce parc bâti, non pas vingt ans mais en moyenne cinquante ans après le retour en vie des communautés ; les forêts n'étaient pas dépouillées même si le remploi était certainement important et si, dans le nord de la zone, la pierre apparût dès le milieu du XVIII^e^ siècle[210]. On se mit à construire des maisons en pierre au rez-de-chaussée, en pan de bois à l'étage, ou bien l'on rénova pour partie les maisons avec de la pierre.

Cet épuisement nous paraît toutefois être une condition nécessaire mais non suffisante à la substitution, dans la mesure où l'attrait de la pierre se montrait fort. Les carrières de pierre sont également épuisables et n'ont pas

---

207 AD Meurthe-et-Moselle Bj 9871, Bj 10467.

208 Ce qu'attestent les nombreuses maisons en pan de bois existantes aujourd'hui.

209 En témoignent les rares dates portées sur les maisons et le style des façades qui ont pour beaucoup perdu les éléments décoratifs d'entre la fin du XVII^e^ siècle et le début du XVIII^e^.

210 Etudes des dates portées sur des maisons respectivement construites en pan de bois, en pan de bois et pierre et en pierre. Cf. CHAUVET Jean-Yves, *L'architecture en pan de bois de Moselle*, art.cit.

cet avantage que présentent les forêts de renouveler leur matière première, il est vrai sur de longues échéances. Cette substitution aurait en plus des raisons démographiques qui expliqueraient pourquoi la transition bois/pierre ne s'est pas effectuée de manière synchronique entre les villes et les campagnes. En milieu rural, ce tournant semble plus tardif ; il intervint à Bisping dans le courant du XIXe siècle. Est-ce seulement parce que le bois manquait ou bien était-ce parce que de meilleures conditions de charroi conduisaient à aller chercher la pierre loin, à Haut-Clocher et Langatte pour les moellons calcaires (de 8 à 12 km) et à Niderviller et Broudersdorff pour les pierres de taille en grès (20 à 25 km, au-delà de Sarrebourg)[211] ?

Dès le XVIIIe siècle, la pierre était valorisée à Bisping plus que le pan de bois : plus grande solidité, meilleur confort et surtout, résistance supérieure à la combustion : ses qualités n'allaient pas sans séduire les membres d'une communauté traumatisée par les incendies de 1776. Un an après le sinistre, Joseph Gœury déclara qu'il lui appartenait une ferme assez considérable à Bisping et qu'il avait fait rebâtir, il y a peu d'années sa maison à neuf, à chaux et sable (elle était donc construite en pierre) au moins en grande partie[212] ; elle devait sans doute être considérée comme l'une des premières à l'être. Elle s'était trouvée consumée lors du sinistre sauf que sa construction solide, c'est-à-dire en maçonnerie lourde, avait empêché le feu de se porter plus loin. Le suppliant, ne pouvant se dispenser de construire une nouvelle maison, avait décidé de l'isoler pour qu'un nouvel incendie ne se déclarât pas par la faute de voisins qui bâtiraient moins solidement que lui. Il avait donc racheté l'emplacement de leurs maisons ruinées, par peur que la mitoyenneté avec des bâtiments en pan de bois ne favorisât une nouvelle fois la propagation du feu.

### 4.4, les applications du droit de marronage.

L'usage montre que le droit de marronage était soumis au respect de délais d'enlèvement du bois, ce qu'illustre assez précisément le cas de Christophe Girard, habitant de Bisping, attributaire de bois pour la reconstruction d'un bâtiment en 1780[213]. Les agents de la maîtrise royale des eaux et forêts de Dieuze et ceux de la réformation des bois affectés aux salines de Lorraine furent avisés, par un rapport du garde forestier, que ces bois n'avaient été ni vidangés ni employés, l'intéressé s'étant déclaré dans l'incapacité de le faire « *à cause des malheurs qu'il a éprouvés* » ; de fait, il renonça par lui-même à son droit et accepta la confiscation des arbres au profit de la communauté qui

[211] CHAUVET Jean-Yves, *Recherche analytique sur l'architecture villageoise de Bisping*, op.cit., p.571 et suivantes.
[212] AD Meurthe-et-Moselle Bj 6695.
[213] AD Meurthe-et-Moselle Bj 6694.

en possédait apparemment le fonds puisqu'elle les mettra en adjudication, à son bénéfice. Au-delà du principe d'usage en temps donné, on peut, dans cet exemple, considérer un double délai, tenant, d'une part, au débardage du bois, de l'autre, à sa mise en œuvre. Ne pas débarder, c'était encombrer la forêt et en entraver la bonne gestion. Le bois devait être pris à court terme et peut-être selon un calendrier établi parce que le débardage, surtout par temps humide, détériorait les sols et les chemins. Ensuite, venaient les délais de mise en œuvre, peut-être plus souples puisqu'ils ne concernaient que l'intention de destination, donc la nécessité d'appliquer le droit, pour une demande individuelle et spécifique.

Les communautés se servaient bien sûr des droits forestiers pour leurs besoins propres en bâtiments et en voirie, mais ce droit s'attachait aux mêmes conditions d'autorisation de la part des grueries, puis des maîtrises[214]. En 1725, du chêne fut adjugé à la communauté de Tromborn pour des réparations dans son église[215] tandis qu'entre 1757 et 1760, celle de Bisping recevait la permission de couper des bois pour un pont à construire sur la nouvelle chaussée qui se faisait sur son ban-lieu[216] ; en juillet 1817, la commune de Hambach sollicita du bois pour faire réparer le puits public[217]. De telles demandes recevaient un accord pratiquement automatique quand la procédure administrative était respectée. Pour les usages particuliers, il n'était en principe pas de limites dans l'emploi du bois dans la maison, tous les besoins de la construction étaient couverts par le marronage. L'usage de ce droit n'impliquait pour autant pas que ses bénéficiaires en usent librement, l'administration des eaux et forêts en gérait rigoureusement le produit, par-dessus les droits acquis des communautés d'habitants et mêmes des communautés religieuses dans leurs propres domaines. Pareille omnipotence servait-elle au moins à établir des plans de coupe rationnels répondant aux besoins respectifs des demandeurs, et de parer aux demandes exceptionnelles, ce qui autorisa, par exemple, en 1722, l'abbaye de Tholay, en cas d'insuffisance en bois dans ses propres forêts, à prélever dans celle des habitants[218].

Les exemples des grueries de Boulay et de Bouzonville[219] démontrent que les particuliers accédaient facilement au droit de marronage à condition que le charpentier apportât son certificat et que la demande fût accompagnée d'un devis, voire d'un descriptif de charpenterie en bonne et due forme, dressant un état précis des travaux, des pièces de charpente à créer ou à remplacer et du nombre de troncs requis. La demande personnelle passait par

---

[214] Puisque selon toute apparence l'application des droits forestiers communautaires n'a pas changé, lors du remplacement des unes par les autres.
[215] AD Moselle B 10170.
[216] AD Meurthe-et-Moselle B 12376.
[217] AD Moselle 2 Op 466, 2 Op 467.
[218] AD Moselle B 10184.
[219] AD Moselle B 10170.

l'intermédiaire des syndics et gens de justice de la communauté qui pouvaient aller jusqu'à juger sur place du bien-fondé des requêtes comme on le fit à Serrouville, le 23 juin 1777, pour reconnaître un terrain vide sur lequel le demandeur avait prévu d'édifier son bâtiment[220]. Quant à l'autorisation des officiers de la maîtrise des eaux et forêts de Briey, elle s'appuyait au besoin sur l'avis d'un expert, en plus du devis fourni par le pétitionnaire. Le 7 mai 1758, la maîtrise des eaux et forêts de Briey missionna un maître charpentier pour faire un état de la grange de Génoville dont la toiture menaçait ruine à cause de la vétusté des bois[221]. Aux certificats des charpentiers s'ajoutaient ceux des maires et gens de justice de la communauté (1727), du moins quand le droit s'exerçait sur les forêts des communautés mais les prescriptions des grueries ou des maîtrises comptaient entre autres conditions que les bois seraient pris dans les endroits les moins dommageables (1717) ; c'était même l'administration qui choisissait le lieu de coupe et le nombre exact d'arbres à prélever, parfois diminué par rapport aux demandes. Bien sûr, le martelage de ces arbres lui revenait en exclusivité (1727), même dans les bois des communautés[222]. Deux obligations s'ajoutaient aux conditions de délivrance du bois de marronage : couvrir en tuile et faire planter deux beaux jeunes chênes pour chaque vieille écorce prélevée. Elles produisaient des effets différés car le remplacement du chaume par la tuile aurait dû conduire à des résultats immédiats, toutefois, l'expérience démontre que le chaume s'est maintenu jusqu'au XIX$^{e}$ siècle dans le nord lorrain[223] alors que le renouvellement d'un chêne par deux nouvelles pousses ne peut donner de résultat qu'après deux siècles de croissance au moins.

Peu d'états de délivrance, établis tous les mois, ont été conservés[224]. Les besoins des communautés se montraient disparates. La quantité d'arbres délivrés pouvait aller de deux à soixante-sept, ce dernier chiffre intéressant la ville de Briey. On donna dix-neuf arbres par communauté dans la maîtrise de Briey en janvier 1779, contre dix-sept en septembre 1779, et vingt en février 1787, une moyenne de vingt que nous retiendrons sans savoir sur combien de maisons elle pouvait porter. Il semble qu'un certain équilibre se soit instauré entre l'offre et la demande sauf que les cas d'incendie posaient des difficultés d'approvisionnement : aux treize particuliers sinistrés de Ranguevaux, on délivra soixante-trois arbres à prendre sur la coupe de 1779, dans les bois dudit lieu, pour quatre-vingt-sept autres arbres à prélever dans les bois des autres communautés, soit : vingt à Morlange, vingt à Moyeuvre-Petite, quinze à Lommerange, treize à Neufchef, dix à Fameck, six à

---

220 AD Moselle B 10215.

221 AD Moselle B 10215.

222 AD Moselle B 10185.

223 Voir *infra* p.113.

224 AD Moselle B 10215.

Clouange, trois à Rosselange, suivant le consentement de ces communautés. Même façon d'agir pour les incendiés de Landres, ils avaient besoin de deux cents arbres et en prendraient un complément de quatre à Bouligny, quatre à Mansieulles, douze à Mense et Malmain, vingt à Anoux, vingt à Affleville, vingt-trois à Norroy-le-Sec, vingt-quatre à Paroisses, dix à Bettainvillers, vingt-deux à Mairy, six à Neuvron-le-Château, huit à Aix, vingt-deux à Sarcy et vingt-cinq à Serrouville[225].

***Les statistiques de délivrance d'arbres.*** Peu nombreux, les états statistiques de délivrance de bois de marronage concernent les grueries de Bouzonville et de Schambourg[226], aujourd'hui en Sarre allemande ; la première se situe dans un domaine d'habitat en pierre, la seconde, d'habitat en pan de bois. On observe, pour Bouzonville, un accroissement sensible des délivrances entre 1706 et 1714 sans qu'elles montent au-dessus d'une vingtaine d'arbres par demande ; visiblement, les devis ne portaient que sur les besoins de charpentes de toit, éventuellement de solives pour les plafonds et les sols d'étage. Au cours des années 1730, les demandes se sont réduites et stabilisées sur une moyenne de six ou sept mais on coupait de plus en plus souvent des baliveaux, c'est-à-dire de jeunes écorces, en remplacement des vieilles. La délivrance de baliveaux est devenue importante au cours des années 1730, au point de se montrer, certaines années, supérieure à celle des vieux arbres ; ce choix est mal explicité. Dans la gruerie de Schambourg[227], les délivrances devaient couvrir les besoins d'un habitat en pan de bois, les données recueillies commencent à partir de 1714, avec une moyenne de soixante à soixante-dix arbres accordés par chantier, à comparer avec les estimations du gruyer de Sarralbe, d'une centaine de gros arbres pour la construction d'une maison de laboureur[228]. Compte tenu de la disparité des gabarits de maisons, partagées entre demeures de laboureur et de manouvrier, et de celle des demandes, ces valeurs moyennes se révèlent assez proches de ce chiffre. Elles descendent toutefois à un palier d'entre quarante et soixante arbres dans le courant des années 1720 ; peut-être y a-t-il épuisement des ressources ou bien commence-t-on à faire partiellement usage de pierre dans la construction ?

***Dans les Vosges, le bois d'essies.*** Autre lieu, même époque mais besoins différents ; le cas de la principauté de Salm révèle une organisation à la fois stricte et routinière du prélèvement en bois de bâtiment qui paraît restreint aux besoins de la construction, de la réparation et de l'entretien des toitures[229]. Les maisons étaient donc édifiées en pierres et les toits couverts d'essies de bois, un matériau léger et fragile qui demande un renouvellement

---

[225] AD Moselle B 10215.
[226] AD Moselle B 10184.
[227] AD Moselle B 10184.
[228] Voir *supra* p.76.
[229] AD Vosges 3 C 44-45.

fréquent, du même ordre que le chaume. Des dossiers précis nous apprennent, pour 1769, qu'on couvrait deux toises de toitures avec un millier et demi d'essies sans qu'il soit dit combien de toises comptait une couverture moyenne. Les besoins en bois d'œuvre prenaient forme d'un véritable catalogue des différentes pièces de la charpente ou de la couverture. En principe, ce bois était à base de résineux[230] ; en cas de rare chêne, on précisait s'il s'agissait de « chêne tronc » ou de « chêne panne » - sans doute de tronc entier et de section de tronc. Le bois résineux se répartissait entre troncs entiers, pannes, pannes doubles, pannes simples et chevrons, catégories qui renvoyaient sans doute autant aux dimensions des bois qu'à leur affectation sur la charpente. Les pannes et les chevrons jouent un rôle déterminé mais il est possible que ces termes s'attachent également aux dimensions des bois et que ces bois puissent avoir une autre affectation : celle de solives. Les états de délivrance des bois associaient le marronage et l'affouage, représenté par le bois de corde[231]. On attribuait trois cordes par ménage. Les quantités délivrées sont mentionnées globalement pour les communautés mais détaillées pour les maires, les gardes, les curés et les autres personnages privilégiés.

Pour l'ensemble des paroisses de la principauté, cette norme de trois cordes attribuées par ménage permet de faire un calcul de la population moyenne des communautés et d'évaluer les rapports entre les simples réfections de couverture qui ne nécessitaient que le remplacement de quelques centaines, voire, milliers d'essies, les travaux plus lourds touchant au remplacement de pannes et de chevrons et les reconstructions complètes de charpentes. Voici l'exemple de cette maison incendiée pour laquelle un charpentier établit en 1790 un devis détaillé[232]. Le corps de logis nécessitera deux doubles pannes de 30 pieds par 11 et 12 pouces, quatorze pannes de 42 pieds par 7 et 8 pouces ; les poutres du premier étage consisteront en huit chevrons de 40 pieds, quatorze pannes de 42 pieds par 7 et 8 pouces. Pour les quatre chambres du second étage, on débitera quatre pannes de même longueur, de 8 et 9 pouces ; pour la sablière, trois doubles pannes de même longueur, de 11 et 12 pouces, huit pannes de 45 pieds par 8 et 9 pouces, taches et montants. Quant à la charpente, elle comprendra huit pannes de même longueur, de 7 et 8 pouces ; des jambes de force ; quatre pannes de 45 pieds par 7 et 8 pouces ; cinq pannes de 42 pieds par 7 et 8 pouces ; trente-six chevrons de 32 pieds par 5 et 6 pouces. On réservera en plus les bois pour 28 toises d'essies. Pour les bâtiments et les écuries, on délivrera douze pannes de 44 pieds par 8 et 9 pouces ; six chevrons de 35 pieds ; deux doubles pannes de 44 pieds par 10 et 11 pouces ; deux simples pannes de 44 pieds par 10 et 11 pouces ; quatre pannes de même longueur par 8 et 9 pouces ;

[230] Sapin, mélèze ou épicéa.
[231] Ou bois de chauffage.
[232] AD Vosges 3 C 44-45.

huit pannes de 45 pieds par 7 et 8 pouces ; trois doubles pannes de 44 pieds ; huit pannes de 45 pieds et 8 et 9 pouces ; huit pannes de 40 pieds par 7 et 8 pouces ; trois pannes de 32 pieds ; trente-huit chevrons de 30 pieds, plus le bois nécessaire aux essies. Le bois en sapin pour les planchers sera de 550 planches de 16 pieds de longueur pour un pied de largeur, épaisseur non précisée. Nous ne connaissons pas la conversion de ce devis en nombre de troncs.

Tous les ans, vérification était faite de l'emploi des bois délivrés l'année précédente ; il devait se montrer conforme aux devis, dans les délais impartis. Conservés entre 1779 et 1789, les rapports de visite révèlent que les pétitionnaires étaient en règle dans leur grande majorité, à la réserve parfois d'une ou deux personnes dont les retards se fondaient généralement, pour ne pas dire toujours, sur des raisons largement recevables[233]. Stricte, mais souple, l'administration forestière acceptait en général de reporter d'un an l'emploi des bois sans manquer de revenir l'année suivante. Les motifs pour lesquels les bois n'avaient pas été mis en œuvre étaient variés, ils pouvaient être d'ordre personnel, lié à l'état de santé du demandeur : un tel était malade, un autre s'était cassé la jambe, un troisième, ayant perdu un bœuf par une maladie épidémique, n'avait pu faire le charroi en forêt. On invoquait également des raisons de famille, celui-ci avait perdu sa femme, celle là était veuve depuis Pâques, accidents conjugaux graves qui perturbaient les projets sur le bâti. Au nombre des raisons extérieures s'ajoutaient les retards de chantier : parfois, le bois n'était pas encore sorti de la forêt. On pâtissait également de la dureté du temps - sans doute faut-il comprendre par là des conditions climatiques défavorables, froid et neige, de même que la difficulté de trouver des ouvriers, une plainte souvent renouvelée. Parfois, c'était l'intéressé lui-même qui était indisponible ; employé de cuisine du Prince, ce demandeur n'avait pas eu le loisir de vaquer à la construction de sa maison.

Il arrivait encore que l'indécision, ou des changements de programme, retardât la mise en œuvre des bois délivrés ; un tel n'avait encore envie de faire des changement dans la maison, il n'était donc pas encore déterminé ; tel autre s'était aperçu qu'avant de couvrir, il devait faire relever son mur arrière ; un troisième faisait observer que sa toiture pourrait encore durer dix ans, pourtant, les essies étaient déjà façonnées. Ce quatrième demandeur avait prévu d'aménager une ramée[234] sur le côté de sa maison mais comme il voulait élever celle-ci de la hauteur du toit, il proposait d'employer l'un des chevrons pour la couverture du four. Les modifications de projets de reconstruction n'étaient pas rares : ce particulier de Vieux Moulin s'était aperçu trop tard que les chevrons de sa toiture étaient pourris ; en 1772, cet

---

233 AD Vosges 3 C 44-45.

234 Un revêtement d'essies, qui peut couvrir toute la surface d'un pignon ou d'une façade exposée aux pluies.

autre demandeur avait obtenu sept chênes et deux chevrons pour réparer sa toiture mais il avait pris depuis la résolution de faire des augmentations considérables sur sa maison. Obligé de vendre la sienne, cet habitant de Fréconrupt n'envisageait plus de la faire recouvrir, il abandonnait donc son lot de bois à qui « *ces messieurs jugeront à propos* ». Un tel esprit de sacrifice devait tout à la nature du droit de marronage qui sous-entend un besoin spécifique ; on délaissait son projet de réparation en remettant ses bois dans le lot commun. Une autre solution consistait à demander la permission d'étendre le champ d'application du droit de marronage, réservé, dans la principauté, à la couverture et à la charpente. En juillet 1772, un habitant de Ménil avait obtenu quatre sapins pour des essies, mais le bois s'étant trouvé impropre à sa destination, le comparant, qui avait des chênes chez lui, se proposait alors de les faire réduire en essies, en pareille quantité, à condition qu'il lui fût permis de faire scier les sapins en planches, sans aucune rétribution. Ce type de demande était fréquent, planches ou chons, c'est à quoi l'on destinait les bois en surnuméraire ou les cimiers. De nombreux demandeurs poussaient le scrupule jusqu'à proposer de les racheter ; à cet habitant de Sénones, il restait une panne sur les onze qu'il avait obtenues pour la réparation de sa maison, comme il avait besoin de madriers, il proposa qu'on la lui abandonnât, aux offres d'en payer le prix au domaine. Il s'agissait parfois du cimeaux[235], impropre à servir de bois de charpente ou de couverture, on en ferait également des planches. Même sort pour tous les troncs qui ne pouvaient servir à leur destination première, c'est-à-dire, être fendus en essies (peut-être parce qu'ils étaient vrillés), ils seraient au moins bons à débiter en planches ou à servir de bois de corde. A chaque fois, il fallait en solliciter la permission et souvent en payer le prix.

### 4.5, le droit d'affouage.

Le droit d'affouage est complémentaire du droit de marronage, le second permettant de bâtir sa maison, le premier servant à y vivre. Il reste, avec le droit de pâquis, le seul droit communautaire encore en vigueur aujourd'hui. L'affouage présente toutefois avec le marronage cette différence que l'usager n'a pas à en prouver le besoin immédiat. En principe, ce droit forestier était arrogé par les chartes qui définissaient les droits forestiers octroyés à une communauté donnée et qui comptaient, en plus, le droit de glandée et celui de parcours. Ce droit se montrait toutefois encadré par l'administration forestière de manière à ce que les forêts soient mises en coupes réglées. Un délai de douze à dix-huit ans était le plus souvent respecté entre chaque coupe de taillis et les gruyers indiquaient précisément les cantons où les affouages pouvaient être prélevés. Les usagers étaient toutefois invités à

---

[235] Le haut de l'arbre qui rassemble les petites branches.

choisir de préférence le mort bois (privé de végétation et sec) et le bois mort (essence forestière ne portant pas de fruits) ; les chablis (arbres tombés à terre) appartenaient au propriétaire de la forêt et non aux usagers.

Déterminé par la coutume comme celui de marronage, le droit d'affouage a fait l'objet d'aménagements réglementaires successifs tout au long du XVIII^e^ siècle, portant souvent sur des questions de détails tel que l'obligation de couper, à six pieds de Lorraine de longueur, le bois d'affouage des communautés (arrêt de la Cour du 23 janvier 1708)[236], une prescription renouvelée le 22 février 1733, en même temps que la longueur du bois de corde était fixée à seulement quatre pieds de Lorraine[237]. Un règlement du 31 janvier 1724 accorda, pour les bois ducaux, une portion entière de bois d'affouage à ceux qui payaient trente livres d'impôts, une portion des deux tiers seulement à ceux qui en payaient dix, d'un tiers aux autres[238]. Cette inégalité de traitement se montra toutefois de courte durée puisqu'un autre arrêt, du 13 juin 1724, décida que l'affouage devait être réparti également entre les habitants, sans distinction de riches et de pauvres, sans s'arrêter non plus à des conditions de besoins susceptibles de varier selon la taille et l'activité des familles[239]. En 1738, la cour renouvela l'interdiction de vendre le bois d'affouage qui ne devait servir qu'aux propres besoins de chauffage de l'usager[240] tout en faisant obligation, en 1747, aux maîtrises des eaux et forêts de les délivrer aux communautés sous peine de voir le grand maître y commettre un officier particulier[241]. L'affouage se trouvait ainsi encadré entre les risques d'abus de la part des populations - mésus et détournement d'usage - et la réticence grandissante de l'administration des forêts à tolérer des droits d'usage séculaires préjudiciables aux nouvelles politiques d'exploitation forestière.

Comme pour le marronage, il existait des disparités de ressources communautaires en matière d'affouage, peut-être de façon moins importante parce qu'il est plus facile de conduire une culture de taillis que de futaie ; en outre, la recherche de qualité était certainement moins sélective en matière d'affouage que de marronage. Les enquêtes de grueries de 1737 firent également l'estimation de l'affouage dont pouvait bénéficier chaque communauté. Les rapports se montraient inégaux entre la taille des populations et les surfaces de bois exploitées pour l'affouage : qui plus est, ces populations augmentaient sans que les ressources forestières s'accroissent. Le droit de principe se heurtait, comme précédemment, à l'éminence des chartes (quoiqu'une majorité de communautés exploitait les

---

236 Recueil des édits et ordonnances de Lorraine, t.1 p.622.
237 Recueil des édits et ordonnances de Lorraine, t.5, p.205.
238 RISTON Victor, *Des différentes formes de la propriété*, op.cit., p.337.
239 AD Moselle Bj 8164.
240 Recueil des édits et ordonnances de Lorraine, t.6, p. 99.
241 Recueil des édits et ordonnances de Lorraine, t.9 p.50.

bois sans titre[242]) mais surtout à la rude réalité de la géographie forestière. Certaines communautés se trouvaient entièrement privées de bois, ce qui entraînait une recrudescence des délits forestiers[243] ; il arrivait également que la délivrance de l'affouage fût irrégulière, le bail de la seigneurie de Bisping, en 1765[244], notifiait que le preneur ne disposerait des deux parts d'affouage attribuées au seigneur que tant qu'il en serait délivré cette année là.

La difficulté, avec ce type d'enquêtes forestières, vient de ce que le gruyer ne désignait pas explicitement les communautés démunies en bois d'affouage alors qu'il lui arrivait de détailler celles qui disposaient avec certitude de ce même bois. Il n'est donc pas certain que les communautés pour lesquelles aucune précision n'est apportée n'aient pu absolument exercer leur droit. C'est avec cette réserve que nous revenons vers les grueries de Vaudémont, de Gondrecourt et de Sarralbe pour évaluer le rapport entre les communautés disposant de l'affouage et celles qui en étaient privées. La gruerie de Vaudémont comptait dix-huit communautés domaniales, dont celle de Vézelise, et vingt-sept communautés seigneuriales[245]. Pour chacune, le gruyer avait recensé les surfaces de bois de leur ressort et déterminé la part de ces surfaces qu'elles réserveraient à l'affouage. Sur les dix-huit communautés domaniales, seules sept pouvaient être certifiées comme affouagères. En moyenne, les coupes annuelles destinées à ce droit représentaient entre 5 % et 8 % de la surface globale de bois déclarée, ce qui correspond à une valeur de rotation de vingt ans, une bonne moyenne selon les normes définies par les règlements et les chartes. Notons que pour les autres communautés sur lesquelles plane un doute, les surfaces en bois déclarées seraient suffisantes pour les autoriser, en théorie, à jouir de leur droit à l'affouage. Justement, sur les vingt-sept communautés seigneuriales, seulement trois étaient déclarées comme n'ayant aucun bois, l'affouage leur était donc interdit. Pour les autres, la pratique de l'affouage n'est explicitée que neuf fois alors que les autres communautés possédaient toutes des bois, parfois en surface plus importante (Fécocourt, 500 arpents). En moyenne, la part attribuée annuellement à l'affouage se situait entre des valeurs légèrement plus ouvertes, de 3 % à 10 %, avec une médiane de 6 %, qui traduit une fréquence de rotation sensiblement plus forte, de 16 ans.

Pour Gondrecourt[246], le gruyer apportait quelques précisions sur les conditions d'exploitation du bois de chauffage dans ce chef-lieu de trois cent quarante habitants, en 1737, pour 3 556 arpents de bois blanc, mesure de Lorraine (c'est-à-dire, bois non tannique et non résineux), l'assiette ordinaire pour le bois de chauffage des bourgeois de cette ville avait été réglée à 150

[242] BERNI Daniel, *La maîtrise des eaux et forêts de Nancy*, op.cit., p.91.
[243] BERNI Daniel, *Ibid.*, p.241.
[244] AD Moselle 3 E 1435.
[245] AN Q1 732.
[246] AN Q1 811.

arpents par le grand gruyer, ce qui représente un taux d'un peu plus de 4 %, donc une fréquence de rotation de vingt-cinq ans, soit un rapport de 0,44 par habitant, calcul incertain parce que l'affouage se délivre non par tête d'habitant mais par unité de feu. Ce rapport peut-être néanmoins comparé avec les chiffres énoncés pour quelques autres villages de la gruerie, par exemple, Houdelaincourt comptait cent six habitants et le bois blanc pour le chauffage représentait deux cents arpents, on ignore cependant s'il s'agissait de l'assiette annuelle de l'affouage ou de la superficie totale des bois ; de même que pour Baudignecourt, qui consacrait dix arpents pour l'affouage de ses quarante habitants. A Epiez, pour quarante-deux habitants, dont treize barisiens, la communauté détenait par indivis deux cent soixante dix arpents trente et une perches, mesure du Châtelet, pour son affouage, chaque coupe d'affouage annuelle prélevant, sur huit arpents, quarante perches seulement, soit, en réduisant en arpents, un peu moins de trois pour une fréquence de rotation de plus de trente ans, ce qui laissait une chance théorique de vendre une partie de ces bois. Pour Burey-en-Vaux, soixante-cinq Français, vingt Barisiens et quatre cents arpents pour l'affouage, le forestier précisait la valeur du cens payé au seigneur, elle était de cinq bichets d'avoine et une poule, les veuves et les manouvriers n'en payaient que la moitié. Enfin, Pagny-la-Blanche-Côte était déclarée comme ne disposant pas de ressources en bois de chauffage suffisantes dans ses trois cantons.

Le gruyer de Sarralbe est plus précis, non dans ses calculs de surface mais dans son estimation de la suffisance en bois de chauffage[247]. Plusieurs communautés étaient convenablement dotées, comme celle de Willerwald dont les particuliers avaient eu jusqu'à présent du bois de chauffage sur leurs propres héritages, ou celle de Hilsprich - soixante-dix habitants - pour lesquels la forêt avait fourni le bois ; elle se trouvait pourtant fort claire. Les chablis avaient suffi pour répondre aux besoins actuels, toutefois, les taillis étaient encore trop bas pour couvrir ceux à venir ; on peut sentir, dans ce propos, comme un grief fait au manque de gestion rationnelle de la forêt. A Vittersbourg - soixante-quinze habitants -, les besoins de chaque particulier n'étaient que partiellement remplis par les ressources propres de la communauté ; au plus, chacun recevait deux à trois cordes de bois, il devait acheter le reste sur la baronnie de Fénétrange. Toutes les autres communautés de la gruerie souffraient d'un manque total de bois si bien que leurs habitants recouraient au marché en procédant presque au partage organisé de celui-ci, comme si chaque communauté avait des droits d'achat dans les forêts de son voisinage. Honskirch, soixante-douze habitants, trouvait ainsi son bois dans le comté de Nassau ; Réning prenait le sien dans la forêt du comte d'Helmestadt ; Gréning se fournissait dans les forêts de l'évêque de Metz et dans le comté d'Helmestadt, de même que Laning ; Petit-Tenquin (trente-huit feux) tirait son affouage de la forêt d'Albestroff. A

[247] AN Q1 818.

Grundviller, on prélevait encore les chablis pour le chauffage, ce qui ne procédait pas d'une véritable politique de recrue des taillis dont seul un cantonnement strict pouvait assurer l'exploitation rationnelle, par rotation, à condition que les ressources naturelles du début du XVIII$^{e}$ siècle ne fussent pas réduites par l'inflation démographique. Mais la question ne se posait pas encore en 1737.

Autant que pour le bois de marronage, la crise d'approvisionnement en bois d'affouage était donc flagrante, pour les communautés rurales comme pour les villes lorraines. Jean-Pierre Husson fixe à 1750, l'époque charnière après laquelle les possibilités de croissance des bois sont devenues inférieures aux récoltes et aux besoins[248]. L'essor industriel d'après 1740 aboutit, en moins d'une génération, à la disparition de la plupart des futaies au profit du taillis sous futaie, procédé de culture qui déséquilibrait dangereusement les classes d'âges des forêts, alors qu'une concurrence sévère s'instaurait entre les villes, les communautés paysannes, les usines à feu et les exportateurs. Dans les campagnes, le droit d'affouage ne suffisait généralement pas à pourvoir aux besoins domestiques des communautés rurales, une pénurie qui explique l'abondance des mésus forestiers. Pourtant, le droit d'affouage n'était pas remis en cause dans son principe, il est même toujours vivace aujourd'hui.

***Le droit des maisons***. En principe, le droit d'affouage était établi par chef de famille, c'est encore le cas aujourd'hui, la distribution se faisant à parts égales de familles demandeuses, en fonction des ressources forestières, contre le paiement d'une redevance portée au budget communal. Dans de très rares cas, l'affouage n'était pas attribué à la famille mais à la maison, de façon contractuelle. Cela se passe encore ainsi à Lignéville (Vosges) depuis qu'en 1550 le seigneur avait instauré un cens sur la forêt et concédé aux habitants présents et à venir de cette communauté, la moitié d'un bois situé sur le territoire de Saint-Baslemont, à condition qu'il fût payé, au jour de la Saint-Martin d'hiver, par chaque cultivateur faisant charrue entière, l'équivalent de 2 hl, 16 l d'avoine et, par chaque cultivateur faisant demi-charrue, la moitié de cette redevance[249]. Ce seigneur avait également concédé aux habitants un autre bois voisin, à la charge, pour chaque cultivateur faisant charrue entière, de verser l'équivalent de 47 litres de blé et 10 l d'avoine et, pour chaque cultivateur faisant demi-charrue, la moitié de cette somme. Ces testaments stipulaient, comme à l'accoutumé, que ce bois ne devait en aucun cas être vendu ni donné à une tierce personne sous peine de confiscation définitive du droit, la peine étant la même pour tout sectionnaire faisant usage de ce bois malhonnêtement. Surtout, le seigneur de Lignéville octroyait à chaque manant, résidant dans sa seigneurie, le droit d'amasser du bois, à la condition de faire dire et célébrer une messe chaque

[248] HUSSON Jean-Pierre, *Les difficultés d'approvisionnement en bois de chauffage des villes lorraines à la fin du XVIII$^{e}$ siècle*, art.cit.
[249] Dossier personnel de M. Gilou Salvini, archives privées.

année à la Saint-Martin. En 1994, le règlement de l'affouage disposait que les personnes susceptibles de posséder plusieurs droits étaient priées de présenter l'acte notarial de la maison, afin de le comparer à l'ancien registre comportant les noms des ayant droit ; le débardage des stères devait être effectué par temps sec en empruntant les chemins existants, en dehors des taches de semis. Il était interdit de débarder avant le mercredi 26 juillet 1994, le délai impératif d'enlèvement des bois était le 31 décembre 1994, date après laquelle les bois seraient remarqués dès le 2 janvier 1995 pour devenir la propriété de la section.

# 5e chapitre

# Le droit de four domestique

## 5.1, un droit seigneurial souvent contentieux.

Sur le causse de Gramat (ancien Quercy), le four banal est graduellement devenu domestique en descendant l'échelle sociale[250]. Cette société caussenarde comptait trois catégories d'exploitants : au plus haut niveau, les pagès, l'équivalent des laboureurs lorrains ; dans les classes intermédiaires, les pacans, petits paysans néanmoins propriétaires ; enfin, la cohorte des sans terres, brassiers et métayers. Dès la seconde moitié du XVIIIe siècle, autorisés par les seigneurs du Quercy à racheter la banalité des fours, les pagès avaient adopté des formes de propriété pleine ou de copropriété réduite de leurs fours personnels. C'est après la Révolution seulement que les pacans ont à leur tour délaissé le four banal, devenu communal, pour construire leurs fours propres, en passant du collectif au familial, avant que les familles des classes inférieures n'en fissent de même à partir du milieu du XIXe siècle. L'étude des fours datés de la commune de Lauzès montre que plus le four est récent, plus son propriétaire était socialement reculé ; les dates portées sur les fours et la connaissance de la position sociale de leur constructeur permettent d'établir qu'à partir de 1750, ces fours appartenaient aux pagès ; qu'à partir de 1815, ils étaient en possession des pacans ; qu'après 1850 seulement, ils furent construits par les plus petits paysans.

Une inégalité sociale pareille n'est pas observable en Lorraine où le principe du droit communautaire servait à l'ensemble des membres d'une même communauté, riches et pauvres confondus, à obtenir simultanément, à prix égal, la liberté de cuire à domicile quand l'affranchissement survenait. Si des différences apparaissent dans les modalités d'obtention de ces franchises, c'est plutôt en raison du traitement accordé par les seigneurs aux communautés de leur ressort pour accéder, retarder ou stopper un mouvement qui prit de l'ampleur au moins dès le XVIe siècle, de manière inégale dans l'ensemble des seigneuries ; en 1789, certaines communautés restaient encore pleinement asservies à la banalité du four. Malgré l'absence de traitement statistique, nous sommes porté à croire que ces retards étaient marginaux ; du moins, l'étude des archives, abondantes en matière de banalité de four, laisse penser que les affranchissements ont été nombreux, sinon très majoritaires, entre le XVIIe et le XVIIIe siècle.

---

[250] SINDOU Pierre-Marie, *Fours à pain sur le causse de Gramat*, art.cit.

En principe, la banalité du four représentait un droit univoque de noblesse précisément établi par la coutume de Lorraine - art 5, titre 6 - qui autorisait les seigneurs hauts justiciers à disposer de l'ensemble des droits de banalité pour un profit parfois direct, mais le plus souvent indirect car ces droits étaient amodiés ou accordés à titre de faveur par les seigneurs. Voici par exemple la grâce, certainement rétribuée ou alors donnée pour raison de bons services, que le nommé Eudes de Germiny, écuyer, obtint des chanoines de Vaudémont pour lui et sa femme, d'avoir un four en leur hôtel de Vaudémont sans que ce droit fût héréditaire mais s'appliquât seulement pendant leur vie[251]. De la même façon, en 1616, les fermiers des dames de l'abbaye de Bouxières furent maintenus en possession du droit de faire cuire dans les fours de leur maison franche sans aller au four banal[252]. En théorie, ces franchises nobiliaires étaient strictement données entre gens de noblesse ou de clergé, par exemple, en 1661, Thibaut de Lorraine, seigneur de Florines, permit aux cordeliers de Neufchâteau de faire un four en leur couvent pour y cuire leur pain franchement[253], tandis qu'en 1697, Claude Maimbourg, procureur général du bailliage des Vosges, reçut d'Antoine de Gilles, seigneur haut justicier de Moulins, le droit de construire un colombier, un four et un pressoir en sa maison, un privilège accordé à ce personnage de haut rang qui ne lui octroyait toutefois aucun pouvoir de banalité ; celui-ci restait l'apanage du seigneur haut justicier[254].

Les seigneurs et bien souvent les ecclésiastiques restaient jaloux de ce droit de banalité tant qu'ils n'avaient pas fait le choix ou le calcul de l'affranchir. Certaines confusions entre noblesse et roture entraînèrent des remises en ordre, simplement administratives mais parfois judiciaires. En 1600, la chambre des comptes de Lorraine statua sur la requête de Pierre Caulchon, dit de la Cour, demeurant à Vigneulles (sous Hattonchâtel), lequel, à cause de sa noblesse, avait réclamé l'autorisation de cuire du pain en sa maison et non au four banal[255] ; en l'espèce, la condition de noblesse n'entraîna pas un droit de franchise *de facto,* la chambre considéra que toute personne « *de quelque qualité et condition qu'elle soit, est tenue de cuire au four banal* », défense fut donc signifiée au demandeur de cuire au four en son logis, obligation lui fut donnée de le faire au four banal, en plus d'une amende de 10 sols. Situation proche et sentence équivalente mais judiciaire, cette fois-ci, à la suite du procès que les dames prêcheresses de Nancy intentèrent en 1687 à Elisabeth de Chastenay, veuve de Mr Nicolas Mangin, afin qu'elles fussent maintenues et gardées dans la possession du droit de banalité du four avec défense à la défenderesse de faire cuire en autre lieu[256].

---

[251] AD Meurthe-et-Moselle H 3030.
[252] AD Meurthe et Moselle H 3016.
[253] AD Meurthe-et-Moselle B 836.
[254] AD Meurthe-et-Moselle H 1993.
[255] AD Meurthe-et-Moselle B 10397.
[256] AD Meurthe-et-Moselle H 2715.

Malgré sa qualité, cette dame fut reconnue dépourvue de dispense à cause de la propriété de sa maison qu'elle avait prétendue franche ; il était ressorti des dépositions des témoins, particulièrement des fermiers, qu'elle ne bénéficiait au contraire d'aucune franchise, d'autant qu'elle ne faisait preuve d'aucun titre d'exemption de banalité. Elle s'était contentée de déclarer que sa maison faisait partie du fief de la seigneurie du bourg et qu'elle était en possession immémoriale de jouir de l'exemption de la banalité.

Il est parfois arrivé que le contentieux porte sur les compétences de banalité entre deux entités seigneuriales prétendant concurremment jouir de ce droit[257]. Une telle contestation s'éleva en 1751 entre le prieuré de Flavigny et les comtes de Salm et de Ludres, co-seigneurs de Crèvechamps, par ailleurs seigneurs de Neuviller et Bayon, touchant à l'exemption du droit du four pour les seize habitants du lieu. Les seigneurs se déclarèrent en possession plus qu'immémoriale de ce droit de four, établi sur toute la communauté, alors que le prieuré, seigneur pour un tiers de Crèvechamps, prétendait logiquement à un tiers des droits seigneuriaux. L'arrêt du conseil le condamna à restituer leurs droits à plusieurs habitants tout en obligeant ceux d'entre eux qui refusaient de payer un demi-résal de blé dû au seigneur, comme droit de four, à s'acquitter de cette charge ; parallèlement, l'amodiateur de Neuviller fit restituer par les religieux de Flavigny les amendes qu'ils avaient perçues sur les sujets de Neuviller.

***La diversité des modalités de perception des droits.*** Les situations des communautés paraissent disparates dans l'application d'un droit de banalité pourtant des plus conventionnels. L'une de ces règles consistait à payer au seigneur un dû en grains pour les droits d'usage des fours, mais les comptes des seigneuries ne précisent pas si le four était mis en service par un fermier particulier ou s'il l'était directement par les usagers. Pour l'année 1481-1482, la chambre des comptes de Lorraine révélait la nature des redevances dues par les habitants de Thélod, de Parey-Saint-Césaire et de Vitrey, au receveur du comté de Vaudémont : elle était d'un bichet pour les conduits entiers et d'un demi-bichet pour les veuves[258]. Une autre règle courante adoptée par le seigneur était d'amodier le droit de four, l'amodiateur ou fermier se chargeant de percevoir les redevances à son profit. C'est ainsi qu'en 1625, l'église collégiale Saint-Euchaire de Liverdun laissa à bail, pour trois ans, les fours banaux de la ville à trois amodiateurs, à raison de 300 f l'an pour le four du château et également de 300 f pour celui de la fabrique, moitié au terme de Noël, moitié à celui de Saint-Jean[259]. Les fours banaux n'étaient pas les seuls à considérer, il existait aussi ceux des boulangers, au nombre de cinq, qui payaient chacun 2 f 6 gros à la Saint-Martin, en plus d'autres fours amodiés à des bourgeois qui n'étaient pas boulangers. Les amodiateurs se rétribuaient à

---

[257] AD Meurthe-et-Moselle H 152.
[258] AD Meurthe-et-Moselle B 10010.
[259] AD Meurthe-et-Moselle G 139.

raison de 2 f à la Saint-Martin, pour un conduit, et 1 f, pour une personne, les trente petits fours (où l'on ne cuit pas le pain) étant redevables de trois deniers au jour de la Saint-Euchaire. En 1627, le four de la ville était loué 370 f, le four banal du bourg l'était 270 f, ce qui représentait une augmentation sensible par rapport au précédent bail. On dénombrait alors trois fours de boulanger pour lesquels la redevance variait entre 2 f et 2 f 6 gros et neuf fours particuliers à 2 f ; les quarante-deux petits fours, qui ne devaient pas dépasser une aune 12 1/4, étaient toujours taxés à trois deniers. Leur nombre se montrait irrégulier puisqu'on en comptait soixante-quatorze en 1629, seulement vingt-cinq en 1632 et trente et un en 1637, année pour laquelle les deux fours banaux confondus valaient 590 f, ce qui traduit un retour au prix de 1625.

On ne peut certainement voir autre chose, dans la redevance annuelle et perpétuelle de 1500 # payée au domaine pour le four banal de Marville, qu'une sorte de rachat de la banalité par la communauté sans que le four banal en fût pour autant aboli ; les fours particuliers ne le remplaçaient pas[260]. Dans le cas de Charmois, le rachat du droit de banalité par la communauté, en 1692, est assez explicite mais le seigneur, l'abbé de Belchamp, conserva son droit univoque de banalité de la cuisson du pain puisque le four, même communautaire, resta banal et donc soumis au paiement d'une redevance de 3 f par ménage[261]. L'opération tenait au fait que ce four était entièrement ruiné (par les malheurs de la guerre) et que c'était la communauté qui travaillait à son rétablissement, ce qui soulageait l'abbé de cette charge. Ce rachat à perpétuité fut précisément reconnu comme une reprise de banalité, mais le contrat ne précise pas si les familles seraient tenues envers la communauté au même devoir de cuisson dans ce four comme elle l'aurait été devant le seigneur ; cela paraît probable puisque la notion de banalité demeurait et que c'était à chaque ménage de payer les 3 f barrois et non seulement à ceux qui cuiraient. Par la suite, la communauté et ses membres purent tenter de s'affranchir du paiement du cens ; il représentait certainement une contrainte morale plus forte qu'un véritable droit de banalité. Entre 1755 et 1763, l'abbé les avait poursuivis pour le règlement de huit ans d'arrérages.

Rien n'était acquis en dehors d'une telle clause de perpétuité ; il arriva même que le droit de banalité fut négocié tous les ans, sous des régimes divers. En la matière, le cas de Barbonville fait école en raison de la disparité des systèmes et des tensions entre les parties ; un contentieux finit par éclater entre le seigneur - les jésuites du noviciat de Nancy - et la communauté, avec pour résultat de faire perdre à celle-ci le semblant de franchise qu'elle avait su acquérir[262]. Cette longue querelle se poursuivit sur plus d'un siècle et

---

[260] AN Q1 752.
[261] AD Meurthe-et-Moselle H 1331.
[262] AD Meurthe-et-Moselle H 1836.

demi. Tout commença en 1604 lorsque le four banal se trouva ruiné, les plaids-annaux ordonnèrent opportunément que les petits fours particuliers ne puissent dépasser l'aune de diamètre et que la redevance pour le seigneur ou le fermier du four fut du 1/13ᵉ de la pâte, en temps ordinaire, et du 1/14ᵉ, en temps de Noël. Le four banal fut rétabli en 1608 et les conditions de la banalité discutées, depuis, tous les ans. En 1611, le bail était ainsi de trente-huit réseaux, payables à la Saint-Martin ; en 1613, les jésuites n'amodièrent que la moitié de la cuisson du pain et conservèrent l'autre moitié en s'engageant à fournir le bois pour la totalité mais en ne payant que la moitié du salaire du fournier, la tâche de celui-ci consistant à chauffer le four. Par contre, les charrois (de bois) seraient assurés par le fermier seul, de même que le façonnage des bois. Evidemment, les fruits se partageraient par deux et le fermier paierait une redevance de 20 réseaux de blé.

Ainsi de suite, tous les ans, le bail du four était attribué sans doute au plus offrant ; en 1615, il le fut à deux laboureurs pour quarante réseaux de blé ; en 1632, il fut même concédé à la communauté (seulement sept réseaux moitié blé et orge, le contexte de la guerre de Trente ans explique certainement cette brutale dévalorisation). Il retourna pour 1632 et 1633 aux mains de deux particuliers. En 1655, les fermiers du four en rétrocédèrent les droits pour trois ans aux habitants et à la communauté (quatre réseaux de blé et autant d'orge). En 1658, la communauté contracta directement marché avec le seigneur jusqu'à ce qu'elle décida, au début de la reconstruction, en 1686, de suivre le mouvement de franchise de l'époque, obtenant des jésuites qu'ils ne reconstruisent pas le four banal et leur permettent de cuire les pâtes, « *à leur bon point et leur commodité* » où bon leur semblerait, sur la base d'un abonnement de douze ans, contre une redevance d'un demi-résal de blé, de trois paignots par chaque laboureur et d'un bichet trois-quarts de blé par chaque manouvrier.

Seulement, les habitants de Barbonville s'aperçurent que leurs voisins de Rosières (aux Salines) et de Blainville (sur-l'Eau) ne payaient respectivement que les 1/25ᵉ et 1/24ᵉ de la pâte. Pour bénéficier à leur tour d'un tarif aussi bas, ils pensèrent habile, en 1726, de résilier leur abonnement pour revenir au four banal (« *qu'ils craignaient tant autrefois* », ironisèrent les jésuites), en espérant sortir de leurs précédents contrats et en négocier de nouveaux sur la base des taux accordés à leurs voisins. La communauté alla même jusqu'à faire disparaître les preuves de ces contrats, une ruse grossière que les jésuites déjouèrent en présentant les originaux des textes, en particulier, les comptes-rendus des plaids-annaux de 1603, 1668 et 1686. Dans cette affaire, nous ne connaissons que le point de vue des ecclésiastiques car les mémoires de la communauté ont disparu. Incidemment, les pères nous renseignent sur la façon dont fonctionnait le four banal où l'on ne cuisait que deux jours par semaine, avec du bois fourni par les jésuites. Le fournier était chargé d'informer ceux qui voulaient cuire de l'heure à laquelle ils pétriraient leur pâte, ce qu'il faisait en criant en trois lieux du village ; il procédait de même quand le pain était cuit afin qu'on allât le chercher.

En vérité, le fermier du four reversait lui-même trente-huit réseaux de blé pour avoir le droit de prélever le 1/13e de la pâte de chaque conduit désireux de cuire, tandis que le seigneur délivrait six jours de bois pour chauffer le four (sans doute pour l'ensemble des cuissons de l'année), mais le fournier ne payait que vingt réseaux lorsqu'il apportait lui-même tout le bois. Comparées à la liberté de cuire à domicile, ces cuissons bihebdomadaires ajoutaient la contrainte d'une cuisson journalière à la revendication de la communauté. Il est donc possible que les gens de Barbonville aient voulu jouer sur les deux tableaux : une banalité allégée et le droit de cuisson domestique, en comptant sur un certain laxisme de la part des jésuites, supposés accepter le fait accompli de fours construits depuis l'adoption de la formule d'abonnement. Cependant la communauté avait joué et perdu car elle fut déboutée de son action, obligée de cuire à nouveau au four banal, à l'ancien tarif, et contrainte de faire démolir les fours particuliers grands de plus d'une aune, une récidive puisqu'on avait procédé de même en 1624 pour quelques habitants coupables d'avoir aménagé des fours plus vastes qu'autorisé. Barbonville recula donc par rapport au mouvement de franchise général du droit de four et quand viendra l'abolition des droits seigneuriaux, en 1789, ce village aura pris plus d'un siècle de retard sur les communautés affranchies.

### 5.2, les petits fours.

Le droit de petit four ne représentait pas une phase transitoire entre le droit de banalité et celui de four domestique, il accompagnait le premier et se dissipait avec le second. Son principe tenait au fait que la banalité du four était réservée à la seule cuisson des pains, mais que celle des pâtisseries, essentiellement des tartes, ainsi que le séchage des fruits ou du chanvre, pouvaient s'effectuer à domicile contre le paiement d'une redevance. On a vu plus haut que le droit de cuisson se pratiquait suivant plusieurs régimes selon que le four était banal, professionnel ou domestique ; l'application inégale du droit de petit four conduisit également à des disparités de situation au sein des communautés, en particulier, les cens dus pour les petits fours librement désirés s'ajoutaient au droit seigneurial de banalité qui s'imposait à tous. Par exemple, à Vigneulles, recette d'Apremont, en 1630, le droit de petit four était de 14 gros alors que les fours banaux étaient acensés pour 226 #, 4 gros, 3 blancs[263]. En 1631, le cens dû à l'abbé de Saint-Epvre par les quatre habitants de Bainville, ayant des fours en leur maison, était de 6 gros par an

263 AD Meurthe-et-Moselle B 2380.

tandis que le cens pour le four banal était 300 f par an, plus l'obligation de l'entretenir, ainsi que son bâtiment[264].

Ce droit de four paraît donc sélectif, sans nécessité pour tous d'en user puisque l'obligation de four banal demeurait. Il représentait un droit de plus, donc une recette supplémentaire accordée par le seigneur de manière individuelle, une libéralité qui transigeait avec le fonctionnement habituel de la communauté lorraine voulant que le même droit s'appliquât ou profitât à tous, au même prix, du moins par catégories de conduits entiers, de demi-conduits et de veuves. En 1600, la recette de Châtel-sur-Moselle faisait état, à Ortoncourt[265], de trente-quatre conduits payant 6 f, 4 gros pour le droit de four banal alors que l'on comptait vingt-deux petits fours dans le village, ce qui portait au tiers des habitants, le nombre de ceux qui ne disposaient pas de ce droit.

Autant que le four banal, ce petit four représentait un enjeu pour l'affranchissement du droit de cuisson car grande était la tentation de dépasser la norme (la fameuse dimension d'une aune de Lorraine) ou de détourner pour partie les restrictions de cuisson. La fraude ne pouvait être certainement totale puisque le four banal assurait un contrôle évident des conduits qui viendraient y cuire et de ceux qui ne le feraient pas. L'usage du petit four entrait toutefois dans les droits de seigneurie et ne pouvait être effectif qu'aux termes d'accords conclus entre le seigneur et la communauté, accords qui, bien entendu, pouvaient résulter d'un conflit de droit : en mars 1457, le vicaire du comte-évêque de Toul rendit une sentence arbitrale pour apaiser un différent entre le chanoine doyen du chapitre de l'église collégiale Saint-Euchaire, de Liverdun, et les échevins et les habitants de cette ville[266]. Les derniers furent maintenus dans le droit d'entretenir un petit four en leur maison, au plus égal à une aune et demi-quart, mesure de Toul, de largeur ou de long, à condition que ce fût seulement pour faire de la tarte et sécher des fruits sans qu'ils ne pussent en édifier de plus grand pour y cuire du pain, sous peine de 60 sols toulois d'amende ; la redevance pour ces petits fours était de 3 deniers payés par chacun des habitants qui en détenaient.

Le droit de petit four se négociait entre le seigneur et la communauté et s'il y avait anticipation, la chambre des comptes de Lorraine pouvait demander une régularisation auprès du seigneur ; elle enjoignit par exemple aux habitants de Damelevières et de Charmois, ayant des fours dans leurs maisons, de prendre de l'abbé de Belchamps la permission de les tenir pour y cuire seulement, des tartes, des gâteaux, des pâtes séchées, des prunes, des pommes, du chanvre et d’autres choses pour leurs commodités et non des pâtes levées[267]. La franchise (parlons plutôt d'acensement du petit four), déjà

---

[264] AD Meurthe-et-Moselle B 2958.
[265] AD Meurthe-et-Moselle B 4258.
[266] AD Meurthe-et-Moselle G 205.
[267] AD Meurthe-et-Moselle H 1331.

probante pour le XV$^{e}$ siècle, semble être devenue la règle au XVI$^{e}$, parallèlement à un certain nombre de franchises véritables de four par lesquelles la cuisson du pain devint possible.

L'analyse statistique n'est pas possible mais les cas d'espèce sont précis et nombreux, par exemple, en 1578, les quarante et un manants et habitants de Retonfey devaient un cens pour la fumée des petits fours que feu le seigneur leur avait permis d'avoir[268]. Certaines lettres reversales témoignent de ce droit acquis par la communauté, à l'exemple de celle que signa, en mars 1571, le maire de Morlange dont la communauté venait d'obtenir le droit de petit four[269], moyennant 6 gros barrois par an, ou de cette autre lettre, adressée en 1579 à la chambre des comptes de Lorraine par le mayeur de Mandres-aux-quatre-Tours, au nom de la communauté, pour l'autorisation que les habitants avaient eue du duc d'avoir des petits fours dans leur maison, en payant annuellement 8 gros barrois par conduit[270]. L'année suivante, cette communauté reçut du duc Charles III un affranchissement complet de la banalité du four seigneurial sur une supplication des habitants, gênés par les mauvaises commodités du four, leurs pâtes et leurs pains étant fort mal cuits ; ils proposèrent de payer, chacun, 6 gros pour un conduit, 3 pour les veuves et les demi-conduits, aux termes de la Saint-Jean et de Noël. Les experts de la chambre des comptes de Lorraine avaient rapidement calculé qu'entre un four banal qui rapportait 25 f l'an, et soixante et un conduits et demi payant chacun 6 gros, plus 6 f pour l'acensement de la place du four banal 6 f, l'intérêt du domaine penchait nettement vers la seconde solution, en raison de quoi les habitants obtinrent la permission de construire des petits fours en leurs maisons pour cuire le pain, les pâtes et les pâtisseries[271].

Il est arrivé que la franchise de petit four fût individuelle et non communautaire, en raison de dispositions particulières présentées par le demandeur. En 1608-1609, la chambre des comptes de Lorraine accorda au nommé Hans Voller, habitant de Guemmunde, près de Sarreguemines, le droit d'ériger un four en sa maison pour y cuire des tartes et des gâteaux et y sécher les fruits sans pouvoir y cuire de pâte au levant (levain), à peine d'amende et de confiscation du pain, contre un cens de 3 f en monnaie du pays[272]. Si les habitants d'un lieu étaient obligés à la banalité du four, des volontaires pouvaient ainsi obtenir une permission particulière pour tenir des petits fours ; ce droit pouvait bien sûr conduire à un accord (qui serait de principe) plus large entre le duc et la communauté mais, à défaut, son application restait réservée à toute demande particulière, familiale et

---

268 AD Moselle C 219.
269 AD Meurthe-et-Moselle B 594/108.
270 AD Meurthe-et-Moselle B 372.
271 AD Meurthe-et-Moselle B 372.
272 AD Meurthe-et-Moselle B 9236.

dérogatoire, à condition qu'elle fût motivée puisque Voller déclina sa qualité de transporteur de sel des salines royales, ce qui l'éloignait la plupart du temps de chez lui ; sa femme et sa famille ne faisaient pas grande consommation de pain, par contre, son jardin lui rapportait une grande quantité de fruits qu'il désirait faire sécher dans un petit four particulier. En vérité, sa demande s'étendait à la permission de cuire du pain mais elle fut rejetée, la banalité lui resta donc imposée.

Tant que la franchise ne portait pas sur la cuisson du pain, dans la limite du diamètre d'une aune, le seigneur restait en droit d'exercer son contrôle sur la régularité des petits fours domestiques en visitant les maisons ; en cas d'infraction, les fours excédant la norme étaient détruits. En 1645-1646, le chapitre de Toul envoya son avocat, par ailleurs comptable, reconnaître si les fours particuliers de Vandœuvre ne dépassaient pas l'imprescriptible aune de Lorraine[273]. Cette reconnaissance avait un coût, tout comme put en avoir la démolition des fours quand ils avaient dépassé l'aune ; en 1619, la chambre des comptes de Lorraine rétribua le nommé Jean Grats pour avoir procédé à la démolition des fours de Pont-à-Mousson ; les amendes avaient dû servir aux frais de cette besogne[274]. En cas d'infraction et d'entêtement, quand s'établissait un rapport de force désiré par la communauté ou par certains particuliers pour tenter d'infléchir un refus d'affranchissement, les seigneurs pouvaient être enclins à refuser le fait accompli même lorsque les conditions de l'époque poussaient par ailleurs à libérer plus largement les droits de banalité. La franchise restait à leur discrétion, selon leur volonté ou leur capacité de conduire l'épreuve favorablement.

A la fin du XVII$^{e}$ siècle, la repopulation et la reconstruction étaient d'une façon générale propices aux franchises sauf pour les prêcheresses de Saint-Nicolas qui poursuivirent, en 1687, des particuliers auquel le conseil d'Etat fit défense, à l'exception des boulangers, d'aller cuire leurs pâtes ailleurs que dans les fours banaux ; il ordonna que les petits fours particuliers des bourgeois seraient abattus s'ils dépassaient la profondeur et la largeur de l'aune habituelle et servaient à la cuisson du pain. En fin de compte, la banalité du four restait une règle à laquelle l'affranchissement servait d'exception.

---

[273] AD Meurthe-et-Moselle G 686.
[274] AD Meurthe-et-Moselle B 8168.

**5.3, le droit de four domestique pour la cuisson du pain.**

Thierry Claerr énonce quelques-unes des raisons légitimes que pouvaient avancer les ruraux, lorrains ou non, pour obtenir la franchise totale de la cuisson du pain et transporter celle-ci du four seigneurial au sein de leur maison[275]. Cet auteur présente une requête, non datée mais présumée de la fin du XV^e^ siècle, faite par les franciliens de Villeneuve-sous-Dammartin (Seine-et-Marne) pour la suppression des contraintes du four banal. Ces raisons, nombreuses, parfois spécieuses peut-être, sont qualifiées d'inconvénients, de pertes et de dommages parce que les femmes et les familles délaissaient leurs maisons pendant un long espace de temps et se mettaient, en plus, en grand danger, l'hiver, de porter parmi la ville leurs pâtes, pains et pâtisseries. En plus, elles ne pouvaient cuire à leurs heures convenables puisque les périodes de cuisson étaient réglementées. Lorsque venaient les fêtes annuelles et solennelles, les femmes désertaient les messes et perdaient le service divin, sans compter le préjudice des noises et débats qui se menaient souvent entre elles. Enfin, les pains et les pâtisseries n'étaient jamais si bien cuits qu'à domicile et selon les besoins saisonniers puisqu'en août, par exemple (à la moisson), il fallait souvent tenir une grande famille alors que les ménagères abandonnaient justement leurs domiciles pour aller cuire de quoi la nourrir. Au final, le four à pain domestique offrirait surtout un avantage d'emploi plus libre du temps, le pain serait cuit le jour, la nuit, le soir ou le matin, aux heures les plus convenables et non au détriment des autres besognes. La communauté ne perdrait plus la présence de ménages et de gens de bien qui avaient délaissé plusieurs masures ; tant que le four resterait banal, le repeuplement serait retardé. Les pétitionnaires suppliaient donc d'obtenir le droit de construire un four, chacun dans sa maison, contre le paiement de deux sols parisis par chaque ménage, à la Saint-Jean Baptiste et à chaque lendemain de Noël.

De ce texte, on peut déjà tirer le caractère précoce de cette volonté de franchise - celle-ci s'exprime à la fin du Moyen âge - et l'inégalité de situation sous-entendue par cette allusion au risque de dépeuplement lié à l'existence d'un four banal à Villeneuve. Si ce four faisait fuir les habitants, c'est qu'ils pouvaient trouver mieux ailleurs, en l'occurrence, le droit de cuire chez eux. Précocité en Brie mais record battu en Lorraine (à notre connaissance) puisqu'en mai 1357 (le lendemain de la Saint-Luc), Geoffroy d'Apremont renonça au four banal auquel était tenue la communauté de Saint-Agnan en permettant à ses membres d'avoir chacun un four, à condition que chaque conduit lui payât un septier d'avoine par an[276]. Cette fois-ci, il ne s'agissait plus de simples petits fours à pâtisserie puisque le four

---

[275] CLAERR Thierry, *Restauration seigneuriale et contestation paysanne en Île de France à la fin du XV^e^ siècle*, art.cit.

[276] AD Meurthe-et-Moselle B 513.

seigneurial avait disparu, avec cette conséquence que les habitants étaient dès lors tenus de faire construire le leur, à leurs frais, en prenant sur l'espace domestique utile.

Il est difficile d'établir une chronologie précise de l'affranchissement du four banal, toutefois, le mouvement semble déjà amorcé, au XV^e siècle, aussi bien de la part du duc de Lorraine que de certains seigneurs. Vers 1475, le duc René donna la permission aux habitants de Badonviller d'avoir des fours dans leurs maisons[277], à raison de 2 f 2 d par ménage tandis qu'en 1489[278], l'ordre de Malte, dans sa commanderie de Virecourt, permit aux habitants de ce lieu de posséder des fours chez eux, contre un cens annuel (non connu). Il n'est bien sûr pas précisé s'il s'agissait là de véritables fours à pain, pas plus qu'il n'est explicitement déclaré qu'il devait s'agir de petits fours exclusivement réservés aux pâtisseries. Il semble toutefois que la forte dépression démographique de la fin du XVI^e siècle[279], qui pouvait inciter le duc et les seigneurs à libérer les droits des communautés pour en favoriser l'implantation et le développement, ait donné le coup d'envoi d'une véritable vague d'affranchissements de la banalité du four qui déferla tout au long du XVI^e siècle. En particulier le duc, par l'intermédiaire de la Chambre des Comptes de Lorraine, accorda largement ses franchises ; en 1505, les habitants d'Isches furent autorisés à avoir des fours en leurs maisons[280] ; en 1513-1514, ce furent ceux de Soulaucourt et Dammecourt qui obtinrent la permission de cuire le pain dans leurs fours personnels[281]. L'équivoque n'est cette fois-ci plus possible, comme elle ne l'est plus également dans le cas de Rombas et de Villers qui obtinrent, en 1572, l'exemption de la banalité des fours et des pressoirs ce qui entraîna, bien entendu, la permission d'user des fours et des pressoirs particuliers contre une redevance de 6 gros par conduit et 3 par demi-conduit[282]. La rente restait la même pour les habitants de Rocheranges[283] ; en 1572, elle monta à 14 gros pour ceux de Liouville et de Saint-Aignan[284] mais descendit à 4 gros seulement, en 1581, pour ceux de Pompey[285]. Dans ce cas précis, les termes de l'affranchissement se définissaient non seulement par le droit de cuire à domicile mais aussi par un rappel perpétuel à l'ancien droit de banalité. En 1591, on trouva un taux de

[277] AD Meurthe-et-Moselle B 724.
[278] AD Meurthe-et-Moselle H 3086.
[279] Au cours du XVI^e siècle, la Lorraine connaît une forte croissance de population, cet essor démographique se poursuit jusqu'en 1582-1585, puis décline jusqu'en 1597-1598 ; à la veille de la guerre de Trente ans, la lorraine a toutefois retrouvé ses niveaux de 1580. LAPERCHE-FOURNEL Marie-José, *La population du duché de Lorraine de 1580 à 1720*, op.cit., pp.67-68-74.
[280] AD Meurthe-et-Moselle B 9.
[281] AD Meurthe-et-Moselle B 4400.
[282] AD Moselle B 594.
[283] AD Moselle B 594.
[284] AD Meurthe-et-Moselle B 2329.
[285] AD Meurthe-et-Moselle B 2833.

redevance encore plus avantageux à Mansieulles, Mainville, Boinville et Mairy, communautés que le duc de Bar exempta de cuire aux fours banaux contre la promesse de payer 3 gros par conduit annuellement, 6 blancs à la Saint-Jean-Baptiste, 6 autres à Noël[286]. Si l'on parlait ici de petits fours, il s'agissait bien d'y cuire le pain, le grand four ne pouvait être que l'ancien four banal.

Le mouvement se poursuivit pendant le XVII$^{e}$ siècle, avant même les troubles de la guerre de Trente ans - il est vrai qu'elle vint tardivement en Lorraine[287]. En 1618, Louis de Guise, comte de Boulay[288], accorda aux habitants et communautés de Pagny, Arnaville et Vandelainville l'exception de la banalité des fours et du pressoir ; les habitants promirent de payer annuellement une somme de 200 f qu'on suppose répartie entre l'ensemble des conduits sans avoir la certitude que tous y étaient soumis par principe, qu'ils aient ou non bâti de four à pain. En certains lieux, l'affranchissement pouvait tenir à des raisons de géographie urbaine : en 1613, les faubourgs de Badonviller s'étendaient[289] et comme ceux qui y bâtissaient ne pouvaient cuire dans la ville, au four banal, qu'avec une grande incommodité, chacun d'eux fut autorisé par Messeigneurs à avoir un petit four en sa maison pour y cuire le pain, à charge de payer par an 12 gros et au fermier 6 gros, non compris les boulangers qui demeurèrent à leur ancien taux. Le nombre de ces fours était de treize conduits et demi, à 18 gros chacun, soit au total 20 f 3 gros. Pour les conduits de la ville propre de Badonviller, au nombre de trente et demi, la permission de cuire en leur maison leur avait été également donnée pour la même redevance de 18 gros.

Des raisons d'intérêts poussaient avant tout à ces affranchissements, nous l'avons déjà vu pour Thiaucourt, en voici une nouvelle preuve administrée pour Prény par la chambre des comptes de Lorraine dont le receveur reconnaissait l'incommodité d'établir des fours banaux, tant à la ville d'en haut qu'au bourg[290]. Considérant le plus grand profit qu'il pourrait tirer de fours particuliers, il invita les habitants à se redîmer de la servitude des fours banaux, au prix de 3 gros à la Saint-Jean et 3 gros à Noël ; néanmoins sous le bon plaisir de Monseigneur, ainsi qu'il appert dans le contrat de banalité des pressoirs au compte de l'année 1618, c'est-à-dire qu'on retrouve, comme pour le droit de marronage, une clause de révision des redevances, sinon de retour à l'ancienne situation. En ce sens, la coutume de Lorraine n'étant pas impérative[291], la banalité du four pouvait être négociée sans que la franchise

---

[286] AD Moselle B 898.

[287] La Lorraine entre dans le conflit en 1633 et jusqu'en 1661, date de la fin de la première occupation française. Une seconde occupation a lieu en 1671, une troisième en 1702. Cf. Guy CABOURDIN, *Les temps modernes*, op.cit.

[288] AD Moselle B 856.

[289] AD Meurthe-et-Moselle B 9082.

[290] AD Meurthe-et-Moselle B 8306.

[291] Elle n'était pas strictement applicable.

fût définitivement acquise ; l'une ou l'autre des parties pouvait demander un retour strict au droit coutumier. Le seigneur avait non seulement pouvoir de changer d'avis mais une simple reprise de fief pouvait encore suffire à lever les franchises. L'air du temps allait toutefois vers une libéralisation du droit de four, comme à Pompey dont les quatorze conduits payaient, en 1642, 4 gros l'an, cela depuis quelques années (car) il y avait un seigneur à la seigneurie de l'Avant-Garde (un nouveau seigneur) qui les avait dispensés du four banal[292]. Les plaids-annaux en tiendraient dès lors compte dans leurs ordonnances en allant, comme à Vennezey[293], jusqu'à marquer la différence entre la situation ancienne et la nouvelle par le rappel, répété tous les ans, au moins entre 1660 et 1779, qu'il y avait autrefois un four banal près de la chapelle Sainte-Catherine, possédée par l'ordre de Malte en sa commanderie de Cuite-Fève, où les familles étaient obligées de faire cuire leurs pâtes mais que, depuis sa ruine (par les malheurs de la guerre), elles les faisaient désormais cuire dans leurs maisons, moyennant une redevance de 2 gros.

Une rupture des liens séculiers entre le seigneur et la communauté était parfois nécessaire pour que le rapport de force tournât à la faveur de cette dernière, du moins pour que les habitudes se renversent. Au XVII^e^ siècle, après que le plus dur de la guerre de Trente ans fut passé, les communautés pouvaient d'autant mieux réclamer la franchise du four que le besoin de repeupler les avantageait dans leurs négociations avec les détenteurs des droits seigneuriaux. Le cas de la communauté de Mance est typique qui, le 10 février 1665, passa contrat devant un tabellion de Briey avec Simon Gaspard et Louis de la Falaise, écuyers, seigneurs du lieu, pour régler le sort du four banal qui se trouvait en nature de friches[294]. Jusqu'alors, tous les habitants de Mance étaient obligés d'y faire cuire leur pain, à peine de 5 francs d'amende. Comme les seigneurs de la Falaise étaient proches de faire rétablir ce four pour en tirer leur profit ordinaire, les parties comparantes convinrent que la place de ce four demeurerait comme avant, autrement dit, les sieurs de la Falaise la conserveraient dans leurs droits, franchises et privilèges, sans que la communauté et les habitants de Mance ne fussent plus tenus à la banalité du four pour y cuire leur pain, contre le paiement, annuellement et à perpétuité, de deux bichets de froment par ménage et d'un bichet par chaque veuve, au 27 octobre. Cette rente serait levée par le maire et les gens de la justice foncière du dit Mance ; en cas de refus, les habitants seraient amendables de 5 sols, de quoi ils seraient obligés et hypothéqués sur leurs biens meubles et immeubles. Ici, la franchise paraît irréversible puisque la redevance pour le droit de four domestique était déclarée perpétuelle ; les habitants de Mance gagnaient une réelle liberté de cuire sans que le seigneur

---

[292] AD Meurthe-et-Moselle B 2852.
[293] AD Meurthe-et-Moselle H 3142.
[294] AD Moselle 3 E 1004.

y perdît au change et comme il conservait la place du four, il pourrait en plus l'acenser comme cela c'était également produit à Thiaucourt.

Acensement est dans doute bien le mot convenable pour déterminer le statut juridique du four domestique, bien que la redevance ne fût pas précisément nommée comme telle et que cet acensement ne portât pas sur un fond mais sur un droit. Le seigneur ne possédait plus que la propriété éminente du sol sur lequel était sis l'ancien four banal, les nouveaux fours domestiques ne lui appartenaient pas et s'il avait conservé ses prérogatives et privilèges, c'était pour en perdre matériellement la possession. L'autre différence avec l'acensement foncier classique tenait au fait que celui-ci s'effectuait au bénéfice de la communauté et entraînait une obligation collective de changement de régime pour l'ensemble de ses membres. A Laneuveville-devant-Nancy et à Lupcourt[295], les habitants s'étaient, dès avant 1730, redîmés de la banalité des fours des chapitres de la collégiale Saint-Georges et de la primatiale de Nancy, pour une redevance annuelle de 5 gros et 8 deniers dus par chaque ménage au lendemain de Noël, sans qu'il fût précisé si tous les habitants payaient cette redevance, qu'ils bâtissent ou non un four chez eux. Par principe, quand la redevance du four banal était individuelle, elle n'était redevable que si l'on faisait usage du four.

Une idée se dégage toutefois de certains états de compte, c'est que la liberté de cuire était perçue comme opposée à la contrainte du four banal. En 1686, les trente conduits et demi de Badonviller payèrent une redevance pour la permission de cuire là où ils le voudraient[296], cela ne signifie pas qu'ils le feraient obligatoirement en leur domicile ; la redevance est ici perçue davantage comme un droit libératoire que comme un droit d'usage : on se trouvait libre de banalité sans être pour autant asservi à la cuisson chez soi. La nuance est importante étant donné que le four domestique entraînait des charges de construction, d'entretien et de fourniture en bois de chauffe. A Gondrecourt[297], la redevance considérait les deux aspects de la question puisqu'en 1728, le seigneur, comte de Ferray, touchait des droits seigneuriaux de chacun des habitants pour la permission d'avoir un four en sa maison (3 gros et les veuves 6 blancs), tandis que pour le rachat de la banalité de l'ancien four, chaque habitant faisant charrue entière devait au jour de Noël une quarte de froment, mesure de Bar, les manœuvres sans héritage et les veuves, deux bichets seulement. La redevance s'articulait donc de façon très dissociée entre un acensement pour chaque four domestique et un second droit de libération du four banal que chacun rachetait, four domestique ou non.

Le mouvement d'affranchissement du four banal se poursuivit tout au long du XVIII$^{e}$ siècle, cependant, des retards s'observent, ainsi, entre 1710 et

---

[295] AD Meurthe-et-Moselle G 770.
[296] AD Meurthe-et-Moselle B 9082.
[297] AD Meurthe-et-Moselle 1 E 40.

1730, les prieurs et religieux du monastère des dames pécheresses de Nancy agirent en appel contre les officiers et habitants de Saint-Nicolas (de Port), incidemment demandeur contre le fermier des fours banaux[298]. Comme la coutume édictait que le four banal se montrait de droit seigneurial et que le droit de banalité avait été accordé aux religieux par le duc Ferry, en 1295, chaque habitant de Saint-Nicolas payait de 30 à 40 sols la cuisson d'un résal de blé. La communauté et les bourgeois abandonnaient leurs objections à l'égard de la banalité et se contentaient de plaider qu'ils étaient en possession d'avoir des fours dans leurs maisons en payant, chacun, par année, 3 francs et 6 gros[299]. Petits fours à pâtisserie ou véritables fours à pain ? La requête entretient un certain flou et la confusion régnait dans cette seigneurie où l'enchérissement du prix du bois conduisit à celui du droit de cuire ; les Prêcheresses firent observer qu'une grande quantité des habitants ne cuisaient pas dans les fours banaux et qu'un grand nombre de portériens se seraient accoutumés à la franchise. Il est évident, qu'au XVIII$^e$ siècle, l'usage largement porté par la vague des franchises rendait contournables les dispositions d'une coutume devenues parfaitement exceptionnelles.

Une cartographie de l'affranchissement des fours n'est pas envisageable mais on peut proposer qu'il touchait une majorité de communautés lorraines ; les plans de Basse et Haute-Yutz présentent en 1746-1747, pour chaque maison, un four à pain à la rondeur éloquente[300] ; à Bisping, les maisons aujourd'hui conservées du XVIII$^e$ siècle possédaient leur four à pain, selon les inventaires après décès. Transformation d'un droit seigneurial en droit d'usage acquis par la communauté, la libération du four avantageait les deux parties grâce au transfert de redevances que représentait le remplacement du droit de banalité par l'acensement du four domestique. Le profit était supérieur pour le seigneur, lequel n'était plus astreint à l'entretien du four et à son chauffage ; pour la communauté, l'intérêt tenait, non dans le respect de ses droits collectifs, mais dans leur privatisation. C'est ainsi qu'un droit communautaire, comptant parmi les plus larges, a abouti au plus pur individualisme. Cette liberté avait un coût : celui d'une redevance personnelle, et deux servitudes : la construction et l'entretien d'un four et surtout, son alimentation en bois.

L'affranchissement du droit de four banal surprend en fin de compte par sa précocité, son ampleur et sa durée, également par son caractère inachevé. Sa disparité géographique est révélatrice des contrastes établis dans la gestion des seigneuries et des communautés. A la veille de la Révolution, le phénomène s'était à la fois amplifié et heurté à certaines résistances locales qui rendaient certainement compte de rapports de force très inégaux entre les seigneurs et les usagers des fours. Les franchises avaient été négociées au

[298] AD Meurthe-et-Moselle H 2715.
[299] AD Meurthe-et-Moselle H 2715.
[300] AD Moselle C 5.

cas par cas. Entre 1781 et 1782, le droit de four domestique de la recette de Void[301] se montrait disparate de village à village, tant sur le plan des redevances que sur celui du droit de cuire chez soi. A Void, le four banal existait encore, il était amodié pour neuf ans à trois personnes contre un canon de 153 #, 10 sols ; deux bourgeois devaient 2 #, 11 sols, 6 deniers pour la permission de cuire dans leur four ; le boulanger était taxé à 1 #, 15 sols, 3 deniers ; vingt-trois habitants l'étaient à 20 sols par personne qui composait le ménage pour cuire dans leur four. A Vacon, les fours étaient laissés aux habitants pour 2 gros, ce qui faisait, par conduit, 1 sol, 6 deniers mais s'agissait-il des fours banaux ou des fours domestiques ? A Bovée, le four banal subsistait sauf qu'une supplication des habitants leur avait permis de construire des fours particuliers, au plaisir de Messeigneurs, contre une mine de blé de four ou de froment payée par chaque conduit, entier ou non entier, au jour de la Saint-Martin d'hiver. A Ourches, c'était la même chose, le four banal existait depuis tous temps et les habitants avaient la permission de faire des fours particuliers au prix de 2 gros. A Troussey, le four banal était laissé aux habitants, jusqu'au bon plaisir de Messeigneurs, contre 2 gros et 8 deniers. Même situation à Pagney où le four banal était concédé aux habitants pour 3 gros, ainsi qu'à Trondes. A Villey-Saint-Etienne, il existait un four banal mais la supplique des habitants conduisit Messeigneurs, par une lettre du 20 avril 1474, à les autoriser à faire four jusqu'à leur bon plaisir, chaque conduit entier payant sans exception une mine de froment au cloître. Ce texte suppose que l'inégalité de traitement entre les différentes communautés d'un même ressort seigneurial ne venait que de leur intention déclarée de se délivrer, ou non, de la banalité du four ; en vérité, l'affranchissement n'était pas complet, bien souvent, le four était resté en place et les deux régimes fonctionnaient conjointement. Au mieux, était-ce la communauté qui gérait désormais le four seigneurial, un droit non acquis qui pouvait être remis en cause par le seigneur dont le bon plaisir ne s'éteindra que la nuit du 4 août 1789.

[301] AD Meurthe-et-Moselle C 1381.

## 6e chapitre

# Les réactions collectives devant l'incendie

### 6.1, la prévention des risques.

Le plus grand risque que couraient les ruraux, après les faits de guerre, était l'incendie qui reste aujourd'hui encore un fléau redouté dans les campagnes. On comprend les mesures de police draconiennes prises et apparemment très observées, encore au XIXe siècle. Elles consistèrent d'abord à lutter contre les constructions vulnérables au feu ou considérés ainsi, en particulier, les maisons en pan de bois. En 1742, les chanoines de Saint-Gengoult furent de la sorte contraints de reconstruire plusieurs maisons bâties en bois dans la ville de Toul, qu'ils avaient été obligés de faire démolir en exécution des ordonnances de police[302]. Il se peut également que l'habitude de crépir entièrement les colombages au mortier de plâtre - un matériau encore présent à Bisping au début des années 1980[303] - soit venue d'un besoin de protection plus grand contre le feu qui pourtant prend mal sur les ossatures en chêne[304]. Le chaume était lui-même considéré comme le matériau combustible par excellence, ce qui explique en grande partie la volonté de l'éradiquer dès le XVIIIe siècle. En 1779, le seigneur de Joudreville, président à mortier honoraire du parlement de Metz, désireux d'éviter les incendies, avait engagé deux laboureurs de la communauté, possédant chacun une maison couverte de paille dans les deux rues principales du village, à les faire couvrir de tuile[305] ; il leur promit même d'avancer l'argent nécessaire pour la tuile et la main-d'œuvre, mais comme les charpentes qui portaient la toiture de paille n'étaient pas assez fortes, tous deux avaient fait établir un devis pour les bois nécessaires. L'opération s'accomplit presque avec cérémonie, en présence de deux charpentiers, accompagnés des maire, syndics et gens de justice du lieu, le seigneur se chargeant lui-même d'adresser la requête de fourniture de bois. Par cet exemple, il ne pouvait échapper à personne que ces deux chaumières risquaient de communiquer l'incendie à toutes les maisons de la rue.

---

302 AN Q1 732.

303 En particulier, les maisons cadastrées G 265 et G 269.

304 Bien sûr, il est difficile de savoir si l'enduit au plâtre est contemporain de la construction de la maison et si ce revêtement a un sens plus protecteur que décoratif. En vérité, un pan de bois - chêne et torchis - est peu combustible, le risque de sinistre tient certainement davantage à la présence de fourrage et de paille dans les greniers.

305 AD Moselle B 10215.

Si la disparition du chaume représentait une condition nécessaire à la réduction des incendies, elle n'était toutefois pas suffisante puisqu'on observe de violents incendies, particulièrement dans l'actuel département de la Meuse, dans un domaine d'habitat construit en pierre et couvert de tuiles[306]. Il est vrai que les denrées contenues par les maisons, en particulier le fourrage, attisaient le feu autant que les matériaux de structure.

L'autre moyen d'espérer réduire les incendies a consisté en visites régulières, effectuées en principe deux fois par an, à la diligence du maire et des gens de justice des communautés. Conformément à l'ordonnance de police du 10 janvier 1704[307], chaque occupant devait ouvrir sa porte à l'inspection de ses four, cheminée et lanternes, contrainte à laquelle s'ajouta, le 1er juillet 1719[308], une ordonnance imposant la démolition des fours construits dans les chambres, les greniers, les écuries et les granges, ainsi que de tous les âtres et foyers dangereux risquant de provoquer des incendies, les fours devant être en plus construits sur la terre ou sur les voûtes de caves. En 1721, une troisième ordonnance fixa à 5 francs le taux de l'amende infligée à ceux qui fréquentaient les écuries et les granges sans lanterne, c'est-à-dire, avec une flamme nue ; ordre était donné à tout le monde de se fournir en lanternes[309]. Le 22 novembre 1728, une quatrième ordonnance détermina que le maire devait être accompagné de deux habitants pour faire ses visites, qu'il était de son pouvoir d'abattre les fours et les cheminées mal construits[310]. En plus, défense était faite de sécher le chanvre ou le lin sur les courbes des cheminées (on peut penser qu'il s'agit des consoles qui portent le linteau), de tiller (le chanvre) devant ou dedans les maisons ou d'y répandre les pailles. En cas de contravention à ces règles (défaut de lanterne ou tillage de chanvre), les sinistrés n'auraient droit à aucun secours d'aumône ; les permissions de quêter seraient par ailleurs restreintes au bailliage où l'incendie s'était produit.

La quête représentait une forme d'appel à la charité publique qui entrait dans le cadre de pratiques assez courantes, pour divers motifs, par exemple, à la suite de la destruction de loups[311]. Ce droit de quêter à l'extérieur de la paroisse peut se justifier par le fait que la perte était trop élevée pour rendre l'ensemble d'une paroisse solidaire, cela d'autant plus que le sinistre, au sein d'un même village, pouvait être largement collectif. De possibles abus conduisirent les statuts synodaux de Toul à exiger des certificats avant qu'on ne finisse, écrit Guy Cabourdin, par organiser deux quêtes par an, lors de la

---

306 CABOURDIN Guy, *La vie quotidienne en Lorraine aux XVII^e^ et XVIII^e^ siècle*, op.cit., p.162.

307 Recueil des édits et ordonnances de Lorraine, t.1, p.407.

308 Recueil des édits et ordonnances de Lorraine, t.2, p.275.

309 Recueil des édits et ordonnances de Lorraine, t.2, p.519.

310 Recueil des édits et ordonnances de Lorraine, t.3, p.307.

311 Cf. CHAUVET Jean-Yves, *Les loups en Lorraine*, op.cit.

quinzaine de Pâques et d'octobre à la Toussaint[312]. S'agissait-il dès lors de rassembler préventivement des réserves financières sous forme d'une caisse d'assurance incendie avant la lettre ?

Les visites de maisons jouaient dans le cadre des contraintes communautaires exercées par la justice seigneuriale, elles possédaient non seulement un caractère coercitif mais les rapports en désobéissance étaient encore publiquement présentés lors des plaids-annaux. L'urbanisation particulière du village lorrain faisait que la communauté entière était en droit de connaître les risques que pouvait lui faire courir la négligence éventuelle de ses membres. Ces visites répondaient à des normes de surveillance établies par les règlements de police que pouvaient orienter les façons locales de construire. On proscrivit, par exemple, les cheminées en bois mais, depuis le XVIII^e^ siècle au moins, les cheminées lorraines étaient en pierre, à l'exception des cheminées « chauffant au large »[313] des maisons en pan de bois de l'est mosellan. Les fours construits en bois étaient de même interdits, les conduits devaient être propres de suie et les lanternes se montrer en bon état de fonctionnement, c'est-à-dire, bien closes. On s'inquiétait également de l'ordre et de la propreté du cadre domestique en recherchant les tisons qui pourraient traîner ; on s'assurait encore qu'aucune matière combustible ne se trouvait à proximité des foyers.

En 1789, à Moyéville (Meuse), les visites s'effectuèrent en présence de deux experts - un maçon et un charpentier - invités à constater le bon état des structures[314]. Les maisons furent inspectées de fond en comble, bien au-delà des foyers. C'est ainsi qu'on découvrit, dans un grenier, un lit de paille proche de six pouces du tuyau de cheminée ; ailleurs, de la paille traînait au-dessus et à côté de l'escalier de bois qui servait à monter au grenier, tandis qu'une grosse planche dépassait dangereusement au-dessus de la bouche du four et que cette planche, léchée par la flamme, était déjà par endroits à l'état de charbon. Dans le même grenier, un tas de grain non battu (la balle est très combustible) se trouvait à peine éloigné de trois pouces de la cheminée, tandis que, dans une chambre, un tonneau de cendres côtoyait un bois de lit rempli de chanvre non tillé. Les conseils et les amendes tombèrent donc, de même que les injonctions à faire réparer, au besoin par voie de justice.

Ce n'était pas la première fois ; en octobre 1767, le chef de police du marquisat de Moyéville avait déjà soumis au procureur fiscal les cas de neuf habitants, en vue de les faire condamner à 25 f d'amende, en raison de l'état de leurs fours et cheminées et de l'emplacement des matières combustibles[315]. Il demanda que, si les réparations n'étaient pas accomplies

---

[312] CABOURDIN Guy, *La vie quotidienne en Lorraine aux XVII^e^ et XVIII^e^ siècle*, op.cit., p.162.

[313] Tel qu'également les cheminées à tué du haut Doubs et les cheminées sarrasines de Bresse, très largement ouvertes en plafond, dont le manteau est pratiquement inexistant.

[314] AD Meuse B 156.

[315] AD Meuse B 132.

dans le temps qu'il plairait au procureur de fixer, la seigneurie pût se permettre de les faire exécuter à leurs frais (ceux des contrevenants). Les délais demandés étaient courts, huit jours pour de mauvaises cheminées et de mauvais fours, sous peine de 20 f d'amende, trois jours seulement pour réparer un four auquel il manquait trois carreaux. Pour cette cheminée mal conçue, la sortie de la fumée devrait être tournée vers le levant (donc à l'est, protégée des vents d'ouest dominants) ; les cheminées en bois seraient toutes reconstruites de chaux et de sable, de bas en haut, c'est-à-dire qu'elles seraient entièrement faites en pierre ; l'éternelle opposition entre le bois et la pierre tournait toujours en faveur de celle-ci.

### 6.2, la solidarité face au sinistre.

Malheureusement, les rites de protection et les ordonnances de police n'empêchaient pas les incendies ; quand ils survenaient, l'aide et la solidarité s'organisaient, dans une certaine limite. Le cas de Badonviller, en 1779, illustre bien les efforts d'une communauté, soutenue par la subdélégation, pour aider au mieux les sinistrés[316]. Le feu s'était déclaré sans qu'on ne sût comment, dans la nuit du 2 au 3 janvier ; les treize ménages sinistrés (pour neuf maisons détruites, certains ménages étaient cohabitants) affichèrent des pertes en bâtiments, en grains, meubles, bestiaux et fourrages. La communauté solidaire délibéra sur la façon d'employer les secours au profit de ceux qui avaient eu le malheur d'être incendiés en perdant maison et meubles ; en plus, elle fit une estimation chiffrée, considérant que Louis Fournier avait subi 5 000 # de perte ; Florentin Voisin, 5 000 # ; Christophe Soleil et son beau-père, 1 000 # ; Anne Chalmoncé, 2 000 # ; François Chevel, 2 000 # ; Dominique Jardin et Catherine Chaufour, sa belle-mère, 3 000 # ; enfin le locataire Fournier, qui ne risquait que ses meubles, avait perdu 100 #. Qualifiées de pauvres, ces personnes ne disposaient plus d'autres asiles que les toits de quelques habitants charitables. La communauté se sentit solidaire dans cette épreuve puisqu'elle demanda, pour elle-même, une décharge de la capitation et d'autres impositions de même que l'exemption de tous les travaux et corvées publiques, à condition que l'équivalent des sommes dont chacun serait ainsi libéré fût employé au rétablissement des maisons détruites ; elle souhaita en plus que les laboureurs et les manouvriers convertissent leur douze jours de corvées et d'astreinte aux travaux publics en temps de triages de pierres, de coupe de bois et de transport de ces matériaux sur les chantiers de reconstruction, sous la surveillance du syndic royal ; elle demanda enfin qu'une part de ce temps fût prise de manière anticipée pour le déblaiement des lieux incendiés. Pour le bois, usant de son droit de marronage, la communauté supplia les officiers

[316] AD Meuse C 176.

(de la maîtrise) de bien vouloir en marquer la quantité et la qualité suffisantes. L'estimation des besoins en matériaux de construction s'éleva à 900-1000 toises carrées de maçonnerie, 1 050 toises superficielles (certainement carrées) de couverture, 83 000 ou 84 000 tuiles (entre 6 000 et 18 000 par maison). La reconstruction coûta un total de 18 000 #, somme sur laquelle un arrêté du conseil de l'intendance, en date du 7 septembre 1779, octroya une subvention globale de 2 000 # pour des parts personnelles variant entre 213,15 # et 357,14 #. Cette aide ne fut toutefois pas réglée avant le 1er avril 1780, ce qui obligea les tuiliers fournisseurs à faire crédit aux sinistrés, lesquels se virent imposer la condition désormais classique de couvrir en tuiles. Etait-ce par principe ou bien le chaume se trouvait-il toujours employé dans le secteur de Badonviller ?

L'exemption de corvée était de règle en cas d'incendie, elle pouvait même être individuelle comme le montre le cas de Christophe Charles, laboureur de Frédeau[317]. En 1786, il adressa une requête à l'intendance, sous couvert du maire, des échevins et notables du lieu, en raison de la chute de sa maison à la suite d'un incendie. Le subdélégué de Dun fut averti de ce que la ruine entière de cette maison mettait ce particulier dans le cas d'employer tout son temps et celui de ses chevaux à conduire des charrois nécessaires pour la reconstruire. Il fut exempté de corvée, lui, ses enfants et ses domestiques, ses chevaux et ses bêtes de somme ; la tâche qui aurait dû lui incomber serait répartie pour l'année entre les membres de la communauté.

La décharge de contributions représentait un autre avantage accordé aux sinistrés, individuellement ou collectivement : en 1788, quatre particuliers de Rigny-la-Salle défendirent une demande d'exemption devant la commission intermédiaire de la Province de Champagne, non seulement pour l'année 1788 (l'incendie était survenu le 8 novembre 1787) mais aussi pour 1789 ; cette requête fut acceptée. Quant à la fourniture de bois de reconstruction en cas d'incendie, elle présentait cette originalité, avec le droit de marronage ordinaire, qu'elle était gratuite, un privilège confirmé par un arrêt de la cour du 14 juin 1748. On transgressait également les règles de cantonnement des affouages en autorisant les intéressés à se fournir ailleurs que dans les lieux accoutumés de leur communauté. Le 13 avril 1714, Jean Horde, de Bouzonville[318], avait besoin de quarante chevrons de bois blanc pour rétablir sa maison incendiée ; comme la forêt de Bouzonville n'y pourvoyait pas, il irait les prendre dans celle de Bibiche, à condition de les couper dans les endroits les moins dommageables, au prix de 3 f le chariot de lattes et de 2 gros chaque chevron. En vérité, ce droit d'usage n'entrait plus exactement dans le cadre du droit de marronage ordinaire, on pourrait le considérer comme un droit de secours accordé par la gruerie.

---

[317] AD Meuse C 219.
[318] AD Moselle B 10170.

La délivrance d'arbres pour réparer les dégâts d'un incendie prenait toujours un caractère exceptionnel en raison du surcroît de troncs qu'elle représentait. Il est arrivé, dans les cas extrêmes, que la reconstruction consécutive à un incendie s'apparente presque à une construction *ex nihilo*, or, les arbres manquaient. Le contrôle assez étroit du droit de marronage permettait dans ces cas d'aller au-delà des intérêts propres des communautés en répartissant la charge des prélèvements. En 1721, les habitants incendiés d'Anderny prirent cinquante arbres dans les taillis de la gruerie de Sancy et soixante-dix autres dans ceux de la communauté de Serrouville[319]. Les maîtrises opéraient avec le même esprit de répartition : en 1779, les forestiers de la maîtrise de Briey[320], qui incluait l'ancienne gruerie de Sancy, distribuèrent sur sept communautés les quatre-vingt-sept arbres à prendre par treize particuliers incendiés de Ranguevaux, compte tenu du fait qu'ils avaient par ailleurs prélevé soixante-trois arbres sur leur propres ressources.

### 6.3, la fréquence et la gravité des incendies.

Il est possible, grâce aux rôles de la subvention, en l'espèce ceux de l'ancien duché de Bar[321], sensiblement équivalent en importance à l'actuel département de la Meuse - un total de 625 paroisses -, d'estimer les risques d'incendie. Ceux-ci comptaient en effet parmi les cas d'exception ou de réduction de l'imposition, au même titre que les pertes de chevaux, les dégâts dus aux orages, les passages de troupes, la vente de bestiaux, les maladies épidémiques, la stérilité (des cultures), la construction de bâtiments ou de maisons et les fratries de dix enfants et plus. Ces rôles donnent une certaine idée de la fréquence des incendies dont les effets dévastateurs étaient aggravés par la mitoyenneté des maisons, lesquelles brûlaient souvent par série sans distinction de classe, désespérant laboureurs, manouvriers et veuves. Ces sinistres pouvaient même prendre un caractère de véritable catastrophe sociale : en 1779, neuf laboureurs et vingt-neuf manouvriers furent incendiés à Blévaincourt et durent quitter ce village. La faiblesse de cette méthode statistique tient au fait que les exemptions de cotisations étaient souvent reconduites une, voire deux années de suite ; en supprimant donc de notre calcul les situations répétitives sur plusieurs années consécutives, nous obtenons, pour les périodes 1752/1755, puis 1768/1789, une fourchette ouverte entre un et dix-sept incendies par an pour l'ensemble du duché, avec une médiane située le plus fréquemment autour de huit à dix sinistres par année, soit une moyenne de neuf, correspondant à un risque de l'ordre de 1,44 %. Une même paroisse ne courait un risque moyen d'incendie

---

319 AD Moselle B 10216.
320 AD Moselle B 10427, B 10428.
321 AD Meuse B 448.

que tous les 144 ans, ce qui nous rapprocherait de la fréquence centennale aujourd'hui reconnue pour un certain nombre de catastrophes naturelles hors normes comme les crues du lit majeur d'un cours d'eau. Des circonstances climatiques exceptionnelles ont pu être la cause de ces sinistres majeurs, des orages, par exemple, suggère Guy Cabourdin pour expliquer le nombre de dix-neuf localités, touchées le 23 mars 1789 dans le pays de Blois[322].

Ces chiffres peuvent être sous-évalués. Pour Bisping, d'autres sources (actes notariés) révèlent une fréquence d'incendies nettement plus élevée : en 1716, brûla la maison de cure ; en 1748, les bâtiments de la maison franche partirent en fumée ; en 1754, André Vilt se trouva sinistré, puis Paul Malgras en 1755, Laurent Simon en 1758, Jean Baptiste Vélic, François Aquerbach et la veuve de Michel Aquerbach en 1788[323]. Ce risque supérieur vient-il du mode de construction en pan de bois et des toitures en chaume sans doute plus nombreuses ? L'appareillage « chêne/torchis » est difficilement combustible, cette essence d'arbre se calcine en surface sans faire de flammes et le torchis est ininflammable. Et pourtant, en 1776 et en 1777, deux incendies ravagèrent le village, à chaque fois à partir d'un seul foyer, détruisant le tiers des maisons. Pour éviter le renouvellement de catastrophes pareilles, il était difficile de faire plus que les traditionnelles visites domiciliaires sauf qu'elles seraient désormais effectuées par un maçon et un charpentier assermentés. Ils procédèrent à un véritable contrôle technique des maisons afin de ne pas limiter les prises de risque aux abords des foyers. Les circonstances entraînèrent une action d'éradication du chaume encore plus forte. En 1780, Thomas Pano habitait une « baraque », ou plutôt des débris de baraque, couverte de chaume et tellement insalubre qu'il ne pouvait en résulter qu'un incendie ; l'assemblée des plaids-annaux ordonna donc sa démolition pour « *faire cesser les craintes, inquiétudes et plaintes des habitants* », à moins que l'intéressé ne préférât la faire reconstruire plus solidement et, dans le cas où il recouvrirait en tuiles, il jouirait des avantages de l'ordonnance de l'intendant de Lorraine du 18 août 1779[324].

Les incendies de Bisping de 1776 et 1777 n'ont pas engendré de victimes directes à l'exception d'un enfant touché dans son berceau dans la maison où le feu s'était déclaré. Les séquelles ont pu se déclarer après coup, dès l'automne, en raison des conditions d'insalubrité que représentaient des foyers certainement atteints dans leur confort ordinaire ; elles pourraient expliquer la plus forte mortalité juvénile de l'automne 1776. Entre le début juin et la fin août de cette année-là, huit enfants périrent, seulement quatre d'entre eux vivaient dans l'une des maisons incendiées ; à partir de début septembre et jusqu'à la fin de l'année, onze décès d'enfants sont survenus qui,

---

322 CABOURDIN Guy, *La vie quotidienne en Lorraine aux XVIII^e et XIX^e siècle*, op.cit., p.162.
323 AD Meurthe-et-Moselle Bj 10466.
324 AD Meurthe-et-Moselle Bj 9879.

tous provenaient de ces maisons. Pour les familles sinistrées, les pertes matérielles furent considérables, sinon totales, puisque les foyers renfermaient l'ensemble de leurs biens. De même, Louis Pierson vit sacrifier ses récoltes : avoines, orges, faverottes, foins et autres pailles, ainsi qu'une partie de ses bestiaux, de ses meubles et instruments ; chez Antoine Petitjean, seul le petit mobilier aurait apparemment souffert de l'incendie ; Jean Pléneurt n'avait perdu qu'un hallier où était rangé un char, une charrue, ses herses et les autres attirails de labour, une partie de ses meubles seulement avait été brûlée mais les autres s'étaient cassés lorsqu'on avait voulu les sauver de sa maison, voisine de celle où l'incendie avait pris ; Simon Alix ne possédait plus que deux bœufs, quelques harnais et une part de ses meubles, sa maison avait disparu en entier. Même la bergerie et la maison de berger dépendant du fief étaient parties en cendres. Pour les locataires, le droit au logement pouvait être aliéné, au moins douze d'entre eux avaient vu brûler tout ou partie de leurs meubles dans les maisons qu'ils habitaient[325]. La solidarité de la communauté, et surtout celle de l'Intendance, permirent sans doute à la quarantaine de familles sinistrées de sortir de leurs décombres, la ruine était pourtant certaine pour ceux qui n'avaient pas les ressources de se reconstruire. Pour quelques-uns, ce fut rapide : Louis Pierson, greffier, avait déjà relevé en partie sa maison en 1777 ; pour d'autres, l'exil se montra plus ou moins long parce qu'il ne se trouvait pas de logements disponibles sur place : Georges Haguen, dont la maison, la boutique de maréchal-ferrant et les meubles avaient disparu, trouva refuge à Berthelming où il demeurait toujours en 1778 ; Jean Nicolas Colin s'était replié chez son beau-père, à Angviller ; n'ayant pas d'habitation, la veuve de François Muraille était allée loin, à Saint-Nicolas, chez son fils. Si la charité publique aidait à déblayer le lieu du sinistre, elle n'allait donc pas jusqu'à conduire chacun à retrouver rapidement son état : elle permettait de se retirer de ses braises, pas de renaître de ses cendres.

[325] AD Meurthe-et-Moselle Bj 9879 et Bj 10466.

## 7e chapitre

# L'éradication du chaume dans l'ancienne Moselle[326]

### 7.1, les conditions de mise en œuvre du chaume.

Le terme de chaume s'applique de façon générique à l'ensemble des matériaux de couverture d'origine végétale, à l'exception des tuiles de bois ; il peut donc aussi bien désigner la paille de seigle ou de blé, que le roseau ou la brande : genêt, fougère, bruyère[327]. Dans l'est de la France, le chaume était essentiellement à base de blé (le gluau). Sous-produit de la céréaliculture, le chaume de paille était gratuit, sa destination le conduisait naturellement à la couverture des toits sauf qu'il présentait trois inconvénients : sa fragilité, son caractère inflammable et son image dévalorisée par le développement des tuileries à partir du milieu du XVIIIe siècle. Sa présence s'était également trouvée réduite par des besoins croissants en matière de confort d'habitat et par la production de matériaux plus performants, bien que plus onéreux. Il est donc arrivé que le chaume paraisse financièrement et matériellement inaccessible lorsque sa culture était rare et qu'il se trouvait en concurrence avec d'autres matériaux plus naturels comme le bois. Ce fut cette logique que défendirent les habitants de Gérardmer, en 1770[328], auxquels un arrêt du conseil du duc Stanislas, en date du 10 mars 1764, avait interdit de prendre le bois nécessaire à couvrir. Or, leur économie de montagne était fondée sur l'élevage en forêt et leur terre rocheuse et acide n'offrait d'autre matériau possible que l'essie pour la couverture de leurs maisons ; puisqu'ils ne moissonnaient pas, ils n'avaient ni chaume ni paille. Certains abus avaient poussé l'administration ducale à limiter le droit de marronage à la construction et à l'entretien des maisons, à l'exception des couvertures et, comme il fallait aller chercher loin le chaume ou la paille - au prix fort -, les Géromois risquaient d'être contraints au départ. En plus, le chaume les exposait à des incendies plus fréquents et s'ils devaient recourir à des matières plus robustes, leurs maisons exigeraient une charpente plus solide, ce qui les conduirait à des dépenses ruineuses. Les demandeurs obtinrent gain de cause, l'intendant finit par admettre qu'il ne poussait que très peu de grains sur le finage de Gérardmer, que les habitants n'avaient point de paille tandis qu'ils avaient à portée de main les bois propres à couvrir les bâtiments.

---

[326] Avant le redécoupage des départements de la Moselle et de la Meurthe, en 1871, aboutissant aux nouveaux départements de la Moselle et de la Meurthe-et-Moselle.
[327] Cf. CHAUVET Jean-Yves, « *Les toits des pays de France* », op.cit.
[328] AN 4 Q1 1642.

L'ordonnance fut donc levée à la réserve que les abus fussent limités, ce qui restait encore à voir.

Entre le nord mosellan et la montagne vosgienne, le rejet du chaume s'appuyait donc sur des raisons différentes, voire opposées puisque, dans le nord lorrain, elles venaient de la concurrence de matériaux techniquement plus performants tandis que, dans le sud montagneux, elles étaient au contraire dues à des conditions agricoles. Dans le premier cas, on abandonnait la gratuité du matériau pour investir dans un produit onéreux ; dans le second, on préférait recourir à cette gratuité pour éviter l'emploi d'un matériau plus cher, ici, alors qu'il était gratuit, ailleurs. Or, les deux terrains étaient presque contemporains puisque la requête des Géromois intervint à la fin du XVIII$^{e}$ siècle, quelques années à peine avant que ne fussent promulgués les premiers décrets d'interdiction de l'emploi du chaume.

Pourquoi le chaume se serait longtemps maintenu dans le Pays-Haut mosellan et meurthe-et-mosellan, tandis que la tuile creuse aurait été utilisée très précocement en Lorraine centrale, bien avant la régression du chaume dans l'ensemble des campagnes françaises ? En 1687, le secrétaire du duc de Bouillon, qui commandait l'expédition des reîtres envoyée par l'Electeur du Palatinat au secours du roi de Navarre, s'étonnait qu'entre Blamont et Vaucouleurs, toutes les maisons étaient construites en pierre et couvertes de tuiles[329]. L'observation n'est pas anodine, les chefs de cette armée protestante avaient d'autres soucis que celui de s'intéresser aux maisons ; il fallait que le détail fût frappant ! Un emploi aussi précoce de la tuile creuse en Lorraine est sans doute à rapprocher de sa présence assez inattendue au nord de la France, dans le domaine de prédilection de la tuile plate bourguignonne. Les géographes appellent justement « îlot lorrain de la tuile creuse » cet îlot assez important qui couvre les deux tiers occidentaux de l'actuel département de la Moselle, tout le reste de la Lorraine, se poursuit, au nord, en Gaume belge et dans le Luxembourg, s'étend à l'ouest jusqu'à la Thiérache ardennaise et à la Brie champenoise, intéresse les deux tiers septentrionaux du département de la Haute-Marne puis suit, au sud, la frontière entre la Lorraine et la Franche Comté[330].

La morphologie de la maison lorraine traditionnelle, jointive et très profonde, paraît expliquer l'abandon précoce du chaume au profit des tuiles, du moins certains auteurs tendent à penser que le chaume a régressé quand les maisons sont devenues jointives - cela reste à prouver[331]. Guy Cabourdin suggère qu'avec l'allongement des maisons, entre la fin du XVII$^{e}$ et le début du XVIII$^{e}$, le bois rare avait poussé les habitants à abandonner les essins au

---

[329] Cf. CHATTON Edmond, *Itinéraire des reîtres en Lorraine sous la conduite du Duc de Bouillon, en 1587*, art.cit.

[330] CHAUVET Jean-Yves, résultat d'observations de terrain inédites.

[331] GERARD Claude, PELTRE Jean, *Les villages lorrains*, op.cit., p.67 ; HUSSON Jean-Pierre, *La forêt lorraine*, op.cit., p.255.

profit des tuiles[332] ; il cite l'exemple de la communauté de Colombey (les-Belles) qui prit à bail la tuilerie locale en 1615. Or, ce bourg se trouve précisément dans le secteur dévasté par les reîtres en septembre 1587 où l'habitat est décrit comme largement couvert de tuiles.

La nature des matériaux de couverture n'en reste pas moins liée à la pente des toits. Des maisons développées en pignon ne peuvent avoir qu'un toit de faible pente, ce serait autrement entraîner la création de charpentes de haut gabarit, techniquement difficiles et coûteuses à construire. Un toit de faible pente ne peut être couvert que de bois ou de tuile et non de chaume ; les toitures des chaumières sont à forte inclinaison pour que la pluie coule rapidement et que le vent ne retrousse pas les gerbes. Avec les toits lorrains, la pluie se serait infiltrée à travers le végétal. Jacques Callot jette pourtant le doute, montrant que certains villages lorrains, au XVII$^{e}$ siècle, pouvaient être couverts de chaume malgré des toits faiblement pentus[333] ; il présente en particulier deux gravures, extraite, l'une, « *Des misères de la guerre* », et intitulée, l'autre, « *La foire à Gondreville* »[334]. La première gravure illustre des toits partagés entre de la tuile canal visiblement en bon état et du chaume nettement plus relâché ; la seconde paraît présenter des toitures dans l'ensemble faites de chaume. Le trait supposé du graveur ne fait qu'obscurcir le débat puisque Callot dessine des chaumières techniquement inconcevables dans un secteur où certains témoignages font état d'un usage déjà universel de la tuile[335]. On est donc en droit de se demander s'il n'existe pas, en Lorraine centrale, entre le chaume et la tuile, le même rapport qu'entre la masure et la maison, le chaume représentant un matériau de substitution dans les temps de troubles.

---

[332] CABOURDIN Guy, *Paysans d'autrefois*, op.cit., p.127, et *Villages et maisons rurales au début des temps modernes*, op.cit., p.80.

[333] Du moins, le trait le laisse-t-il penser par comparaison avec le graphisme utilité pour les tuiles creuses. Tous ces toits semblent toutefois bien couverts de tuiles.

[334] CABOURDIN Guy, *Jacques Callot, graveur lorrain*, art.cit.

[335] Puisqu'en principe, le toit à pente assez faible de la maison lorraine n'est techniquement pas adapté à la présence du chaume.

## 7.2, les arrêtés préfectoraux du XIX$^{e}$ siècle.

La volonté de substituer la tuile au chaume remonte au moins à l'époque à partir de laquelle ces deux matériaux se trouvaient respectivement désignés dans les actes notariés. Cela veut dire que les notaires et les tabellions, quand ce n'étaient pas les contractants eux-mêmes, accordaient une certaine importance au fait d'exprimer que la maison était couverte soit en chaume, soit en tuile. Pour autant, la situation est restée assez partagée pendant le XVIII$^{e}$ siècle sur l'aire d'extension du chaume aujourd'hui reconnue ; on peut imaginer qu'un village comme Bisping a connu un usage assez équitable de ces deux matériaux vers les années 1730, et l'on peut supposer que le rapport entre le chaume et la tuile a évolué en faveur de la dernière tout au long du siècle. Bien sûr, il est des cas de reconstruction en paille encore au début du XIX$^{e}$ siècle, pour des bâtiments de second ordre toutefois, comme la maison du pâtre de Cappel, restaurée entre 1821 et 1822[336].

L'effort de réduction du chaume a toutefois été précoce sans être coercitif : on prenait le temps d'accompagner cette évolution naturelle, seulement lorsque l'obligeaient certaines circonstances d'urbanisme. Par exemple, en 1733, la communauté de Conthil procéda à l'acensement d'une place à bâtir, à l'endroit le plus avantageux du village, toutefois, le postulant y mettrait une maison solide, pour que cet habitat ne soit pas provisoire, mais couverte de tuiles, pour qu'il soit sécurisé[337]. Autre méthode douce, la maîtrise de Briey conditionna, à la fin du XVIII$^{e}$ siècle, la délivrance de bois de marronage à l'usage de tuiles. Les résistances furent toutefois nombreuses : dans l'office de Sierck, les habitants s'opposèrent à la construction d'une tuilerie et refusèrent d'utiliser les produits de celle de Sainte-Marguerite[338]. Il y avait loin entre le désir de réglementer et les effets de la réglementation : à Luxembourg, un décret d'interdiction pris dans le milieu du XVI$^{e}$ siècle, à la suite d'un incendie dans la ville haute, ne fut mis en exécution qu'à la fin du même siècle et il fallut, en Moselle, au XIX$^{e}$ siècle, toute la force de conviction de l'administration préfectorale pour que l'on parvienne enfin à abandonner un matériau ponctuellement utilisé jusque vers les années 1880.

Ce fut pendant la Révolution que s'affirma en Moselle la volonté « *d'obvier* » au grand inconvénient que représentaient les toitures en chaume à cause des risques d'incendie, aggravés en Lorraine par la mitoyenneté des maisons. Mais les premiers efforts d'une politique d'éradication du chaume furent peu gratifiants, un premier arrêté préfectoral de 1818, pris tardivement à la suite des lois du 22 décembre 1789 et du 24 août 1790, resta même sans suites[339]. Un second arrêté, du 18 janvier 1840, fut nécessaire pour que

---

[336] AD Moselle 2 Op 189, 190, 191.

[337] AN Q1 714.

[338] CHOUX Jacques, *Les toitures des maisons lorraines*, art.cit.

[339] AD Moselle 121 M2 bis.

débutât une véritable politique d'éradication du chaume en vue de réduire le grand nombre d'incendies qui frappaient « *chaque année quantité de familles à cause de l'existence de couvertures en chaume ou en esselin* ». Or, le chaume restait un matériau prisé par les populations bien que le département comptât un grand nombre de tuileries et qu'il fût possible de se procurer, à faible prix, des ardoises des Ardennes et du pays de Trêves. En conséquence, les propriétaires ou usufruitiers qui construisaient, reconstruisaient ou surélevaient des toitures sur des maisons d'habitation et des bâtiments agricoles, dans les villes, bourgs et villages du département, avaient l'interdiction de faire usage d'autres matériaux que les tuiles creuses et plates ou l'ardoise ; l'emploi de la paille et des esselins[340] était rigoureusement proscrit. Chargés de prévenir les incendies, les maires devaient s'acquitter, au moins une fois l'an, de la visite des fours et des cheminées des bâtiments éloignés de moins de 200 m des autres habitations et faire réparer ou démolir les fours et les cheminées délabrées. Ils avaient l'autorité de poursuivre les propriétaires et les usufruitiers qui contreviendraient à ces dispositions. Rien n'avait changé en matière de police des incendies depuis l'Ancien Régime ; de telles dispositions perdureront, à Barisey-la-Côte, les frais de visite des fours et cheminées seront portés au budget communal jusqu'en 1938[341].

Pour accélérer la substitution des toitures encore en paille et ne pas imposer aux propriétaires de trop fortes dépenses, des aides étaient prévues sous forme de remises de contributions foncières, reconduites pour deux ou trois ans, ou de modérations de contributions pour les particuliers qui s'engageaient à faire changer, dans l'année, leurs couvertures en chaume au profit de matériaux ininflammables. Les secours apportés par le gouvernement à l'occasion d'incendies n'étaient accordés que si la substitution était avérée ; dans le même temps, les habitants des communes riches en forêts ne pouvaient bénéficier de la délivrance du bois de construction et du bois de marronage dans les forêts communales qu'aux mêmes conditions.

Ce deuxième arrêté préfectoral se trouva lui-même assez inefficace pour qu'un troisième fût promulgué le 28 septembre 1840[342], soulignant d'ailleurs les carences du précédent. Le nombre des couvertures en chaume ou en bois se montrait encore élevé dans l'ancien département de la Moselle, les autorités pensaient toutefois que les causes, jadis considérées comme des entraves au développement de la tuile, ne faisaient plus effet. C'est pourquoi, le préfet se montra résolu à donner une nouvelle impulsion à la volonté de voir disparaître le chaume aussi vite que possible. Ce nouvel arrêté ne fit que contraindre au remplacement du chaume par la tuile sur les bâtiments en ruine ou en état de délabrement et sur les constructions neuves ; les

---

340 Un autre nom pour l'essie.
341 AD Meurthe-et-Moselle WO 47.
342 AD Moselle 121 M2 bis.

couvertures en bon état bénéficiaient d'un sursis, relatif, car la longévité du chaume est courte.

Dans la foulée de ces trois arrêtés départementaux, certaines communes adoptèrent des dispositions destinées à soutenir l'abandon des couvertures végétales. Ce fut le cas pour la ville de Saint-Avold qui prit, le 20 juillet 1849, des mesures préventives en matière d'incendies urbains, attribuant de tels sinistres à l'imprudence des habitants qui circulaient dans les lieux renfermant des matières inflammables avec des lumières non couvertes[343]. Pêle-mêle étaient dénoncés la négligence des propriétaires qui ne faisaient pas ramoner leurs fours et leurs cheminées, l'usage d'allumettes « chymiques » imprudemment laissées entre les mains des enfants et la présence de toits en chaume ou en bardeaux. La municipalité interdit donc l'emploi de bardeaux ou d'esselins par la construction neuve ou la réparation, elle imposa, parallèlement la couverture des toitures par des tuiles, des ardoises ou des feuilles de métal : zinc, fer blanc ou tôle. Tout pignon à colombage, en planches ou en bardeaux devait être démoli pour se trouver reconstruit en moellon de mortier et recouvert de crépi de plâtre ou de chaux. En complément de règles destinées à déterminer la nature des toitures, l'arrêté fixa les conditions d'entretien des fours et des cheminées ; les souches de celles-ci devaient être élevées à plus d'un mètre au-dessus de la toiture, les foyers en mauvais état devaient être réparés, au besoin démolis et rebâtis en brique ou en pierre liées avec un « *bon mortier* ». Ces prescriptions s'appliquaient aux fours, aux manteaux et aux conduits qui devaient être balayés journellement et ramonés à « vif » tous les trois mois. Il était également interdit aux habitants de circuler dans les magasins, dans les caves, dans les granges, les écuries et tous les lieux renfermant des matières inflammables, avec des lumières non protégées en lanternes soigneusement closes. De même, ne pouvait-on y fumer le cigare ou la pipe ni déposer des cendres, des braises ou des charbons sur les planchers. Défense formelle était ensuite faite d'introduire en ville, comme combustible, des genêts et des bruyères. Enfin, les enfants ne devaient jouer sans aucun prétexte avec des allumettes, de la poudre ou toute autre matière susceptible de s'enflammer, et ils ne pouvaient lancer des fusées ou des pétards.

Malgré sa rigueur apparente, l'arrêté préfectoral de 1840 fut tempéré par de nombreuses dérogations qui offraient aux pétitionnaires des sursis avant de recouvrir leurs toits avec des tuiles. Dès 1842, ces autorisations touchèrent plus de quatre cent quarante toitures ; elles furent nombreuses entre 1841 et 1846 et diminuèrent ensuite, peut-être sous l'effet de la politique de subventions[344]. L'imprécision des états annuels disponibles n'interdit pas de remarquer que les autorisations de remplacements provisoires furent accordées au moins jusqu'en 1860, en assez petit nombre, il est vrai. Elles

---

[343] AD Moselle 121 M2 bis.
[344] AD Moselle 121 M2 bis.

n'étaient en principe consenties qu'aux demandeurs défavorisés et ne pouvaient être renouvelées, mais la justice se montrait plutôt bienveillante envers les contrevenants et l'administration rencontrait des difficultés dans ses contrôles. Les couvertures végétales se maintinrent donc, d'autant plus facilement que les propriétaires acceptaient mal d'envisager de couvrir de tuiles, à court terme, une maison ou un bâtiment dont la récente réfection en chaume pourrait durer quelques temps. Les particuliers se trouvaient généralement confortés dans ce raisonnement par leurs maires, interlocuteurs plus solides qu'eux face à l'administration dans la gestion des demandes de dérogation à l'obligation de couvrir en tuiles ; d'ailleurs, l'administration faisait peu cas des requêtes personnelles[345].

Comme l'obligation de convertir le chaume en tuiles ne s'imposait qu'en cas de construction neuve ou de réparation, les propriétaires ne sollicitaient leurs élus qu'à la suite de désordres aggravés par de mauvaises conditions climatiques. Par sa démarche d'avril 1848 au profit de Jean Hardy, le maire d'Eincheville signala que le toit de l'intéressé, qui n'avait plus de toit que le nom, avait été enlevé par une bourrasque ; en plus, la couverture de la maison voisine était tombée sur sa charpente[346]. Le devis de réparation de la maçonnerie, de la charpente et de la couverture s'élevait à 236,65 f mais, sur l'avis du sous-préfet qui considérait la situation du pétitionnaire comme aisée parce qu'il possédait un hectare et demi de terre et n'avait pas d'enfants à charge, la demande de dérogation fut rejetée. La parole du maire, qui avait présenté Jean Hardy comme baignant dans un état de complète indigence, n'avait donc pas suffi, pas plus que celle du maire de Herny qui intervint, en 1840, en faveur de Joseph Ugehy, vieillard infirme chargé de sa fille et de son petit-fils dont la chaumière avait perdu une partie de sa toiture et de son pignon par le vent[347]. La dépense de 150 f ne fut pas jugée assez lourde pour que l'administration acceptât la remise des travaux.

L'intervention d'un maire concernait assez souvent des demandes collectives de particuliers dont les bâtiments venaient d'être endommagés par une tempête récente. L'efficacité de ces démarches n'était pas d'avantage assurée que celle des requêtes particulières ; l'administration veillait à ce que l'état de fortune des demandeurs fût assez faible pour justifier un report des travaux et jugea, en 1841, plusieurs habitants de Murville trop riches pour bénéficier du sursis de trois ans qu'ils demandaient[348]. Les interventions des maires auprès de l'administration départementale prenaient parfois de curieux détours par lesquels ces élus essayaient d'ajuster certains rapports sociaux en leur faveur. Le besoin de garder la confiance de la population de Varsberg poussa de cette façon, en 1852, le maire du lieu à accompagner

---

345 AD Moselle 121 M2 bis.
346 AD Moselle 121 M2 bis.
347 AD Moselle 121 M2 bis.
348 AD Moselle 121 M2 bis.

d'un avis défavorable une demande collective d'habitants relativement aisés, l'administration locale, expliqua-t-il, « *jalouse de son initiative et soucieuse de son prestige* », n'avait pu obtenir, dans l'intérêt d'un grand nombre de personnes nécessiteuses, une dérogation que les présents demandeurs ne pourraient obtenir sans lui porter gravement atteinte[349]. Il prévint le préfet contre les demandes particulières qui pourraient lui échapper, dont il souhaitait qu'elles ne pussent recevoir de réponse favorable.

Conduisant une politique assez incohérente, du moins irrégulière, la préfecture de la Moselle se trouva l'objet de pressions de la part du ministère de l'intérieur auxquels certains maires en appelaient directement lorsqu'ils ne pouvaient avoir raison d'elle. En juin 1842, celui de Laumesfeld saisit le ministre de plusieurs demandes particulières de dérogation à l'arrêté de 1840, sous forme de sursis de vingt ans[350]. Le ministre en profita pour souligner que cet arrêté frisait les limites de la légalité et qu'il y avait lieu de montrer une plus grande prudence dans son application.

Le rôle des maires pouvait encore être de démêler les affaires pénales dans lesquelles étaient plongés certains de leurs administrés pour avoir contrevenu à l'obligation de recouvrir ; à cet effet, le maire de Laumesfeld se plaignit encore au sous-préfet de Thionville du nombre des procès-verbaux que recevaient les habitants de son village et ceux de Calembourg, à cause d'infractions à l'arrêté de 1840[351]. Compte tenu de leur pauvreté et de la vétusté des habitations bien que ses administrés aient disposé de bois de construction dans les forêts de l'Etat, l'élu ne croyait pas possible une politique de remplacement du chaume par de la tuile autrement que sur une période d'au moins vingt ans. Ses griefs envers le zèle de la force publique ne l'empêchèrent pas de rendre compte au ministre d'une certaine indulgence de la maréchaussée en faveur des habitants dont les maisons étaient trop faibles pour supporter la tuile ; pour les quatre cinquièmes, la population de son village était indigente et la rareté des pierres sur la commune interdisait la reconstruction des maisons dans l'immédiat. La tolérance des pouvoirs publics s'imposait mais elle allait à l'encontre du résultat recherché : le remplacement rapide du chaume par la tuile.

Le préfet de la Moselle devait souvent concilier les contraires en louvoyant entre une rigueur efficace et l'obligation d'assouplir un texte qui négligeait les charges financières qu'il infligeait à une population plutôt pauvre dans l'ensemble. Le 8 juillet 1856, il s'inquiétait auprès de l'agent voyer en chef et de l'agent voyer de l'arrondissement de ce que le curé de Pontpierre réclamât une annulation d'amende en faveur de Pierre Sager, maçon, qui avait effectué une réparation en chaume sans autorisation ; d'autre part, bien que regrettant que le contrevenant n'ait pas été davantage poursuivi, il consentit à faire une

---

[349] AD Moselle 121 M2 bis.
[350] AD Moselle 121 M2 bis.
[351] AD Moselle 121 M2 bis.

exception, à condition que les tuiles fussent posées au 30 juin. En règle générale, l'administration préférait donc ne pas arrêter les poursuites, ce qui aurait annulé le caractère dissuasif de la contravention, mais elle n'alourdissait pas les charges quand les contrevenants faisaient preuve de bonne volonté. En exprimant ainsi l'impossibilité d'arrêter la procédure engagée contre Jean Schneider, tisserand, et Jean Lay, cultivateur d'Ottonville, le préfet demanda en 1843 au commandant de gendarmerie d'éviter que ces prévenus fussent de nouveau verbalisés, en attendant qu'ils obtempèrent à l'obligation de substitution[352].

L'attitude des administrations départementales ou judiciaires fut aussi imprécise en matière de réduction des contraventions qu'elle ne le sera pour les dérogations et les attributions de primes. La gendarmerie avait l'obligation de sanctionner toute infraction, quelle que fût sa cause ; de nombreux rapports furent ainsi dressés pour des restaurations de toiture de chaume, notamment à Longeville-les-Saint-Avold, Métring, Arriance et Thicourt. En 1850 et en 1851[353], ils entraînèrent généralement le paiement d'une amende en donnant moins fréquemment lieu à l'obligation de démolir la réfection en chaume. Les juges de paix se montraient plutôt bienveillants, sensibles à la situation économique difficile de nombreux contrevenants ; ils paraissaient si tolérants dans l'arrondissement de Briey que le préfet se plaignit même de leur laxisme[354]. A conditions sociales équivalentes, les procès-verbaux de la gendarmerie connaissaient par ailleurs des suites diverses : en 1844, le préfet accepta d'annuler les rapports dressés contre des habitants d'Elleviller si leur indigence était prouvée[355] ; au contraire, en juin de la même année, bien qu'il fut démontré que Pierre Arnould, voiturier à Barst, n'avait pas les moyens de soutenir une réparation en tuiles estimée à 600 f, le préfet le fit punir d'une légère amende[356]. En 1847, on accorda à Mathis Bigel, de Marienthal, l'autorisation de couvrir en chaume tout en lui refusant le droit à une subvention car il était chargé d'une dette de 2 000 f ; le versement d'un secours n'aurait profité qu'aux créanciers[357]. Pourtant, les travaux ne devaient s'élever qu'à la somme de 55,10 f correspondant à l'achat de trente-cinq lattes pour 8 f, deux kg de clous pour 1,60 f et mille cinq cents tuiles pour 30,50 f, plus 15 f de main-d'œuvre et de transport. Le 8 mai 1842, le préfet refusa également le droit de recouvrir en chaume à quatorze habitants de Blieschveyer déjà condamnés par la justice à démolir leurs réfections en chaume[358]. Le fait accompli ne payait pas.

---

[352] AD Moselle 121 M2 bis.
[353] AD Moselle 121 M2 bis.
[354] AD Moselle 121 M2 bis.
[355] AD Moselle 121 M2 bis.
[356] AD Moselle 121 M2 bis.
[357] AD Moselle 121 M2 bis.
[358] AD Moselle 121 M2 bis.

Bien souvent, les listes d'attente et l'obligation pour le demandeur de se fournir en bois - à cause des difficultés de transport - rendaient obligatoire le report de la substitution. En 1850, Valentin Jager, maréchal-ferrant de Guerting, fut contraint de demander une dérogation supplémentaire de trois ans après avoir obtenu, en 1847, un premier report de même durée, les délais en fourniture de bois de construction étant trop longs[359]. Les Eaux et Forêts confirmèrent le fait, précisant que la forêt domaniale appelée « Houve de Merten » dans laquelle le demandeur avait droit de se fournir en bois de construction, ne produisait en moyenne que dix mètres cubes de bois de charpente par an, cubage qu'atteignaient très largement les demandes faites avant celle du pétitionnaire. Bois de marronage parcimonieux et charité publique timide, les chances de recouvrir rapidement et à bas prix se montraient faibles, l'endettement n'était sans doute qu'un expédient puisque de toute façon, le bois manquait. D'ailleurs, nous ne retrouvons qu'un cas d'endettement, par obligation, contractée en 1870 par Luce Corvisier, de Havange, pour couvrir une maison à deux ouvertures[360].

Alors que se renforçaient, en France, les premiers réseaux d'assistance publique[361], les questions d'assainissement et d'hygiène de l'habitat étaient assez peu posées sinon parfois dans le cas d'enfants assistés comme à Beuvange, en 1869, celui de la jeune Joséphine Escalle, placée chez Antoine Herga, vigneron[362]. La maison de celui-ci se composait d'une cuisine, d'une chambre à coucher et d'une écurie ; le sol, jadis pavé de briques, était en mauvais état, le plancher de la cuisine également, les eaux y croupissaient, les portes fermaient mal, les crépis étaient tombés, le sol de l'écurie n'était qu'en terre battue et le purin s'écoulait par la cuisine. Une allocation de 520 f fut attribuée au demandeur à condition que les travaux fussent effectués sous la surveillance de l'autorité municipale, assistée d'un « homme de l'art ».

### 7.3, les effets de la politique d'attribution de primes.

En dépit des contraintes qu'elle exerçait et des encouragements qu'elle prodiguait, l'administration souffrait d'une relative impuissance face aux réalités économiques et sociales qui freinaient la volonté de remplacement du chaume. Le préfet hésitait souvent entre le désir de conciliation qu'imposait le dénuement des propriétaires ruraux et la fermeté sans laquelle la présence du chaume risquait de s'éterniser. Revenant sur ses conseils de tempérance, le ministère de l'intérieur l'invita, en mai 1850, à faire preuve de

---

[359] AD Moselle 121 M2 bis.

[360] AD Moselle 119 M2.

[361] Leur financement apparaît dans les budgets communaux au titre des recettes et des dépenses, comme à Barisey-la-Côte, entre 1851 et 1950, AD Meurthe-et-Moselle WO 47.

[362] AD Moselle 119 M2.

moins de libéralité et à ne plus donner suite aux requêtes semblables à celle de Pierre Schlesser, cultivateur et maire de Halling, qui formulait une demande de dérogation collective[363]. Prenant acte de cette directive, le préfet convia, en juin 1850, le sous-préfet de Sarreguemines à tenir la main à l'exécution la plus rigoureuse des arrêtés de 1818 et de 1840 ; il refusa, dans la foulée, deux demandes en faveur de la fille de Madeleine Burg, de Biding, et de Jean Dolisy, journalier de Rémering[364]. L'attitude contradictoire de l'administration affleure par ailleurs dans les termes d'une réponse du préfet au sous-préfet de Thionville qui lui avait transmis, dans le courant des trois derniers mois, avec un avis favorable, nombre de demandes d'autorisation de réparer et de continuer à couvrir en chaume. Pour le seul arrondissement de Thionville, ces requêtes dépassaient celles du reste du département. Le préfet craignait que des dérogations trop facilement accordées ne rendissent illusoire l'application des arrêtés et il exigea du sous-préfet qu'elles ne connussent qu'un caractère exceptionnel.

Ces handicaps se déplacèrent sans se résoudre lorsqu'on fit plus largement usage de primes ; de valeur inégale, celles-ci ne parvenaient pas toujours à leurs destinataires en temps voulu ou s'avéraient insuffisantes. En 1852, on cita l'exemple d'un crédit de 300 f que devaient se partager dix-sept demandeurs, ce qui ne laissait à chacun qu'un reliquat de 17,60 f alors qu'un précédent crédit de 1 000 f n'avait pas trouvé d'affectation[365]. Les difficultés de l'administration préfectorale étaient accrues par un contrôle peu facile de l'emploi des subventions et par une autorité souvent défaillante. Les procès-verbaux de la gendarmerie, que tempéraient parfois les juges de paix, n'étaient pas totalement dissuasifs et les maires n'accompagnaient pas toujours la volonté préfectorale dans sa rigueur. Aussi, le préfet adressa-t-il, le 5 août 1852[366], à l'agent voyer en chef, une circulaire à diffuser auprès des agents voyers cantonaux dans laquelle il indiquait que dix-neuf demandes d'aides seulement grevaient le crédit de 300 f affecté pour l'exercice entier, qu'il était impossible d'accueillir toutes ces demandes et que l'efficacité des subventions n'était pas totale car l'administration délivrait souvent la somme avant travaux, ce qui ne garantissait pas leur exécution ; de nombreux particuliers conservaient leur subvention sans avoir effectué les substitutions de couverture dans les délais impartis. L'efficacité de la subvention était en outre remise en cause par l'incapacité de l'administration à assurer son versement après l'exécution des travaux et par son impuissance à obtenir le justificatif de la dépense.

La politique d'attribution de primes qui suivit celle des autorisations provisoires, jugées peu incitatives, intéressait l'action des autorités

[363] AD Moselle 121 M2 bis.
[364] AD Moselle 121 M2 bis.
[365] AD Moselle 120 M.
[366] AD Moselle 120 M.

administratives municipales et départementales. L'accord du préfet restait de principe tant que le pétitionnaire n'avait pas justifié de la substitution dans un délai de six mois ; dans le cas contraire, la subvention lui serait retirée au bénéfice d'un autre demandeur. Lorsqu'en 1868, Joseph Killian, de Hambach, déposa une demande de subvention, celle-ci fut certifiée par un arrêté préfectoral du 15 juin 1869 parce que l'agent voyer cantonal avait vérifié la réalité de la substitution et, qu'en plus, un certificat du maire attestait de l'indigence de l'intéressé[367]. Le montant de la subvention fut de 30 f pour une dépense totale estimée à 304,50 f, correspondant à l'achat de tuiles, de chevrons, de lattes, de clous, de divers bois et de fournitures de maçonnerie. La maison, de dimensions réduites, ne possédait que deux ouvertures pour une surface au sol de 9,50 m x 4,60 m ; le pétitionnaire était père de cinq enfants dont deux militaires, un domestique et un détenu. On ne peut dire qu'une aide d'un pareil montant permettait de faire la différence entre un demandeur économiquement faible et un demandeur apte à supporter la dépense.

Ces dossiers de demandes de subventions ouvrent sur la réalité du tissu social mosellan, encore porté par un fond de pauvreté qui rendait l'abandon du chaume difficile. Nombreux étaient les particuliers, impuissants à faire face eux-mêmes au coût de la substitution, qui imploraient les pouvoirs publics ou les collectivités locales. L'agent voyer d'Evrange rendit ainsi compte, en 1869, que Jean Thil, indigent et chargé de famille, était estimé par la population du village, laquelle se montrait prête à concourir à la reconstruction de sa maison, au bord de la ruine[368]. La valeur du bâtiment était de 400 f, le coût des travaux, chiffrés à 540 f, pourrait être réduit à 100 f grâce au concours de la commune qui s'engageait à fournir gratuitement le bois. La subvention accordée fut de 40 f, en la circonstance, elle se montrait assez intéressante puisqu'elle représentait 40 % d'une substitution faite au prix coûtant. L'exemple n'est pas unique, à plusieurs reprises, les demandeurs, ou leurs maires, font état d'un geste de charité publique en réponse à leur dénuement ; cette charité allait toutefois rarement plus loin que le don de quelques bottes de paille mais ce simple geste pouvait justifier l'urgence d'une dérogation. Cette chance arriva à Jean Albtech, journalier d'Erstroff dont la maison nécessitait, en 1847, la réparation d'1,8 m² de surface de toiture[369] ; il suffit que des mains charitables lui octroient quelques bottes de paille pour qu'il obtînt une dérogation à l'obligation de couvrir en tuile. Pour Anne Grosse, veuve Holler, d'Haspelschiedt, tutrice d'un mineur de douze ans[370], une telle aumône se montra moins favorable ; en 1870, sa maison était estimée à 250 f, pour un coût de travaux de 50 f, et

---

[367] AD Moselle 119 M2.
[368] AD Moselle 119 M2.
[369] AD Moselle 121 M2 bis.
[370] AD Moselle 119 M2.

si certains habitants du village lui avaient cédé un peu de paille pour les réparations les plus urgentes, elle n'obtint pas la dérogation demandée, plutôt le versement d'une prime de 35f qui rendait obligatoire la substitution de la couverture. En d'autres cas, la charité publique put avoir ses oublis ; malgré les promesses de secours faites par la communauté villageoise d'Evrange, Jean Lehil, père de deux enfants, dut assumer seul en 1868 la reconstruction de la toiture de sa maison. Le phénomène n'est donc pas à surestimer, l'entraide villageoise restait ponctuelle[371].

Presque toujours, l'enquête administrative évaluait la capacité de travail du pétitionnaire, la valeur de ses biens et le nombre de bouches qu'il nourrissait. Jean-Adam Porte, ouvrier de faïencerie, propriétaire en 1870 d'un terrain de six ares, élevait quatre enfants âgés de dix à vingt-cinq ans[372]. Sa maison mesurait cinq mètres sur douze - c'est peu - pour une valeur de 800 f. Les travaux étaient estimés à 150 f et la subvention ne dépassa pas 30 f, soit à peine 20 % de la dépense. Dans ce cas particulier comme en règle générale, un certificat de la mairie avait attesté de la situation de difficulté du requérant tout en répondant à l'enquête de moralité nécessaire. Jeanne Wher, veuve Sartor, journalière, était décrite en 1869 par son maire comme laborieuse et de bonnes mœurs[373]. Son endettement et la faible surface de ses propriétés foncières l'élisaient comme bénéficiaire légitime d'une subvention de 30 f, pour des travaux déjà réalisés en juin 1869 ; cette situation est représentative de ces nombreuses veuves en charge d'enfants dont les revenus se montraient presque inexistants. Gertrude Valtbaum, veuve de Théobald Gaspard, de Neunkirchen, était qualifiée de « *pauvre femme* » quand lui fut accordé, en 1845, le secours nécessaire à la conversion de son toit de chaume[374]. De fait, les statistiques de versement de primes en 1869 révèlent une forte proportion de veuves dans le corpus des demandeurs.

Les missions de l'agent voyer cantonal étaient d'enquêter sur le bien-fondé des demandes de subvention ou de dérogation à l'obligation de recouvrir, d'estimer ou d'aider à l'estimation des travaux de réparation et de constater leur bonne exécution. Ses certificats appuyaient ceux des maires sur la moralité et la richesse des demandeurs, entre autre, en faveur des indigents, des veuves et des chargés de famille nombreuse, avec des enfants infirmes ou débiles. Le 13 mars 1860, l'agent voyer cantonal visita la localité de Steinbach, annexe de Guéblange, à la suite de l'ouragan qui avait endommagé, le 27 février 1860, plusieurs toitures de ce lieu. Il estima à 500 f les dégâts occasionnés chez Barbe Gabrielle, en précisant que cette dépense s'élèverait à 3 000 f en cas de nouvelle couverture en tuile[375].

---

[371] AD Moselle 119 M2.

[372] AD Moselle 119 M2.

[373] AD Moselle 119 M2.

[374] AD Moselle 121 M2 bis.

[375] AD Moselle 120 M.

Parfois, l'agent voyer se faisait assister d'experts habilités à mesurer la gravité des dommages et le coût de la dépense, comme en août 1869, lorsqu'il visita, accompagné d'un charpentier, la maison de la veuve André Schneider, de Falck, la toiture se trouvant dans le plus mauvais état possible[376]. La maison valait 500 f, les travaux atteignaient 400 f, la subvention fut de 50 f.

Quand les travaux n'étaient pas accomplis dans les délais impartis, la prime était reversée à de nouveaux demandeurs. Par exemple, l'agent chargé de la vérification des travaux dans la commune de Lachambre, en juillet 1856, établit que le nommé Georges Bour avait couvert en tuiles un peu plus de la moitié de son toit, pour un coût de 72 f ; que la veuve Georges avait couvert le cinquième de sa toiture pour une valeur de 35 f ; que Michel Bourget n'avait pas fait de substitution ni acquis de matériaux et que la veuve Bour n'avait encore procédé à aucun remplacement mais qu'elle avait acheté quelques sept à huit mille tuiles[377]. Cette femme fit observer que la rareté des ouvriers en cette saison l'empêchait d'employer ces tuiles dans l'immédiat.

### 7.4, le recensement des chaumières.

Incapable d'établir des prévisions à moyen terme sur les dépenses futures, l'administration départementale chargea les agents voyers d'établir une statistique des maisons en chaume et d'enquêter sur l'importance de la population réellement nécessiteuse. Ces fonctionnaires durent chiffrer les dépenses obligatoires et les secours à garantir, donner un avis sur la validité des réclamations et sur l'urgence des conversions. Pour les demandes présentées dans l'année, ils précisèrent le montant de la dépense, estimèrent la valeur de la contribution communale en matière de fourniture en bois et en autres matériaux ; pour les demandes en cours pour lesquelles les dépenses n'étaient pas encore faites, ils donnèrent une valeur approximative et évaluèrent la part venant de la commune. L'enquête diligentée révéla que sur vingt-et-un cantons, on comptait encore 9 396 bâtiments en chaume et que 3 832 propriétaires avaient besoin de secours, chiffres astronomiques au regard des crédits disponibles pour chaque exercice[378]. Le Conseil Général ne pouvait accorder que 161 secours pour ceux de 1853, 1854, 1855 et 1856. Pourtant, en 1856, le nombre de toitures végétales n'aurait plus été que de 5 547, pour un parc bâti global de 80 565 maisons, ce qui donnerait, en quatre ans, 3 686 destructions de toitures en chaume. Les services de la préfecture se sentirent toutefois assez peu confiants dans ces états pour réclamer un recensement complémentaire qui porta sur le nombre total des

---

376 AD Moselle 119 M2.
377 AD Moselle 121 M2 bis.
378 AD Moselle 120 M.

maisons par commune, le nombre des maisons respectivement couvertes en chaume en 1853 et en 1856, ceux des couvertures refaites aux frais du propriétaire et des couvertures remplacées à l'aide d'un secours, la quantité de couvertures détruites et non remplacées. Les mêmes précisions étaient requises pour les écuries, les granges et les bâtiments divers. Bien que le Conseil Général eut déjà budgété pour 1858 une subvention générale de 1 500 f, le préfet demanda une nouvelle estimation du nombre des propriétaires ayant réellement besoin d'une aide et dont les toitures seraient remplacées dans les deux, trois ou quatre ans, en plus d'une estimation du nombre des contraventions, poursuites et condamnations à démolir.

Le dépouillement de cette nouvelle enquête générale de 1856 donna des chiffres différents de ceux de 1853[379]. Pour un total de vingt-deux cantons, les agents voyers ne comptabilisaient plus que 48 263 maisons dont seulement 5 662 étaient couvertes en chaume, contre 7 800 en 1853, ce qui représenterait une réduction du nombre des chaumières de 27,50 %, une différence qui, si elle était fondée, servirait à apprécier l'importance des substitutions en à peine trois ans. Plus du quart des couvertures en chaume auraient disparu, laissant ainsi présager une extinction générale et rapide du matériau. Sur les annexes et les bâtiments agricoles, 1 949 se trouvaient encore couverts en chaume en 1853, contre 1638 en 1856, soit une réduction de 311 ou de 15,95 %, pourcentage plus faible que pour les maisons d'habitation. En vérité, plusieurs inconnues empêchent que les chiffres présentés soient analysés avec une fiabilité parfaite : d'abord, l'identification statistique du chaume ne fait pas la différence entre les toits totalement ou partiellement recouverts de ce matériau, or, très souvent, les toitures avaient déjà été partiellement refaites sur la façade avant, la plus visible ; ensuite, nous méconnaissons le rapport numérique entre les simples bâtiments d'exploitation et les maisons comportant un corps de logis. Nous ignorons donc si les granges et les écuries étaient plus fréquemment couvertes en chaume que les logis.

En quatre ans, 12 098 substitutions de la tuile au chaume auraient été réalisées aux frais des propriétaires, ce qui représenterait 87,01 % du total des édifices, seules, 165 d'entre elles auraient reçu un secours du Conseil Général, soit, 6,13 % ; il apparaît donc que la politique d'incitation financière n'avait jamais touché qu'une très faible partie des nombreux remplacements. L'attribution de secours aussi minces a-t-elle bénéficié de manière équitable à l'ensemble des couches défavorisées des populations villageoises ? Compte tenu de la faiblesse des primes et de leur rareté, un pourcentage de substitutions aussi fort eut-il pour véritable inspiration les actions de répression et de dissuasion ou plutôt, l'intime conviction que l'emploi de la tuile représentait un progrès incontournable ? La rareté des remplacements imposés par voie de justice ne laisse pas croire qu'ils eurent un réel pouvoir

[379] AD Moselle 121 M.

de persuasion ; pour qu'un mouvement de substitution prît tant d'ampleur, il fallait certainement que sa légitimité fût admise par la grande masse des intéressés, les actions de justice et les aides parcimonieuses n'étant destinées qu'à régler, sur les marges, le cas des récalcitrants et des indigents.

La projection des substitutions à venir dans les quatre ans suivant 1856 n'offre pas la même précision que les statistiques précédentes, elle reste de toutes façons hypothétique. Alors qu'on recensait encore, en 1853, 5 662 maisons entièrement ou partiellement couvertes en chaume, les remplacements prévus jusqu'en 1860 étaient de 2 479, soit 43,78 %, ce qui laisse supposer une certaine accélération du processus de remplacement. Détail curieux, le total des estimations en besoins de secours était, pour cette même période, de 2 703, chiffre plus élevé que le nombre des toitures destinées à la réfection. On peut donc s'interroger sur la fiabilité de cette enquête à cause de la corrélation entre les besoins de secours et le nombre de substitutions projetées. D'autre part, le coût des dépenses dépasse trop largement les possibilités de financement pour qu'on ne se demande pas si, par les termes de « *besoins de secours* », les enquêteurs entendaient seulement les requêtes des propriétaires ou s'ils ne faisaient pas déjà une première sélection en fonction des besoins réels de la population. Des besoins estimés à plus de 100 % des remplacements prévisionnels font plutôt pencher en faveur de la première hypothèse et nous rendent désireux de savoir comment pouvaient s'effectuer les sélections au niveau de la commission départementale puisque, si l'on se fie aux chiffres de 1860, contre ceux de 1856, les estimations, d'abord portées à plus de 100 %, tombent à 6,48 %, preuve de la sélection impitoyable des demandes.

L'analyse statistique du canton de Sierck, choisi comme canton témoin pour la qualité des données, permet de rapporter la disparition du chaume à son contexte économique et social. Sur un ensemble de trente-six communes, en 1853, on comptait un total de 2 318 propriétaires pour seize catégories d'artisans recensées, plus les journaliers et les manœuvres, les laboureurs et les cultivateurs[380]. Sur ce total de 2 318 propriétaires, 968 possédaient un bâtiment encore couvert en totalité ou partiellement en chaume, soit 775 maisons d'habitation, 141 granges et 52 granges et maisons d'habitation combinées ce qui représente respectivement, sur le total des toitures en chaume, 80 %, 14,6 % et 5,4 %. La répartition par catégories sociales révèle une légère différence entre la proportion des laboureurs et celles de leurs maisons en chaume, elle est compensée par une différence

---

[380] AD Moselle 121 M. Ces artisans se répartissent en 43 tisserands, 26 cordonniers, 15 maçons, 12 tailleurs, 9 charrons, 9 maréchaux-ferrants, 7 tonneliers, 5 charpentiers, 6 menuisiers, 3 carriers, 3 cantonniers, 3 fileurs, 3 meuniers, 2 fondeurs, 2 couvreurs, 2 cardeurs de laine, 1 cordier, 1 chiffonnier, 1 coquetier, 1 bourrelier, 1 serrurier, 1 cloutier, 1 tourneur, 11 vitriers, 1 jardinier ; professions classées non pas selon leur importance absolue mais en fonction du nombre de fois où elles sont portées dans les registres des recenseurs, ce qui limite la valeur statistique de cet état.

symétrique pour les veuves et les artisans. Si le pourcentage des manouvriers, 28,2 %, reste égal à celui des toitures en chaume détenues par leur catégorie, les laboureurs possédaient, en proportion, moins de chaume sur leur habitation, contrairement aux veuves et aux artisans. C'est l'inverse pour les simples bâtiments agricoles, détenus à 23,19 % par les laboureurs, alors que les artisans, 19,1 % de cette population, n'étaient en possession que de 12,20 % de bâtiments agricoles couverts en chaume. Le rapport, pour les veuves, était de 10,4 % de population pour 5,7 % de toitures. Pour une proportion de 28,22 %, les manouvriers ne regroupaient que 23,8 % des toitures de bâtiments en chaume.

Vraisemblablement, le phénomène est lié au fait que les laboureurs disposaient d'un nombre de bâtiments agricoles plus important que les autres classes alors qu'ils avaient les moyens d'effectuer des substitutions plus nombreuses sur les maisons d'habitation, sans que leur supériorité économique se montrât malgré tout écrasante. Cela peut venir d'un manque d'homogénéité entre les catégories sociales : ni les laboureurs, parfois nommés cultivateurs, ni les manouvriers, ou journaliers, n'endossent un statut toujours précis dans ces enquêtes. La répartition de ces classes en quatre niveaux de richesses (aisé, passable, médiocre, indigent) ne donne pas de résultats absolument tranchés même si presque 86 % des laboureurs appartenaient au premier niveau contre un peu plus de 21 % des journaliers et 41,2 % des manouvriers. Les artisans, très partagés, ne pouvaient souvent être comparés entre eux ; on compte par exemple 71 % de tailleurs et 13,33 % de maçons aisés. Les catégories moyennes étaient assez réduites, au plus est-il 40 % de charpentiers passables et 34 % de tonneliers médiocres. Les indigents accusaient inversement la grande inégalité entre les classes sociales villageoises en réunissant 0,63 % des laboureurs et 77,77 % de bergers.

### 7.5, l'état du bâti et les effets techniques de la substitution.

Si la peur des incendies restait aux yeux de l'administration centrale du département le premier et seul motif pour exiger le remplacement progressif et complet du chaume par la tuile, aucun cas de sinistre par le feu ne ressort de ces dossiers. L'allusion au risque d'incendie n'apparaît que dans deux affaires entre voisins ; par crainte que l'insalubrité et le mauvais entretien des cheminées des uns ne portent tort aux autres. En 1850, à Zimming, un groupe d'habitants se plaignit de ce que Jean Counsler, journalier, eut construit, trente mois auparavant, une petite cabane en chaume dont la cheminée dépassait seulement d'une vingtaine de centimètres du toit[381]. Le rapport de la gendarmerie signalait que les risques d'incendie étaient faibles,

[381] AD Moselle 121 M2 bis.

la construction se trouvant éloignée de plus de neuf pieds des autres. On demanda seulement au propriétaire de faire surélever cette cheminée d'un mètre en vertu des règlements de police ordinaires contre le feu.

Il ne semble pas que le souci d'améliorer le confort de l'habitat fût dans les vues de l'administration. Les propriétaires retardaient souvent la réfection de leurs toitures et ce qui aurait dû représenter un acte préventif devenait une urgence lorsque la maison tombait en ruine, comme celle de la veuve Houche, de Rémeling, dont le pignon s'était écroulé en 1870[382]. Cette maison, estimée à 1 000 francs, possédait cinq ouvertures. Les propriétaires attendaient souvent la dernière extrémité pour recourir à des ravaudages de toiture qui ne libéraient pas de l'obligation de reconstruire tôt ou tard presque tout le bâtiment. Leur négligence les mettait devant le fait accompli d'interventions urgentes en cas de coups de vent, d'ouragans ou de pluies torrentielles. En 1869, un pignon fut détruit à Flétrange dans la nuit du 18 au 19 juillet ; à Einville, un toit fut emporté par un coup de vent[383].

La nécessité de reconstruire ou de renforcer leur charpente apparaissait aux yeux de nombreux propriétaires comme une raison suffisante pour réclamer un sursis à la réfection. Ainsi, Christian Meyrent, journalier à Vieille-Verrière et chef d'une famille de neuf personnes, demanda et obtint en 1849 l'autorisation de recouvrir provisoirement son toit en chaume, les murs étant de taille à supporter un toit de tuile mais la charpente ayant besoin d'être renforcée[384] ; le sursis ne fut toutefois que de trois ans. Encore, dans cet exemple, la maçonnerie ne demandait-elle pas de réparations mais très souvent, les devis exprimaient un besoin important en pierres de taille. L'ampleur des travaux pouvait alors rendre toute restauration impossible, les délais de substitution et le versement d'une subvention ne parvenant pas à pallier ou couvrir une dépense qui correspondait véritablement à la construction d'une maison neuve. Généralement, le coût des substitutions dépassait considérablement le prix du bâtiment et celui de sa valeur marchande. Par exemple, la maison de la veuve Jacques Kunbloch, de Velving, ne valait qu'aux alentours de 200 f alors que les murs dégradés de sa chaumière se montraient incapables de soutenir un toit en tuiles[385] ; dans son cas, la construction d'une maison neuve était préférable à la restauration. A Elvange, en 1860, la maison de Pierre Napoléon nécessitait la reconstruction de ses murs lézardés jusqu'à la fondation, la valeur du bâtiment était de 800 f et l'estimation du coût des travaux de 350 f[386]. La subvention accordée au propriétaire ne dépassa pas les 50 f, lui laissant à charge une dépense d'autant plus lourde que l'obtention d'une subvention ne

[382] AD Moselle 119 M2.
[383] AD Moselle 119 M2.
[384] AD Moselle 121 M2 bis.
[385] AD Moselle 119 M2.
[386] AD Moselle 119 M2.

lui accordait plus de délais d'attente. A Piblange, un nommé Bouzonville, scieur de long, reçut la même somme dérisoire de 50 f pour une réparation de 1 255 f qui se rapportait au gros œuvre, la maçonnerie n'étant plus assez sûre[387] ; le bâtiment valait 1 500 f en 1869. En certains cas, les travaux s'étendaient aux parties annexes des structures bâties dont la dégradation avait suivi celle de la toiture : la ruine de la couverture de la maison de Catherine Ohrbacher, de Barst, entraîna, la même année, une réfection complète de la cheminée[388].

En principe, les murs de façade et de pignon supportaient l'installation de toitures lourdes sauf en présence de pan de bois qu'on ne pensait pas apte à supporter une charge importante en tuiles[389]. Les trente-cinq maisons couvertes en paille de Bibiche, en 1849, étaient bâties à l'ancien mode de construction, c'est-à-dire, en « *bois de charpente* »[390], il était impossible d'y mettre une toiture en tuile sans faire des réparations de maçonnerie. Il est encore question de pan de bois à Hoste-Haut, sur la maison de Christophe Bour, petit propriétaire. Sa charpente se trouvait détériorée, on y décelait des vices de construction et les chevrons étaient déficients[391].

Les descriptions de bâtiments touchés par l'obligation de recouvrir en tuile sont rudimentaires, excepté pour la maison d'Antoine Herga, de Beuvange, père nourricier d'un enfant assisté, qui se trouvait en 1869 dans un état d'insalubrité avancé, on parla de dénuement, ce qui justifia le versement d'une aide au propriétaire[392]. Des maisons de la sorte étaient souvent qualifiées de « cabanes » ; certaines descriptions avancent toutefois dans le détail, il en alla ainsi pour la maison de François Gérard, de Villers-la-Montagne (1869)[393], dont le toit avait été endommagé par une rupture de panne. Les accidents de charpente de cette sorte entraînaient souvent le délabrement de la maçonnerie si bien que, de fil en aiguille, les désordres de couverture provoquaient des désordres de gros œuvre. Dans certains cas, la ruine paraît totale et le logis de Barbe Kron, de Falck, s'était même totalement écroulé (1869)[394]. Cette femme étant infirme, on se demande comment une simple prime de 40 f put l'aider à supporter une dépense nécessairement importante. Le cas de Pierre Müller, de Zeurange, n'était guère plus enviable : les murs et le toiture de sa masure étaient ruinés au point qu'il courait s'abriter chez sa voisine quand tombait la neige ou la pluie

---

387 AD Moselle 119 M2.

388 AD Moselle 119 M2.

389 Théorie soutenue par Paul MATRINGE, in *Une maison lorraine locale : essai de typologie*, art.cit., il existe de nombreux contre-exemples, en Champagne, dans le sud-ouest de la France…

390 AD Moselle 121 M2 bis. Il s'agirait donc de maisons construites en pan de bois, hors de l'aire d'extension connue du pan de bois, dans l'est mosellan.

391 AD Moselle 121 M2 bis.

392 AD Moselle 119 M2.

393 AD Moselle 119 M2.

394 AD Moselle 119 M2.

(1870)[395]. Il arrive que des indications plus précises et succinctes concernent les dimensions des maisons, le nombre de leurs ouvertures et leur valeur estimée. On apprend qu'une maison, de 24,40 m x 5,75 m[396] pour une surface de 140 m², avait une valeur de 711 f et une seconde maison, une valeur de 600 f pour une surface de 70,35 m² seulement[397]. Avec quatre ouvertures, une maison pouvait être estimée à 350 f ; une autre, de six ouvertures, atteignait une valeur de 1 500 f, tandis qu'une troisième, de six ouvertures, ne valait que 1 200 f.

Nos sources ne nous conduisent pas à aller loin dans la connaissance du contexte économique de la substitution du chaume par un matériau plus lourd et certainement plus onéreux, même s'il est possible d'établir des correspondances entre la valeur des maisons, l'estimation du coût des travaux et le montant des primes. Il nous intéresse également d'évaluer la charge représentée par les dépenses de couverture en comparaison des secours auxquels pouvaient prétendre les catégories des propriétaires les plus pauvres. Des subventions trop faibles laissaient à la charge des particuliers un effort financier considérable. Le recours au crédit n'apparaît qu'une fois, au profit de Jean-Baptiste Leby, de Volstroff, lequel demanda en 1870 un délai pour réparer provisoirement en chaume, le temps de se procurer le bois et les matériaux nécessaires à la construction[398]. Cet homme de 61 ans possédait une petite maison de deux ouvertures, estimée à 250 f, le devis pour ces travaux était de 300 f. En de nombreux cas, la valeur de la substitution dépassait largement celle de la maison, ce qui donne une idée de la charge économique que pouvait engendrer cette politique de remplacement. Au mieux, les devis nous renseignent sur le prix des matériaux en rendant fidèlement compte des contraintes économiques liées à la nécessité de se fournir à proximité. Il en allait ainsi pour l'emploi généralisé du sapin dans une région où les pans de bois et les charpentes avaient jusqu'alors requis presque exclusivement le chêne, tandis que les résineux y étaient déjà en usage dès au moins la fin du XVII^e^ siècle pour les poutraisons et les menuiseries[399]. Le plus souvent, ces devis concernaient l'achat de pannes, de tuiles et de chevrons dont le prix de revient équivalait au moins à la valeur marchande estimée de la maison. Pour Pierre Leidinger, charpentier à Falck[400], une dépense de 200 f en pannes, chevrons, lattes et tuiles était prévue alors que la maison valait le même prix. Une maison de cinq mètres sur cinq, à Nideck, annexe de Saint-Avold, entraîna quand même un coût de 100 f correspondant au simple achat de seize petites

---

[395] AD Moselle 119 M2.
[396] AD Moselle 119 M2.
[397] AD Moselle 119 M2.
[398] AD Moselle 119 M2.
[399] Ce que démontrent les contrats d'ouvraison consultables dans les actes notariés. Voir *infra* p 150.
[400] AD Moselle 119 M2.

poutres et de mille tuiles. Si l'on avait estimé le prix de ces maisons en faisant la somme du coût des « pièces détachées » nécessaire pour les restaurer, leur construction se serait montrée hors de prix.

La disparition du chaume entraîna-t-elle ponctuellement une modification structurelle du bâti ? Les archives de la préfecture négligent cette question que n'entendaient pas les fonctionnaires du XIXe siècle. Nous savons néanmoins que l'usage de la tuile a pu nécessiter la reprise des gros œuvres et de la charpente de certaines maisons dont la construction n'était pas assez robuste pour supporter le surpoids dû à la tuile. On en profitait pour relever un pignon délabré, changer la structure de la charpente ou modifier la pente du toit, ce qui n'entraînait pas de frais supplémentaires. La maison du nommé Bouzonville, de Piblange, manouvrier infirme et père de six enfants, fut refaite au début de 1868[401]. Les travaux portèrent sur le mur de la façade arrière, les deux pignons, et les façades de l'écurie, tous sérieusement dégradés. Le volume de la maison fut accru par le rehaussement des deux murs de façade et la réduction des deux pointes de pignon, imposée par l'usage de tuiles creuses cuites à Bettange. Les matériaux provenaient des carrières environnantes : pierre sableuse d'Hestroff, sable de Burtoncourt, chaux de Nidange, pierre de taille de Château-Rouge. Le bois, d'essence résineuse, fut coupé dans les forêts vosgiennes, preuve que l'utilisation traditionnelle du chêne et du hêtre était déjà au moins partiellement abandonnée. Il est vrai que l'épure de ces charpentes se montrait des plus simples puisqu'elle était faite de pannes rudimentaires soutenues par des chandelles portées par un mur de refend. Quatre pannes suffirent respectivement pour la charpente du logis et pour celle de l'écurie sur lesquelles le charpentier posa vingt-deux chevrons seulement. Dans l'ensemble, les maisons couvertes en chaume acceptaient une charpente légère, voire dépouillée, bien que les toitures pentues puissent nécessiter des charpentes assez élaborées. Quoiqu'il en fût, la qualité de la charpente intervenait fréquemment dans les demandes de secours, leurs auteurs comprenant que la charpente d'origine, quand elle n'avait pas été démantelée par la tempête, ne supporterait pas le poids de la nouvelle toiture. Le passage d'un matériau léger, comme le chaume, vers le matériau lourd, comme la tuile, nécessitait un sérieux renforcement des structures porteuses.

---

[401] AD Moselle 119 M2.

## 7.6, la géographie du chaume dans l'ancienne Moselle.

La carte des matériaux de couverture en Lorraine paraît donc contrastée, dès le XVIIIe siècle, entre le Pays-Haut et l'est mosellan fortement touchés par l'emploi du chaume, et la Lorraine centrale où la tuile se serait montrée prédominante. Une certaine logique fondée sur la connaissance technique des toitures voudrait que la frontière entre ces deux matériaux suive celle des pentes de toit - chaume avec les fortes pentes et tuile avec les faibles pente - sauf que les frontières des matériaux de couverture ont pu se déplacer à la faveur de nécessités techniques imposées par les substitutions de couverture. Peut-être pourrait-on établir une cartographie plus précise des aires d'extension respectives de ces deux matériaux, en recueillant les citations relatives aux toits de chaume dans les actes notariés, mais elles sont rares. La méthode de l'abbé Choux, consistant à suivre le chaume à la trace des incendies, est encore plus incertaine, cet auteur retient quand même l'hypothèse d'une présence encore forte du chaume dans le Pays-Haut jusque vers les années 1880[402]. Il situe l'aire d'extension de ce matériau sur une zone établie entre Montmédy et Saint-Avold et signale ponctuellement la présence du chaume à Puttelange (incendie de 1607), Fénétrange (incendie de 1616), Breux (1652), Pompierre (1742), Ham-sous-Varsberg (1838), Russange (1845), Mont-Saint-Martin (1846), Haute-Ham (incendie de 1846). Pour le même auteur, la régression du chaume a débuté dès le XVIIe siècle, en raison du caractère inflammable du matériau ; à Breux (Meuse), sa disparition aurait commencé après l'incendie de 1652 bien qu'une monographie de 1889 indique qu'il constituait (en ce lieu) un matériau tant répandu que « *pendant longtemps, la tuile et l'ardoise ne furent employées dans le village et qu'il y a une cinquantaine d'années, presque toutes les toitures étaient encore en chaume* ». De son côté, Emmanuel Derocles évalue à 30 % la proportion de toits de chaume existant dans le pays thionvillois au XVIIIe siècle[403] ; elle se serait réduite à 20 % au XIXe.

Les informations venues de la présente étude conduisent à proposer un contour de l'aire d'extension du chaume, dans le courant des années 1850, sans que nous puissions cartographier le phénomène de régression du matériau tout au long du XIXe siècle. Il est tout autant impossible de cerner l'aire d'extension originale du chaume par rapport à l'utilisation précoce de la tuile. Peut-on entrevoir une hypothétique dichotomie de l'usage respectif de la tuile (pour les riches) et du chaume (pour les pauvres) ? Peut-on également considérer la Lorraine centrale et celle de l'ouest comme des terrains plus favorables aux tuiles creuses et romaines[404] que le Pays-Haut

---

[402] CHOUX Jacques, *La toiture des maisons lorraines*, art.cit.

[403] DEROCLES Emmanuel, *L'hésitation d'une société rurale ; l'exemple de la Lorraine*, op.cit., p.72.

[404] On trouve un îlot de véritable tuile romaine mais de fabrication moderne (XIXe siècle), à

septentrional ? De même, la tuile écaille de l'est mosellan dont le caractère germanique est incontestable, se répandit-elle seulement entre le XVIIIe et le XIXe siècle, au détriment du chaume ? En vérité, les usages respectifs de la tuile creuse lorraine et de la tuile plate alsacienne semblent avoir un caractère diachronique, la première tuile serait apparue nettement plus tôt que la seconde par rapport au chaume. Le choix d'un matériau de progrès faisant suite à la disparition du chaume n'est pas exactement établi par les documents d'archives, lesquels explicitent mal comment on a pu passer des toits à forte pente, nécessités par l'emploi du chaume, aux toits à faible pente, obligés par celui de la tuile creuse.

Les documents concernant la disparition du chaume en Moselle réduisent arbitrairement l'aire d'extension de ce matériau au cadre administratif de l'ancien département de la Moselle. Or, les auteurs s'accordent pour étendre cette aire à toute la Lorraine septentrionale, sur une ligne allant de Montmédy à Saint-Avold[405] ; par ailleurs, de nombreux témoignages attestent de l'existence du chaume, plus au sud, en Lorraine centrale. Une lettre du préfet de la Meurthe au préfet de la Moselle, datée de 1823, permet de confirmer que le chaume était encore présent, sinon commun, dans son département[406]. Demandant à son correspondant de bien vouloir l'informer sur l'existence éventuelle de circulaires gouvernementales interdisant l'emploi de tous matériaux combustibles et, dans l'affirmative, de lui en fournir copie, il lui apprenait le refus de plusieurs juges de paix de la Meurthe de prononcer des condamnations contre les contrevenants, fondé sur le fait qu'il n'existait pas de peines applicables. Les efforts des préfets de la Meurthe successifs furent lents à produire leurs effets ; le chaume restait encore signalé à Bisping vers les années 1880 alors que ce village ressortissait à cette date du nouveau département de la Moselle[407].

La cartographie du chaume dans le courant des années 1850, en Moselle, indique qu'indépendamment de la présence respective du chaume et de celle de la tuile, les villages concernés par l'usage effectif du chaume se répartissaient sur un secteur assez homogène établi sur toute la Moselle, à l'exception d'une zone circulaire circonscrivant Metz. L'aire d'extension du matériau devait se poursuivre à l'ouest des cantons de Longwy et de Longuyon et au sud de ceux de Sarralbe et de Sarreguemines. La densité du chaume par canton présentait un rapport chaume/tuile assez irrégulier. La proportion des toitures en chaume pouvait être de 2 % pour les cantons de Briey, Vigy et Bitche, et de 50 % pour celui de Cattenom. La densité des toits en chaume progressa sensiblement vers le nord et diminua vers le sud,

l'ouest de la Meuse ; cet îlot déborde largement sur la Champagne et les Ardennes. Cf. CHAUVET Jean-Yves, *Les toits des pays de France*, op.cit.

[405] En particulier Jacques CHOUX, *Les toitures des maisons lorraines*, art.cit.

[406] AD Moselle 121 M2 bis.

[407] Monographie inédite de Marcel Lallement sur l'histoire de Bisping.

tout en s'atténuant vers l'est et vers l'ouest. Une forte concentration de chaumières se remarque dans les cantons de Longwy, de Fontoy, de Cattenom et de Sierck-les-Bains ; elle était entourée d'une zone de concentration moyenne constituée par les cantons d'Audun-le-Roman, de Metzervisse et de Bouzonville, alors que le canton de Bitche se distinguait par un faible emploi du chaume. La région de Thionville ne conservait le chaume que sous forme de traces ; c'est autour de Sierck-les-Bains et de Longwy que sa présence était la plus forte alors qu'elle restait faible sur Bitche et Thionville et se montrait moyenne autour de Bouzonville, Boulay et Puttelange. Près de Metz, une pétition signée en août par plusieurs habitants de Devant-les-Ponts offre l'unique preuve que le chaume ait existé dans le pays messin : à cause du classement en zone militaire de la périphérie de Metz, il était interdit de convertir en tuiles certaines toitures en chaume dont les charpentes n'étaient d'ailleurs établies que pour la paille, car trop légères.

Peut-on conclure de cette cartographie que le chaume fut le matériau le plus implanté dans les régions où sa présence était forte en 1856 ? Ou bien sa disparition s'est-elle au contraire effectuée plus irrégulièrement, au gré de conditions locales ? La cartographie de la diminution du chaume, entre 1853 et 1856, montre seulement que sa vitesse de disparition ne fut pas proportionnelle à la densité de sa présence. Les cantons de forte implantation se distinguaient en effet par la faible ampleur des remplacements alors que les cantons de moyenne implantation favorisaient mieux celle-ci. Proportionnellement parlant, le front des disparitions a davantage progressé dans les cantons de Metzervisse et de Bouzonville que dans ceux de Cattenom et de Sierck-les-Bains ; il s'est par contre ralenti dans certains cantons de faible densité, sans doute parce que le chaume y était trop restreint pour que les effets de son recul fussent aussi facilement décelables.

## 2e partie

# CONSTRUIRE, ENTRETENIR ET HABITER

# 8e chapitre

# La conduite des chantiers

## 8.1, la construction et l'entretien de maisons.

Les façons d'habiter commencent en vérité dès la construction de la maison parce que la possibilité et la capacité de construire demandent un effort d'intégration dans la communauté des habitants et requièrent les ressources de celle-ci en matériaux et en main-d'œuvre. Se pose incidemment la question de la spécialisation des métiers du bâtiment, particulièrement faussée aujourd'hui par l'idée que ces maisons étaient construites par leurs propres usagers. Or, les métiers du bâtiment existaient en milieu rural, ils étaient même précisément dénommés par l'état civil, les actes notariés et les rôles d'imposition. On sait, du moins l'on présume qu'entre la fin du XVIIe siècle et le début du XVIIIe, les premiers travaux de reconstruction consécutifs à la guerre de Trente ans ont été le fait d'ouvriers allemands dont des tyroliens[408], dans l'actuelle Moselle comme dans la présente Meurthe-et-Moselle[409].

Une autre interrogation touche à l'organisation du chantier, au rôle des participants et surtout, à l'ordre de travail. Certains documents, rares, apportent une réponse partielle, en particulier les contrats d'ouvrage et les comptes de tutelle. S'il est impossible de discerner le fonctionnement d'une équipe d'artisans en dehors de chroniques d'époque, nous pouvons connaître de façon assez sûre l'ensemble des corps de métiers susceptibles d'être intervenus sur un chantier grâce aux bordereaux de règlement d'ouvrages que comportent les comptes de tutelles de mineurs. Nous ne disposons pas des mêmes éléments pour la construction de maisons neuves mais nous pouvons supposer que le rapport entre les différents métiers du bâtiment restait le même. Les contrats d'ouvrage déterminent de façon assez précise l'ordre de construction de la maison, toutefois, nos sources ne s'attachent qu'à des maisons de ville et non à ces véritables maisons paysannes qui constituaient le fond de l'habitat paysan. Il ne semble pas, dans la profondeur des campagnes lorraines, que l'on soit passé devant notaire pour définir les conditions de construction des maisons tandis que la permanence des corps

408 GUERINGER François, *Etude d'un type de maisons rurales à pans de bois dans l'est mosellan*, op.cit.
409 Par comparaison avec l'ancien département de la Meurthe et celui de la Moselle d'avant le redécoupage territorial de 1871.

de métiers n'est perceptible qu'à partir de l'état civil et des rôles d'imposition[410].

**8.2, le choix des modèles.**

L'architecture rurale traditionnelle pose la question majeure des modèles qui ont servi à l'affirmation des types régionaux de maisons et de bâtiments agricoles. Leur cartographie, encore à faire dans le détail[411], risque de ne pas recouper celles des autres caractères des sociétés rurales, en particulier, les coutumes, les familles et les systèmes de transmission[412]. Pourtant, ces types sont fondés, ils ont des aires d'extension propres, souvent chevauchantes, et leurs natures respectives semblent les renvoyer, chacun, à des origines déterminées. Dans la maison rustique (idéale) imaginée par Charles Estienne, au XVII^e^ siècle, Jean Cuisenier[413] voit par exemple le modèle de certaines fermes-cour du Calvados ; du moins suggère-t-il que la maison rustique a pu être reproduite, presque sur catalogue, par des élites agricoles éclairées. De son côté, Pierre Moreau[414] établit un lien entre la villa gallo-romaine et les fermes-cour des grands domaines des époques modernes et contemporaines.

L'habitat lorrain, lui-même, se présente comme un système original rattaché au groupe des maisons dites en bloc à terre du grand nord-est de la France, identifiables par leurs caractères propres : profondeur et pente de toit, relativement faible, couverte de tuile creuse[415]. La maison classique de Lorraine centrale n'est pas universelle et s'adapte aux influences des régions voisines, par exemple dans le Barrois, dans l'est mosellan ou dans le Pays-Haut. Ces variations souvent fortes posent d'ailleurs de nombreuses questions sur la détermination des types dans la mesure où cette maison s'impose dans l'aire d'extension suprarégionale des maisons en bloc à terre qui présentent, peu ou prou, les mêmes critères d'identification fondamentaux qu'elle, notamment, le rassemblement des fonctions principales sous le même toit - en principe au rez-de-chaussée - l'organisation en travées et la conformation en maison halle inversée[416], avec

[410] AD Meurthe-et-Moselle Bj 10466. Ces rôles de subvention, pour Bisping, dressent un tableau précis et détaillé des foyers fiscaux du village entre 1728 et 1788. Toutes les professions et états sociaux y apparaissent.

[411] Il n'existe à ce jour aucune cartographie fine des types d'architecture rurale française et ces types ne sont même pas désignés ; l'œuvre d'Albert Demangeon n'a jamais été poursuivie.

[412] DEROUET Bernard, *Pratiques successorales et rapport à la terre*, art.cit.,p.173.

[413] CUISENIER Jean, *La maison rustique*, op.cit.

[414] MOREAU Pierre, *Traditions gallo-romaines dans nos maisons paysannes*, ar.cit.

[415] Cf. CHAUVET Jean-Yves, *Les toits des pays de France*, op.cit., plus un article paru dans la revue « Villages lorrains ».

[416] Parce que l'organisation du plan ne s'effectue pas dans l'axe des fermes mais parallèlement à celles-ci. La véritable maison halle est orientée en pignon, la maison lorraine l'est en façade.

une charpente constituée de poteaux montant de fond[417]. Somme toute, hormis la pente des toits, la maison lorraine classique ne s'identifierait que par l'accommodement des caractères distinctifs de la maison de ce grand nord-est de la France, son originalité propre restant toutefois incontestable. Sensiblement différenciée au sein de cette grande famille d'habitat, elle se classifie à partir de ses propres variantes, ainsi, la maison de la plaine vosgienne[418] est très distinguable de la maison de la plaine de la Woëvre meusienne[419] ou de la maison du plateau lorrain[420], la plus emblématique.

Nous ignorons comment se sont définis, élaborés, imposés et reproduits les modèles d'habitat traditionnels et selon quels choix leurs frontières ont été tracées, parfois de façon tranchée[421]. Il semble qu'en matière d'architecture, les valeurs de représentation aient échappé aux contraintes démographiques et coutumières qui régissent le fonctionnement des familles et des communautés comme si, au-delà de la fragmentation des modèles sociétaux, l'identité paysanne, en l'espèce lorraine, se soit réellement forgée par l'adoption d'un modèle d'habitat régional que ses variations propres ne remettaient formellement pas en cause. Les différences de classes, également indépendantes des règlements coutumiers, ont contribué à normaliser et à hiérarchiser ces maisons de telle sorte qu'on se logeait selon son état. De la même façon que les parcelles étaient embanées, les maisons étaient structurées en travées, entre deux et trois, parfois, quatre, selon que l'on était manouvrier ou laboureur. Cette hiérarchisation portait surtout sur le développement du corps d'exploitation, la différence entre les corps de logis se montrant certainement moins sensible quoique sans doute réelle : le laboureur prévalait davantage sur le manouvrier par son train de culture que par son cercle de famille et les besoins de se loger, entre les uns et les autres, restaient évidemment les mêmes, sauf à démontrer la réalité d'une démographie différentielle entre les riches et les pauvres. En somme, une maison de laboureur ne serait qu'une maison de manouvrier composée d'un couloir et d'un logis de trois pièces alignées, à laquelle on aurait ajouté d'importants volumes d'écurie, de grange et de greniers. Nous ne connaissons

---

[417] C'est-à-dire, montant du sol, comme le font généralement les hommes-debout de la maison lorraine. Mais ils peuvent également monter du refend, à partir du premier étage.

[418] Les communications sont distribuées par une avant grange semi ouverte : le charri ; les organes du corps d'exploitation sont souvent rejetés à l'arrière.

[419] Cette maison se conforme au modèle de la maison de Lorraine centrale. Distribution du plan en trois travées : logis, grange, écurie ; corps de logis de trois pièces et couloir traversant ; la profondeur de cette maison est toutefois moins accentuée ; la porte charretière est surmontée par un linteau de bois droit.

[420] Comme dans les Vosges, on y trouve une fréquence plus grande de portes charretières à cintre de pierre.

[421] En particulier, dans l'est mosellan, de part et d'autre de la frontière des langues et des toitures. Ni les procédés de construction (pierre ou pan de bois) ni les plans des maisons, ni les types de charpentes et de toitures ne sont les mêmes. Les frontières d'habitat intra lorraines n'ont toutefois jamais été étudiées.

pas d'études métrologiques portant sur les surfaces au sol respectives de ces deux classes de maisons mais nous allons mieux apprécier, grâce aux inventaires après décès de Bisping et de Barisey-la-Côte, les éventuelles similitudes entre les façons d'habiter des laboureurs, des manouvriers et des artisans.

Nous avons également employé le mot de norme pour traduire notre sentiment que ces maisons étaient construites de manière répétitive, à partir de prototypes dont se seraient inspirés fidèlement leurs constructeurs. Un exceptionnel plan de Basse et Haute Yutz, de 1746,[422] détaille avec une précision rare les surfaces au sol des maisons de ces deux villages alors destinés à la destruction. Pour libérer les champs de tir situés sous le mousquet du fort de Yutz, l'ingénieur Cormontaigne avait imaginé de les déplacer l'un et l'autre. Le projet ne s'est pas réalisé, malgré cela les maisons ont fait l'objet de relevés, de manière à permettre à chaque habitant d'être relogé à l'identique. Le document mentionne donc les noms des propriétaires et distingue les propriétés respectives des maisons. Le plan de chaque maison, coupant le rez-de-chaussée, va jusqu'à représenter la section des hommes-debout[423]. Chacune de ces maisons possédait très distinctement son four à pain et reproduisait le modèle conventionnel de la maison lorraine à deux ou trois travées, comportant donc, selon le cas, une grange, une écurie et un corps de logis, ou une grange-écurie et un corps de logis constitué d'un couloir, d'une cuisine centrale et de deux chambres. L'ensemble résulte visiblement d'un programme cohérent comme il en irait pour un lotissement moderne : urbanisation rationnelle et types de maison répétitifs, avec cette différence que ces maisons n'étaient pas exactement semblables ; chacune avait son caractère, introduit par une certaine variable anthropologique.

Nous ignorons également la façon dont ces maisons étaient construites, en particulier, l'ordre d'élaboration des structures et les moyens mis en œuvre pour les édifier ne sont pas connus. Les maisons lorraines ne sont pas des maisons classiques dans la mesure où la charpente, appuyée sur des poteaux colossaux, est le plus souvent porteuse par le fond, parfois par les refends[424]. Les pignons sont également porteurs, bien plus que les façades. On ne peut donc, comme pour la maison classique, construire aussi facilement les murs extérieurs et les refends avant la charpente et la couverture, la première n'ayant d'autres fonctions que de supporter cette couverture. En plus, les hommes-debout de la charpente lorraine sont difficiles à manipuler et déjà à débarder ; il fallait ensuite lever, donc trouver un point d'appui élevé, les maintenir en position verticale le temps qu'ils puissent être définitivement

[422] AD Moselle C 5.

[423] Poteaux de charpente colossaux, montant généralement du sol, pour soutenir les arbalétriers. On en compte entre un et trois par ferme, plus rarement cinq.

[424] Par le fond, lorsque l'homme-debout monte du sol ; par refend, lorsqu'il monte d'un mur de refend, à hauteur du premier étage.

mis en place et maintenus par les arbalétriers et les pannes. On peut donc imaginer qu'ils étaient installés les premiers, du moins après les pignons mais avant les façades, sauf que l'arbalétrier ne pouvait être réglé qu'au moment de la finition de la façade puisqu'il est pris dans les derniers rangs de la maçonnerie de celle-ci. La construction du pignon, en premier, permettait sans doute de monter plus facilement les échafaudages nécessaires pour lever les hommes-debout. Ensuite, on élevait les façades, puis on installait définitivement la charpente en posant les arbalétriers, en achevant le faîte de chacune des façades, enfin, en portant les pannes d'un pignon à l'autre. Cette hypothèse est fondée sur une simple supposition, elle trouve néanmoins un fondement crédible à travers l'exemple des maisons en bloc à terre de la région du Grandvaux, dans le Jura. Par enquête orale, Claude Royer établit qu'elles furent ainsi construites la tête la première, par les poteaux de la charpente[425].

### 8.3, les contrats d'ouvrage et le déroulement des chantiers.

***La qualité des maîtres d'œuvre.*** Des contrats de maçonnerie ou de charpente trouvés dans les fonds de notaires, nous n'apprenons rien, non plus, sur l'organisation du chantier, sur les rapports entre les artisans, nécessairement hiérarchisés. Nous savons qu'il y avait les maîtres, les compagnons, les apprentis, ce qui apparaît dans l'état civil ou dans les rôles d'imposition ; tout juste connaît-on la nature des corps de métiers qui intervenaient sur le chantier. Comme de bien entendu, ces artisans étaient soit maçons, soit charpentiers, du moins, les contrats sont-ils qualifiés ou de maçonnerie ou de charpenterie même lorsque tous les corps d'état étaient considérés, à la façon de nos actuels chantiers confiés par une entreprise générale. Le statut véritable des maîtres d'œuvre pouvait être imprécis, par exemple, les frères Le Rouge, de Dieuze, sont tantôt désignés comme charpentiers, tantôt qualifiés d'architectes ; au moins sont-ils experts, un terme couramment employé dans le texte des contrats passés devant notaire et ceux des visites de maisons et autres expertises judiciaires[426]. En 1685, à Wuisse, le propriétaire d'une maison à construire en prendra possession seulement lorsque le « *tout (aura été) fait et parfait, à dire d'expert* »[427]. Ces experts n'ont d'autre qualification que leurs compétences dans les domaines en question, ce sont des gens de métier, des artisans, pas des architectes. Emmanuel Derocles observe, pour le nord-est de la Moselle, que l'action

---

[425] ROYER Claude, *L'architecture rurale française, Franche-Comté,* p. 51.
[426] AD Moselle 3 E 1309, 3 E 1317.
[427] AD Moselle 3 E 1309.

d'expertise de l'architecte se montre tardive, il ne se substitue au charpentier et au maçon qu'entre la fin du XVIIIe siècle et le début du XIXe[428].

***La fourniture des matériaux.*** Le défaut des contrats d'ouvrage passés devant notaire tient à leur nature le plus souvent urbaine, du moins, ne concerne-t-il que peu les maisons des ruraux, les plans sont donc rares, comme il en va avec cette maison de Dieuze, construite en 1733, à partir de trois planches de plans et d'élévation dont les maçons ont la communication[429]. Le document ne sert pas qu'à diriger le travail, il est signé au dos par les parties et paraphé par le tabellion ; l'exécutant doit s'y conformer fidèlement et « *poser toutes les pierres de taille des portes, croisées autant que cheminée, solidement et proprement conformément audit plan et élévation* ». L'exemple est unique, on ne sait si les autres maisons étaient construites de manière empirique, par reproduction de normes mémorisées, presque par invention de surfaces et de dimensions, à partir des habitudes de construction locale, ou si des plans existaient véritablement, en dehors de la vue du notaire. On soumettait plutôt à celui-ci des questions de délais, de fournitures de matériaux ; généralement, cette fourniture incombait au propriétaire, à ses frais, le contrat ne considérait donc que le coût de la main-d'œuvre. En 1683, le donneur d'ordre, pour une maison de Kirviller, ferait livrer sur le chantier les matériaux et les fournitures[430] ; en 1685, pour un chantier à Biderstroff, le propriétaire serait tenu de faire charroyer les pierres gissées et les matériaux sur place[431], de même que pour une maison de Cutting, en 1685[432]. A Dieuze, en 1693, le propriétaire fournirait tous les bois sciés ainsi que les pannes et les chevrons[433] ; à Kerprich, ce serait le bois de sapin et de chêne nécessaire[434]. A Dieuze, le propriétaire apporterait à la fois l'eau et les bois récupérés sur de vieux bâtiments pour faire des échafaudages[435].

Parfois, certaines exceptions, spécifiées par contrat, demandaient par exemple au maître d'œuvre de pourvoir en partie par lui-même aux matériaux qu'il utiliserait. A Dieuze, en 1695[436], si le propriétaire s'obligeait à porter tout le plâtre, la brique et le bois sur place (*sans que ledit entrepreneur ne souffre d'aucun retard*), le maçon, de son côté, livrerait la chaux et le sable pour crépir les dalles au dehors. A Dieuze encore, en 1724[437], les frères Le Rouge fourniraient le surplus de pierres tandis que les

---

[428] DEROCLES Emmanuel, *L'hésitation d'une société rurale ; l'exemple de la Lorraine. Habitat et consommation*, op.cit., pp. 61-63.
[429] AD Moselle 3 E 1387, ce plan est cité mais non reproduit.
[430] AD Moselle 3 E 1308.
[431] AD Moselle 3 E 1309.
[432] AD Moselle 3 E 1309.
[433] AD Moselle 3 E 1314.
[434] AD Moselle 3 E 1309.
[435] AD Moselle 3 E 1387.
[436] AD Moselle 3 E 1314.
[437] AD Moselle 3 E 1323.

dames apporteraient les poutres, le lambrissage des travures, les planches et ce qu'il fallait pour constituer les planchers. En 1695, pour les travaux sur le couvent de Bassing[438], ce seraient les charpentiers qui livreraient les tuiles et les faîtières (plates et creuses), les planches, les lattes, les clous et le sable destinés à la couverture. Il n'est pas de logique apparente dans ces règles de fourniture qui pouvaient incomber à l'artisan. A Dieuze en 1711[439], le maçon viendrait avec la chaux, le sable, le bois de marronage et la tuile, tant en nouveau qu'en vieux bâtiment ; on peut imaginer que, la pierre étant de récupération sur l'ancienne maçonnerie, le donneur d'ordre avait souhaité se décharger, par clause spécifique du contrat, de la contrainte de cette fourniture. On peut également penser, dans cet autre exemple pris à Val, en 1685[440], que l'apport des matériaux respectifs tenait aux facilités qu'avaient le maître d'œuvre et le maître d'ouvrage d'équarrir, le premier, les plus gros bois, et le second, les menus bois qui seraient traités sur le chantier.

Très rarement, une seule fois, pour Dieuze, en 1711[441], le contrat envisageait la question de la récupération des matériaux de construction qui entrait ordinairement dans le domaine du non-dit alors qu'elle devait être courante. Dans le présent cas, les bénéfices et les contraintes de la récupération étaient attribués inégalement au propriétaire et à l'entrepreneur ; d'abord, on partageait les bois : le châssis de la fenêtre du gouttereau (façade) de derrière l'ancienne maison appartiendrait à l'entrepreneur tandis que le maître d'ouvrage conserverait le vieux bois ; on se répartirait ensuite les frais de transport (donc d'évacuation) des terres de la cave, aux deux tiers payés par le propriétaire, le troisième tiers étant à la charge de l'entrepreneur, peut-être en proportion de ce que chacun voudrait en récupérer, du moins si cette terre était exploitable.

***Les délais d'ouvraison.*** Les contrats de construction réglaient également la question des délais d'ouvrage ; en général, ils spécifiaient que l'entrepreneur agirait sans délai et sans discontinuer, de manière, par exemple, à achever le chantier du couvent de Bassing pour la Saint-Martin d'hiver[442]. A Biderstroff[443], il travaillerait dès que le temps l'autoriserait sans désastres - on introduit ici une notion d'intempérie, seule cause admissible de retard ou de suspension de chantier. Le maçon commencerait incessamment et devrait parfaire la maison pour le mois de mai, alors que le contrat datait du 29 décembre, ce qui promettait un délai d'exécution assez rapide, compte tenu des mois d'hiver qui risquaient de retarder le chantier. Le plus souvent, les durées de mise en œuvre ne dépassaient pas un an, les travaux étant bien sûr

---

438 AD Moselle 3 E 1314.
439 AD Moselle 3 E 1317.
440 AD Moselle 3 E 1309.
441 AD Moselle 3 E 1317.
442 AD Moselle 3 E 1314.
443 AD Moselle 3 E 1309.

d'importance inégale. Du 15 juin au 9 février, soit moins de sept mois[444], ou du 14 juillet au 15 mars, soit huit mois pour l'édification d'une maison en pan de bois à Dieuze[445] ; du 11 mai pour le 24 juin, un délai de moins de deux mois, bien court, il s'agissait là d'une simple restauration qui ne demandait pas l'ouverture d'un chantier complet.

***La rétribution des ouvrages.*** Les rétributions étaient variables, en fonction de l'importance de l'ouvrage, par contre, les modalités de paiement se montraient assez voisines. En 1695, pour des travaux sur le couvent de Bassing[446], les 900 f barrois convenus seraient payés par tiers : au commencement, à la moitié des travaux et à leur accomplissement. La même année, à Dieuze[447], le premier tiers était fixé à quinze jours après le début des travaux, le deuxième à moitié et le troisième à leur réception, un terme qui rend mieux compte de la formalisation du contrat ; la réception était implicitement connotée d'une valeur juridique, du moins était-elle opposable pour les débats d'une éventuelle démarche contentieuse. Assez souvent, la rétribution du maçon n'était fixée à date déterminée que pour compte : à Dieuze, en 1711[448], on paierait 150 # à l'ouverture du chantier, le reste des 950 # se solderait au fur et à mesure de l'avancement de l'œuvre, ce qui impliquait une estimation permanente des besoins et de la valeur du travail. La règle semble courante mais, bien souvent, l'acompte n'était pas demandé, à Kirviller, en 1683[449], comme à Val[450], en 1685, à Altwiller en 1693[451], où la rétribution se ferait graduellement dans le courant des travaux. Seul, un contrat de Dieuze, en 1733, prévoyait un véritable étalonnement des opérations puisque l'on paierait, au fur et à mesure, 6 livres pour chaque toise carrée de maçonnerie construite[452] ; le règlement ne se ferait donc pas au forfait mais au métré. Il était plus rare que ce règlement intervint seulement à la fin du chantier, ce fut le cas à Cutting en 1685[453]. Du moins, pouvait-il être conditionné à certaines échéances de livraison de matériaux : sur les 275 f barrois convenus pour Kerprich[454], 50 f seraient payés quand le bois serait sur place, ce qui valait commencement effectif de l'ouvrage ; le solde viendrait graduellement. Le gros des paiements s'effectuait en argent, il arrivait qu'on paie accessoirement en nature : en plus de 500 # tournois, on fournirait à ce charpentier de Dieuze, en 1693[455], de la nourriture, des paires

444 AD Moselle 3 E 1317.
445 AD Moselle 3 E 1314.
446 AD Moselle 3 E 1314.
447 AD Moselle 3 E 1314.
448 AD Moselle 3 E 1317.
449 AD Moselle 3 E 1308.
450 AD Moselle 3 E 1309.
451 AD Moselle 3 E 1310.
452 AD Moselle 3 E 1387.
453 AD Moselle 3 E 1309.
454 AD Moselle 3 E 1309.
455 AD Moselle 3 E 1314.

de souliers et de mules pour lui et ses ouvriers. A Biderstroff, en 1685[456], on donnerait 300 f à la moitié de l'ouvrage, 500 f à la fin, plus du froment et du lard de temps en temps, quand les ouvrages avanceraient. On assurait donc l'intendance, ce qui libérait les ouvriers de cette astreinte.

***Des contrats « d'entreprises générales », à dominante de maçonnerie.*** Nous possédons deux contrats de construction de maisons entières, de la cave à la toiture, des maisons de ville classiques toutefois, c'est-à-dire, à maçonnerie exclusivement porteuse et à charpente à fermes, supportant uniquement la toiture. L'ordre de construction se montrait donc des plus conventionnels : la maison était édifiée de bas en haut. Ces contrats ne sont pas encore de véritables devis, il leur manque la précision des descriptifs détaillés du XIXe siècle[457], pour les bâtiments communaux, par exemple, qui comportent à la fois les métrés et les recettes de mise en œuvre, du moins les normes d'usage des matériaux, et déterminent bien souvent leur qualité et leur origine. Les contrats du XVIIIe siècle étaient sans doute élaborés par l'artisan, à titre d'expert, au nom de la confiance qu'on pouvait lui porter ; le tabellion lui-même avait peut-être un avis sur la question, en matière de droit, mais aussi en raison de son expérience en contrats pareils. Il fallait bien que les trois parties - le juriste, le client et l'artisan - s'accordent sur la capacité du dernier à conduire à bien tout ce que l'accord ne détaillait pas : le savoir-faire et la mise en œuvre étaient de son ressort. Un expert n'était pas toujours requis pour la réception des travaux ; de toute façon, il n'aurait pu être qu'un homme du métier, bien proche de son confrère.

La première maison fut édifiée à Dieuze, en 1711[458] ; le chantier comportait des ouvrages de charpenterie et de maçonnerie, il fut confié au même artisan qui sans doute, employa des ouvriers des deux états. Cela fait une différence avec les artisans de village, spécialisés dans un seul domaine. Ce chantier se fit sur plan, auquel on eut recours « le cas échéant ». L'opération consisterait à construire une cave avec une écurie au-dessus, à installer une chambre, un grenier et un faux grenier sur celui-ci. On commencerait donc par terrasser la cave, à vidanger les terres puis à étaler les quatre faces de l'excavation et à battre le sol. Ensuite, on maçonnerait la base des murailles sur des fondations de deux pieds et demi d'épaisseur, laquelle serait réduite de six pouces au niveau du premier plancher situé au-dessus de la cave. Le tout serait crépi, au dehors, avec du sable de l'étang de Lindre. Les moellons resteraient donc nus à l'intérieur où la maçonnerie n'avait à être ni belle ni protégée. Les dimensions des maçonneries, indiquées par le contrat, seraient de trente-quatre à trente-cinq pieds de hauteur, tant pour la cave, l'écurie, la chambre que le grenier du dessus

[456] AD Moselle 3 E 1309.

[457] On les trouve dans la série O des archives départementales, concernant les affaires communales, au XIXe siècle.

[458] AD Moselle 3 E 1317.

(quatre niveaux), une hauteur globale, bien sûr, qui tournait autour d'une dizaine de mètres.

Sur la cave, seraient installées des traneures de vingt pieds de longueur pour une section de 10 par 12 pouces, et sur ces traneures (il faut sans doute le comprendre ainsi), seraient installés des madriers de 15 pieds de longs, d'un de large et de 4 pouces d'épaisseur. On poserait donc directement sur les maçonneries de la cave un solivage destiné à constituer son plafond et à servir de plancher pour la pièce du dessus. La chambre, sur la cave, devrait être pavée, on peut imaginer qu'il s'agissait de pavés de pierre, posés à sec et mis en colle de ciment, c'est-à-dire qu'ils seraient soit posés à même les madriers, soit mis en place sur une forme de sable, mais celle-ci n'est pas mentionnée et, sans doute, jointoyés avec un ciment dont on ignore la nature[459]. Cette surface pavée devrait être conçue en pente, de manière à faciliter l'écoulement des eaux.

Cette chambre devrait être équipée d'une cheminée en plâtre, ou du moins plâtrée car ce matériau ne peut être porteur, et munie de deux fenêtres, un signe évident de confort et de classe urbaine, voire sociale, alors que les maisons rurales n'ont compté deux fenêtres par pièce qu'à partir du milieu du XIXe siècle. Au-dessus de cette chambre seraient installés d'autres traneures et planchers en sapin, matériau déjà courant à cette époque et en ce lieu. Les murs de la chambre seraient construits de dalles, aux trois places, une précision qui vient obscurcir la compréhension de ce texte, le contrat précisant ensuite que l'on ferait des dalles depuis le dessus de la cave jusqu'au dessus de la dite chambre, de 20 à 22 pieds de hauteur, et sur toute la longueur de la maison. C'est-à-dire que ces dalles seraient placées sur deux niveaux : celui de la cave et celui du rez-de-chaussée. Quant au toit, il serait mis à niveau sur toute sa longueur, donc relevé sur l'avant de la maison pour être raccordé avec la nouvelle hauteur de l'écurie, ce qui conduisait à rehausser également la vieille cheminée.

Le second exemple, pour Dieuze, en 1724[460], intéresse la construction d'une véritable maison de laboureur puisqu'elle possédait un corps de logis, une grange, une écurie à chevaux, une autre à vaches, un banon et un battoir. Le contrat est légèrement plus précis sur la nature des matériaux qui se montraient des plus courants : maçonnerie de chaux et de sable, maçonnerie en plâtre, charpente, menuiserie, ferrures, serrureries, vitres au verre et au plomb. Contrairement à la maison précédente, on ne creuserait pas de cave mais on prévoyait des excavations pour les fondations des murs de contour dont on ne donnait pas la profondeur sauf qu'on précisait qu'ils seraient posés sur le bon fond jusqu'au rez-de-chaussée, c'est-à-dire au niveau du pavé de la

---

459 Aujourd'hui, l'acception de ciment s'attache à un liant fortement hydraulique, pouvant faire prise dans l'eau, distinct des liants aériens (argile, chaux aérienne et plâtre) qui ne font prise qu'à l'air.

460 AD Moselle 3 E 1323.

chaussée. Il serait fait retouche de trois pouces de chaque côté, comme précédemment, leur épaisseur serait donc plus forte dans leur partie enterrée. Ces murs possèderaient ainsi une bonne assise sans que rien ne puisse les protéger de l'humidité du sol, des remontées par capillarité et des jets de pluie. Ensuite, les murs porteurs seraient élevés, sur 18 pieds, jusqu'à la toiture qui serait faite de tuiles creuses[461]. En troisième lieu, seraient construits les murs de séparation, donc les cloisons et les refends, ces derniers étant porteurs et s'élevant, pour la séparation entre le logis et l'écurie, jusque sous le faîtage ; il s'agirait bien d'un pignon intérieur dont la présence dispensait de charpente puisqu'il portait le toit.

Après le travail des maçons, qui sans doute avaient également réalisé les travaux de couverture, venait celui des menuisiers qui installeraient les bois dans la maison. Une fois les murs élevés, ils poseraient les croisées, les châssis des portes et les vitres ; ces croisées auraient une grosseur de 7 à 8 pouces pour les plus ordinaires et de 10 à 12 pouces pour la grande porte de grange. Les bois, c'étaient aussi les traneures, ou transures, partout indispensables dans le corps de logis, le grenier, les écuries à chevaux et à vaches ; on les couperait à la longueur nécessaire, c'est logique mais selon l'endroit, elles subiraient un traitement esthétique différent : elles seraient blanchies, cardonnées, donc débarrassées de l'écorce, sauf sur les écuries et les greniers où elles seraient posées brutes ; en plus de l'économie de main-d'œuvre, on voulait ainsi marquer une différence de valeurs entre les divers lieux de la maison. Puis seraient établies les cloisons, notamment les séparations des appartements, tant en charpente qu'en maçonnerie et en plâtre. La maison recevrait ensuite ses foyers qui s'intègreraient aux appareillages de pierre : une cheminée à l'étage, dans la chambre située au-dessus du poêle, une grande cheminée en charpente, la souche extérieure étant construite en brique et non en pierre. Le four à pain, lui-même couvert de tuiles, se trouverait donc à l'extérieur ou du moins, le cul de four ferait-il saillie à l'extérieur alors que les fours à pain lorrains sont le plus souvent intégrés dans la cheminée et contribuent à chauffer la chambre de derrière. Enfin, on creuserait et l'on maçonnerait un puits dans la cour.

Après la pose des traverses, donc des solives, les planchers seraient aussitôt installés, partout en sapin, en simple épaisseur, sauf au-dessus des chambres, du poêle, de la cuisine et du cellier qui seraient prévus à double épaisseur en raison du poids du grain entreposé dans le grenier, utilisé donc dans son acception étymologique ; ce détail montre qu'on entendait faire jouer à ces planchers un certain rôle porteur normalement dévolu au solivage, l'espace entre les solives étant trop grand pour qu'une planche ordinaire fût utilisable sans céder.

---

[461] Cette frontière passe grossièrement, depuis la fin de la guerre de Trente ans, par le tiers oriental de l'actuel département de la Moselle, selon une ligne Saint-Avold/Sarrebourg.

Le choix était lui-même inégal entre la menuiserie de la porte d'entrée du logis et celles des autres ouvertures, la première serait en chêne et les secondes en sapin. Les murailles seraient crépies avec de la bonne chaux et du sable de l'étang de Lindre, par le dehors du corps de logis, on ignore donc si le corps d'exploitation serait lui-même enduit, il ne serait sans doute pas plâtré intérieurement comme le logis, le contrat parle seulement de maçonnerie de plâtre, il ne pouvait s'agir que de revêtement intérieur puisque l'extérieur l'était à la chaux.

***Contrats essentiellement de charpenterie.*** Pour les maisons en pan de bois, le domaine du charpentier était plus restreint en termes de matériaux, mais plus complet puisqu'il travaillait de bas en haut de la maison ; le maçon n'était pas absent, sa tâche se limitait cependant aux maçonneries des murs de cave, aux chemises de cheminée, aux enveloppes de four. Le charpentier intervenait bien sûr sur les maisons de pierre pour en construire la charpente, il lui arrivait également de faire le travail du menuisier dont la profession n'était jamais spécifiée dans les devis, c'est ainsi qu'un charpentier avait à installer les fenêtres du poêle, de la cuisine et de la chambre, et les planchers de telle maison de Dieuze[462]. En principe, le domaine du charpentier restait le bois, celui du maçon la pierre, nous avons quand même vu, avec l'exemple des frères Lerouge, que leur état pouvait aller jusqu'à faire qualifier d'architectes. En 1693, un contrat de charpenterie, ainsi nommé[463], conduisait l'artisan a exécuter toute la charpente d'une maison, y compris le poêle et la chambre basse devant, la cuisine derrière, la chambre de l'autre côté de l'allée puis, à l'étage, la chambre haute devant, le cabinet à côté, deux autres chambres derrière et le grenier dessus. Dans la mesure où le terme de charpente est généralement employé à double sens : simple structure de toit pour les maisons en pierre, ossature complète des murs pour la maison en pan de bois, nous n'avons d'autres moyens que ce type de contrat, de charpenterie ou de maçonnerie, pour identifier la nature de la construction en question ; ce serait une maison en pan de bois que le charpentier devrait couvrir, tout autour (en clos vertical), de « *dalles croisées à la mode d'Allemagne* », une formule qui pourrait se traduire par la mise en place de hourdis (le remplissage du pan de bois), exécutés selon un procédé étranger et recherché (il vient d'Allemagne et est à la mode) dont nous ignorons tout sauf qu'il confirme l'influence de corps de métiers allemands dans la reconstruction de l'habitat de l'est lorrain ; leur style et leur signature se reconnaissent encore aujourd'hui sur des maisons préservées de la Lorraine germanophone[464].

---

[462] AD Moselle 3 E 1314.
[463] AD Moselle 3 E 1314.
[464] Loudrefing, cadastre allemand non daté, section F 46.

**8.4, les matériaux et leur mise en œuvre.**

Dans le détail, les contrats d'ouvrage explicitent certains procédés de mise en œuvre des matériaux ou d'état des structures qui permettent pour partie d'approcher la typologie de l'habitat ancien caractérisée, par exemple, pour cette maison de Dieuze, en 1695[465], par la façon d'extérioriser le four de la maison, l'ouverture se situant néanmoins dans la cuisine, ce qui paraît le plus courant, le cul du four se trouvant au dehors. Le plus souvent, ces détails concernent des procédés de fabrication, de conditionnement ou de mise en œuvre des matériaux. Sans rien apporter à la connaissance technique de l'habitat, certains nous renseignent sur l'importance de la propagation des modes et sur le choix des modèles de construction ; on a parlé, plus haut, de dalles croisées à la mode d'Allemagne, voici évoqué, à Dieuze, en 1695[466], une « *façon de pierre de taille et des plis à la mode* », ce qui témoigne d'un certain discernement temporel et géographique des styles d'habitat. D'autres précisions intéressent des recettes du bien construire, elles tranchent souvent sur nos propres observations du bâti dont la mise en œuvre ne remonte souvent, il est vrai, qu'au XIX^e^ siècle. On note par exemple, en 1704, à Rorbach[467], que les premières et les dernières tuiles seront maçonnées au mortier. On précise, pour Val, en 1685[468], que tous les bois nécessaires seront coupés à la fin de cette lune, une condition toujours admise aujourd'hui pour avoir du bois plus solide et plus facile à sécher. Cette recette de bon sens repose sur l'observation empirique que la sève est moins fluente en fin de lunaison.

Pour la maçonnerie, la description des procédés de fabrication diffère peu de ce qu'en révèle l'observation physique des structures de maisons mais elle se montre assez mal détaillée, du moins pour nos besoins de connaissance ; pour les contemporains, il suffisait de s'exprimer à demi-mots pour se comprendre sur des techniques entendues. Il est par exemple prescrit, pour Dieuze[469], que les murailles seront faites de bon mortier à chaux et à sable en observant partout de bonnes liaisons, à dire d'expert. La formulation insiste donc sur la qualité du matériau - il doit être bon - et sur le contrôle du travail en cours puisque les liaisons (les joints) ne sont perceptibles qu'au moment de leur exécution, ensuite elles ne sont plus visibles. Ces conditions sous-entendent la présence régulière sur le chantier d'un architecte ou du moins d'un substitut, quoiqu'il ne soit expressément ni déterminé ni désigné dans le contrat. Il est impossible par ailleurs de savoir en quoi consiste un bon mortier pas plus que nous ne connaissons les dosages respectifs en chaux et

---

[465] AD Moselle 3 E 1314.
[466] AD Moselle 3 E 1314.
[467] AD Moselle 3 E 1311.
[468] AD Moselle 3 E 1309.
[469] AD Moselle 3 E 1387.

en sable. Surtout, nous ignorons si ce mortier de chaux sert à maçonner les pierres en profondeur alors que notre connaissance de la technologie de la pierre montre, qu'ordinairement, les moellons sont maçonnés à la terre argileuse, le mortier de chaux n'étant utilisé que pour les jointoiements extérieurs et les crépis.

Une fois la maçonnerie construite, il faut l'accommoder, extérieurement, pour la protéger des intempéries, intérieurement, pour la rendre agréable à vivre et hygiénique. Pour cela, le constructeur dispose de trois matériaux : le mortier de chaux (constitué d'un mélange d'un tiers à un quart de chaux grasse ou hydraulique naturelle, et de deux tiers à trois-quarts de sable), le lait de chaux, provenant d'un mélange d'eau et de chaux grasse (on dit aujourd'hui, chaux aérienne éteinte), auquel on ajoute peut-être un fixateur parce que ce mélange est pulvérulent, et le plâtre, matériau local, ponctuellement utilité en Moselle en revêtement extérieur et intérieur de mur et sous forme de dalle armée de chêne, en sol d'étage. Le lait de chaux possède des vertus prophylactiques et lumineuses et revêt une valeur esthétique ; on l'utilisa, à Kirviller[470], en 1683, pour blanchir tout le dedans de la maison, à la réserve des greniers ; à Dieuze, les maçonneries seraient également crépies et blanchies à l'extérieur, on crépirait donc les maçonneries avant de les chauler. Quant au plâtre, il servait de matériau de finition ou de liaison entre la maçonnerie et les encadrements d'ouverture, par exemple, à Dieuze, en 1695[471], il devait être employé tout autour des fenêtres ; on imagine donc qu'il servirait à habiller le pourtour de l'ouverture, au moins derrière l'encadrement, sinon devant, vers l'extérieur. Pour Dieuze, en 1725[472], le contrat spécifie qu'il serait fait deux dalles en maçonnerie de plâtre et en charpente, ce qui peut laisser entendre que le plâtre serait employé en remplissage du pan de bois, il serait surprenant, du moins inattendu qu'il le fût dans toute l'épaisseur du hourdis. Notre connaissance de l'habitat en pan de bois du secteur tend à laisser penser que le plâtre n'était mis en œuvre qu'en recouvrement du torchis, peut-être même en recouvrement complet du pan de bois mais pas en profondeur de hourdis. Pour la même construction, le plâtre servirait à constituer une dalle jusqu'aux chevrons de la toiture ; nous reviendrons un peu plus loin sur le sens ambigu que prend le mot de dalle. Autre doute, pour ce même contrat, avec le terme « bâtard », « *le contour de la dite chambre en plâtre bâtard et blanchi* » ; blanchi au plâtre ? Au lait de chaux ? Enfin, le plâtre sert de matériau de décor et de confort, ce qui permet d'établir une certaine distinction entre les lieux habités ; pour Bisping, en 1731[473], tel acte notarié précise que le poêle et la cuisine seraient bâtis de plâtre, que la chambre arrière et les écuries le

---

470 AD Moselle 3 E 1308.
471 AD Moselle 3 E 1314.
472 AD Moselle 3 E 1376.
473 AD Moselle 3 E 1329.

seraient de terre, sans que l'on puisse mettre de la terre dans le plâtre, un mélange de toutes façons incompatible.

***Les visites d'experts.*** Quelques décennies plus tard, les visites d'experts, effectuées le plus souvent lors des ouvertures de tutelle, donnent une idée de l'état d'entretien des maisons qui souvent, allaient échapper aux mineurs parce qu'elles se trouvaient tant délabrées que leur restauration serait d'une charge insupportable. Nous avions, à lire le gruyer de Sarralbe[474], émis un doute sur son estimation de la durée de vie d'une maison en pan de bois qui n'excéderait pas vingt à trente ans. Cela paraît peu au regard de la longévité de ce patrimoine aujourd'hui conservé, il est vrai en piteux état tant qu'il n'a pas été restauré par nos soins. L'acception somme toute très moderne de la restauration tend à suggérer que l'architecture paysanne traditionnelle n'a jamais été aussi brillante qu'aujourd'hui, alors que nous la considérons à partir de nos propres valeurs domestiques à condition, bien sûr, qu'elle ait été maintenue dans son caractère historique. Visiblement, ces maisons n'ont, en leur temps, jamais fait l'objet d'entretien sérieux, on les a laissé devenir vétustes assez rapidement et si la question de leur valeur marchande ne se posait pas à l'occasion des comptes de tutelle, on les aurait laissé s'effondrer. Des maisons à jeter après usage, pour ainsi dire, le temps d'une génération de propriétaires et peut-être même avant puisque la mort de ceux-ci survenait souvent avant terme. Les descriptions qui suivent nous laissent dans l'impression d'édifices arrivés au bord de la ruine alors qu'ils n'avaient certainement pas cinquante ans d'ancienneté et ne connaissaient pas l'abandon, principale cause de la ruine des maisons aujourd'hui.

## 8.5, les désordres observés par visites d'experts.

Dans l'ensemble, nous ne disposons que d'observations empiriques et partielles des niveaux et des rapidités d'usure de ces maisons en pan de bois de l'est mosellan. Elles montrent que leurs structures souffraient de défauts de constructions propres au genre et qu'elles subissaient de façon très inégale les effets du climat selon leur orientation aux vents et aux pluies. Une ossature en bois du XVIII^e^ siècle reste aujourd'hui presque neuve si elle est tournée vers l'est et vers le nord, à l'abri des pluies apportées par les vents dominants ; elle se dégrade plus rapidement si elle est orientée à l'ouest ou au sud. Bien qu'usées, ces structures ont pu rester en place pendant plus deux cent ans, le besoin de leur remplacement ne se faisant sentir que pour les nécessités de programmes de restauration donnés. Ce remplacement devenait par contre plus urgent, donnant raison au gruyer de Sarralbe, lorsque le désordre était dû à une fragilité conceptuelle. La bonne règle veut qu'un pan de bois repose sur un soubassement hydrofuge de brique ou de pierre, de

[474] Voir *supra* p.76

manière à ce qu'il ne soit pas au contact des rejaillissements de l'eau de pluie tombée au sol, des remontées d'eau par capillarité du sous-sol et des eaux stagnantes. Dans l'est mosellan, cette précaution élémentaire paraît ne pas avoir été respectée, les sablières basses[475] étaient posées à même la terre ou bien installées dans le meilleur des cas sur un simple lit de pierre ; il en résultait une détérioration assez rapide de la moitié inférieure de l'ossature qui a pu nécessiter, dans un village comme Bisping, des reprises en pierre sur toute la hauteur des rez-de-chaussée, au milieu du XIX^e^ siècle.

D'autres désordres pouvaient contribuer au délabrement apparent du pan de bois, par exemple, en raison du manque de solidarité entre l'ossature et son remplissage de torchis même si le système de clayonnage, employé dans l'est mosellan, est d'une meilleure tenue que d'autres procédés plus classiques, comme ceux de Picardie[476]. Sans aller jusqu'à se détacher du pan de bois, les hourdis pouvaient se déchausser, ils n'étaient de toutes façons pas étanches au niveau de l'interface bois/torchis et laissaient passer l'air, le froid, éventuellement les eaux de ruissellement. En plus, le jeu naturel du pan de bois et sa déformation inévitable, conduisaient au cisaillement des enduits qui auraient été appliqués d'un seul tenant sur la surface du pan de bois et non pas hourdis par hourdis, en laissant les bois apparents. Le chaume est de faible longévité, vingt à trente ans, au mieux ; la tuile, plate ou creuse, est plus résistante mais la première peut faire se rompre les liteaux et la seconde, dépourvue de système d'accrochage, finit par glisser sur son support, à moins de s'astreindre à un entretien régulier de la toiture. Il ne semble pas que cet effort ait été accompli dans une moindre mesure. Les rapports de visite de maisons, au XVIII^e^ siècle, sont consternants, ils décrivent l'état des lieux que nous pourrions faire aujourd'hui pour des maisons inoccupées depuis deux à trois décennies, or, ces maisons-là étaient habitées ou délaissées depuis peu au moment de l'examen.

Voici trois exemples, provenant de ces rapports d'artisans-experts. Le 16 mai 1743, était visitée la maison des héritiers de Joseph Malgras, par François Lang, maréchal-ferrant, Jean Tribu, charpentier, et Thomas Barbier, maçon ; tous trois experts patentés du village[477]. Ils remarquèrent que dans le poêle, les planches d'en bas étaient à moitié pourries et les dalles d'alentours à moitié tombées (les hourdis du pan de bois étaient déchaussés), que le fourneau était fendu, que le four était en très mauvais état et le fenil à moitié pourri, que les dalles et le tuyau de la cheminée étaient déficients, de même que les trois premiers greniers et que l'apparoit (le pan de bois) tourné au soleil couchant, bien que couvert de chons (ce mur orienté à l'ouest, donc au pluie, était protégé par des essentes). La toiture était également mauvaise,

---

[475] Grande poutre horizontale placée à la base du pan de bois.

[476] Où le torchis est simplement serré entre des lattes. Mais le pan de bois est en principe recouvert d'un fin lattis destiné à recevoir un mortier de terre et de chaux.

[477] AD Meurthe-et-Moselle Bj 10467.

l'écurie à chevaux n'avait pas de crèches, la grande porte de grange était brisée, on ne comptait dans toute la maison que trois serrures et deux verrous et il manquait deux portes et trois volets - la sécurité n'était donc pas mieux assurée que le confort. On imagine mal, avec un tel constat, qu'il fût dans l'intérêt et dans les moyens des mineurs de procéder à des travaux de restauration ou d'envisager de louer la maison en espérant rentrer dans leurs frais. Cette maison en déshérence sera vendue pour l'usage direct du nouveau propriétaire dont le propre investissement, si toutefois il engageait les dépenses d'entretien, ne se traduirait qu'en rente de jouissance domestique. En l'espèce, cette reconstruction initiera le nouveau possesseur dans un bâtiment quasi neuf, cette maison-ci n'ayant plus valeur de patrimoine transmissible.

En décembre 1748, ce furent également un maréchal, un charpentier et un maçon qui visitèrent la maison des mineurs de Nicolas Feltin[478] ; leur démarche se voulut plus constructive, pour ne pas dire reconstructive puisqu'ils firent un constat plus négatif que le précédent et le traduisirent en termes de travaux à effectuer et non pas simplement en état des lieux susceptible de décourager toute volonté de remédier aux désordres. Faut-il y voir une ouverture qui permettrait aux mineurs de conserver un patrimoine dont ils ne pouvaient avoir un usage immédiat alors que la brisure de leur cercle de famille les éloignait du besoin d'occuper cette maison ? Le descriptif n'est visiblement pas meilleur que plus haut, c'est le moins qu'on puisse dire, la dégradation du bâtiment se montrait même avancée. Il faudrait rétablir le grand apparoit (le pan de bois du pignon) et le gouttereau de devant (le pan de bois de la façade avant), jusqu'à la porte de grange, le tout à neuf, en plus des deux pignons de chaque côté du battoir (les fermes de charpente qui encadraient la travée de la grange, le battoir se rapportant au sol de celle-ci). Pour le logis, le grand apparoit serait à regarnir de planches à chons (s'agit-il du pignon ?). On devrait « rensenlir » (le terme nous échappe) l'apparoit de la grande allée (du couloir qui mène d'une façade à l'autre), du côté des écuries, par une maçonnerie (de pierre ?). Le dessus du four serait à reconstruire ; dans le poêle de devant, le fourneau de tuile creuse se trouvait en très mauvais état ; le plancher du grenier était tombé au-dessus de la cuisine, la paroi de la grande allée, contre l'écurie, était seulement garnie de planches (les remplissages de torchis avaient donc disparu, s'ils n'avaient jamais existé) ; du côté du couchant, au long du grand apparoit (ce terme de grand peut correspondre à une ossature de pignon, nécessairement plus haute qu'une ossature de façade), les deux écuries de porcs étaient détériorées. Il faudrait encore réparer cinq autres apparoits et la toiture serait couverte de chaume, ce qui laisse présumer de nombreux désordres.

[478] AD Meurthe-et-Moselle Bj 10467.

Enfin voici, décrite en 1757, la maison de Mathieu Lejeune, du moins les écuries, la grange et les engrangements, c'était donc une maison de laboureur[479]. Du côté du pignon ouest, celui qui recevait la pluie et se montrait donc plus fragile, la fondation était en partie démolie ; nous ne savons pas de quoi elle était construite puisque cette observation contredit par les mots notre hypothèse selon laquelle ces maisons n'avaient pas de fondation. Le document parle par ailleurs de seuil ; celui-ci se réduirait-il à la sablière basse ? Sur le grand pignon, quelques planches s'étaient détachées ; s'agit-il d'un revêtement de torchis, distinct de ces autres planches, qui sont du moins manquantes, à mettre sur le bout des pannes et qui s'assimilent à des planches de rives ? Le seuil de l'écurie des porcs, qui faisait suite au pignon, donc à l'arrière de la maison, était pourri - on peut supposer que ce seuil était en bois. Dans l'ensemble, les écuries se trouvaient délabrées ; dans celle des chevaux, les râteliers étaient ruinés, il manquait des planches et la porte avant était enfoncée ; en plus, quatre dalles étaient tombées du gouttereau de devant, au-dessus de l'écurie, c'est-à-dire que le clos vertical du grenier ne se trouvait plus assuré. Dans l'écurie des vaches, une dalle avait chuté sur l'avant, une autre sur l'arrière. Enfin, la totalité de la toiture, de l'écurie et de l'engrangement était dérangée. C'était donc tout le corps d'exploitation de cette maison qui souffrait de désordres. La demeure n'était pourtant pas de modeste classe puisqu'elle comportait une première écurie pour les chevaux, entre le logis et la grange, et une seconde pour les vaches, à l'extrémité, de l'autre côté de la grange. Tôt ou tard, le point de non retour risquait d'être franchi, rendant toute restauration impossible et nécessitant une reconstruction totale, d'autant plus qu'en matière de pan de bois, il est souvent préférable de tout remettre à plat (au sens propre puisque le charpentier travaille à partir d'une épure tracée au sol, grandeur nature). Mais ici, l'ossature ne semblait pas être touchée, seuls, certains remplissages en torchis étaient à reconstruire, toutefois, le toit serait sans doute à reprendre entièrement. Une conclusion s'impose : l'entretien régulier n'était pas assuré, ou mal, on avait supporté un état de dégradation avancé jusqu'à ce qu'il fut devenu intolérable et souvent, l'intolérable ne se déclarait qu'au moment des successions quand la valeur marchande de la maison était en cause ; jusque-là, on ferait avec.

---

[479] AD Meurthe-et-Moselle Bj 10467.

**8.6, les intervenants sur le chantier.**

Certaines maisons étaient toutefois restaurées pendant la tutelle, elles restaient donc en main des mineurs. Les comptes de tutelle rendent le détail de ces travaux, ce qui nous sert à connaître l'ensemble des intervenants sur ces restaurations. Sans doute étaient-ce les mêmes qui construisaient les maisons, des artisans du cru qui se servaient des matériaux locaux, à l'exception de quelques produits manufacturés comme le verre ; les ferrures, le maréchal-ferrant s'en chargeait. Mais il n'est pas toujours facile de différencier les véritables artisans - professionnels -des artisans occasionnels bien plus souvent identifiés comme manœuvre par l'état civil ou les rôles d'imposition ; ceux-là étaient des amateurs mais ils possédaient le tour de main et leur ouvrage ne demandait pas une grande technicité. Par exemple, Nicolas Grégoire, d'Angviller[480], était désigné en 1738 comme recouvreur en paille, il avait raccommodé la toiture de mineurs pour 35 sols ; il faisait donc sa spécialité de cette activité, peut-être pas à plein temps. Son statut indique par ailleurs que le chaume était encore courant à cette époque et sans doute même généralisé. La tuilerie de Bisping ne lui faisait pas une redoutable concurrence. En plus, les techniques de couverture en paille sont simples et spécifiques aux pays d'habitat ; peu étudiées, la plupart ont disparu.

En 1740, le compte de tutelle établi au profit des mineurs de feu Mathieu Montigny détaillait l'ensemble des corps de métiers intervenus sur la maison des orphelins[481] ; ces travaux avaient été commandés par leur tuteur, en 1737, et réalisés la même année. L'état civil et surtout les listes d'imposition permettent de savoir lesquels étaient du métier. Pour le gros œuvre, Michel Grand, charpentier, avait fait les réparations sur l'ossature et fourni une voiture de boces (nous reviendrons sur ce terme) pour les ouvrages de charpenterie, ainsi que quatre voitures de terre et une de brique. Côté maçonnerie de pierre, Florent Maget, maçon avéré, était à l'œuvre, pourtant, la maçonnerie était limitée à Bisping, cela explique qu'il fut le seul maçon et qu'il exerça en plus les fonctions de sergent. Il effectua au plus quelques réparations avec des planches et fournit des voitures de terre ; on peut croire qu'il mit lui-même en œuvre celle-ci, ce n'est pas certain. Le remplissage du pan de bois était souvent l'affaire des manœuvres, bons à tout faire, à arracher la terre à torchis, à la charroyer, peut-être à l'appliquer. En plus de ces tâches, Jean Thiébaut posa du plancher, l'ouvrage ne présentait pas de difficultés.

Jean Lallement, lui-même manœuvre, remplit quelques fonctions polyvalentes dans ce travail de restauration. Il arracha et chargea cinq voitures de terre pour 36 sols, il livra un demi-millier de clous pour les planchers des greniers et de la chambre, pour 50 sols, plus 25 sols de

[480] AD Meurthe-et-Moselle Bj 9871.
[481] AD Meurthe-et-Moselle Bj 9871.

planchers et de clous mis autour de la maison (il devait s'agir d'un bardage posé en revêtement extérieur), et se procura deux verrous de porte au prix de 4 livres 15 sols. Ensuite, il transporta respectivement sur le chantier, quatre-vingt, puis cent douze, puis cent boces, quatre-vingt-quatorze boceaux, quatre voitures de terre, quatre voitures de briques, deux autres de boces, deux fers pour un fourneau, de nouvelles voitures de terre, trois cent et demi de briques, deux fourneaux de tuiles qu'il conduisit de la tuilerie à la maison. Le temps passé dans ces transports de terre cuite fut d'une demi-journée.

Quelques autres personnes pourvurent aux mêmes besoins : Michel Marchal, laboureur, apporta quatre voitures de terre et une de brique ; Jean Pléneurt, autre laboureur, provisionna un cent de beausses pour la couverture, apparemment des bottes de paille ; Jean Lallement, manœuvre, arracha cinq voitures supplémentaires de terre qu'il disposa sur la maison. Christophe Marchal était déclaré couvreur de paille mais il n'apparaît pas dans le rôle d'imposition de Bisping, ce devait être un artisan extérieur. Il refit la toiture à neuf et sans doute une partie des hourdis et des enduits, s'il se trouvait des brèches sur le devant ; pour les remplissages, il couperait lui-même les lattes, les clayonnages et les hards nécessaires, à condition que le maître d'ouvrage se fît délivrer un canton dans la forêt. Enfin intervint Antoine Berlin, le vitrier, d'on ne sait où, peut-être d'Albestroff en tous cas pas de Bisping ; sa tâche fut limitée puisqu'il ne posa que trois carreaux.

***L'origine des matériaux de construction***. L'analyse des autres comptes de tutelle serait répétitive si elle ne servait à évaluer la qualité des matériaux utilisés et de spéculer sur leur origine, en principe très locale. Nous pouvons confronter ces descriptions succinctes de travaux avec nos observations des maisons et avec notre connaissance des lieux d'extraction, avérés ou présumés, de la plupart de ces matériaux. Pour les sources écrites, nous ferons une synthèse entre deux comptes-rendus de visite, l'un de 1742, l'autre de 1748. Pour les maisons, nous utiliserons des descriptions de structures peu ou prou conservées dans leur état d'origine, dont au moins une partie n'a pas subi de modifications ; pour les lieux d'extraction de matériaux, nous en appellerons à une certaine mémoire orale, à notre propre parcours du territoire de Bisping, aux photos aériennes de l'IGN et de la Direction Départementale de l'Equipement[482].

Dans l'ensemble, les travaux de restauration décrits se rapprochaient, par leur nomenclature et leurs matériaux, de la construction d'une maison, différence faite d'un certain nombre de techniques de mise en œuvre. Par exemple, les reprises sur toiture demandent d'autres procédés que pour la création d'une toiture entière ; de même, le pan de bois, à moins d'être démonté, nécessite un traitement différent des assemblages. Par contre, la réfection d'un plancher ou la remise en état d'un hourdis de torchis peut être conduite à l'identique. Pour commencer, voici quatre voitures de bois livrés

[482] Photo DDE de la Moselle, 57 IFN 79 08 170 P.

par Jean Thiébaut, manœuvre[483], pour le rétablissement d'une maison, le terme est générique, on ignore la qualité et la destination de ces bois mais leur origine est évidente, ils venaient du marronage autorisé dans la vaste forêt de Bisping. Le territoire en comptait plus de mille arpents dont plusieurs centaines appartenaient à la communauté ; cela suffisait à pourvoir aux besoins d'un parc bâti qui comptait entre soixante et cent maisons. Le bois s'employait également en toiture : il fallait, pour ajuster la couverture à la charpente, des pannes, des chevrons et des lattes ; les documents parlent de harts, de bois et de perches. Comme ils ne coûtaient rien, ou si peu, les comptes sont établis en nombre de journées de travail, par exemple, trois journées de trois personnes pour couper les perches de la toiture.

Les terres qui servaient à confectionner le remplissage du pan de bois se trouvaient à portée de main[484], elles furent par exemple livrées par Nicolas Aquerbach, manœuvre, chargé de les arracher et de les charger ; elles allaient servir à faire les dalles de la maison, peut-être en serait-il l'artisan ? Prises en forêt, on peut penser qu'elles étaient gratuites, en tout cas bien choisies parce qu'une analyse comparée entre de l'ancien torchis, prélevé sur une maison du XVIIIe siècle[485], et l'ensemble des différentes marnes du territoire a montré que les anciens employaient la terre même que nous avions retenue de notre côté, à partir d'essais de laboratoire, comme convenant le mieux pour la plasticité et la résistance du torchis. Il s'agit en vérité d'un limon de décomposition des plateaux, de couleur ocre claire, les marnes tendant plutôt vers le rouge. Belle efficacité de l'empirisme d'autrefois ! Cette terre à torchis était prélevée en surface, certaines traces de cette exploitation paraissent encore subsister dans le territoire sous forme de petites cuvettes humides, parfois transformées en mares. C'est la même chose pour la brique que nous aurions pensé plus tardive ; disons qu'elle a pu remplacer le torchis au cours dc la seconde moitié du XIXe siècle (brique de remplissage) et devenir porteuse, en s'affranchissant du pan de bois, dans les premières décennies du XXe siècle. Dans notre cas d'espèce, son emploi se montre imprécis, il en fut par exemple livré un poids de trois cent livres[486]. Bien sûr, les matériaux en terre cuite étaient d'abord venus de la tuilerie locale ; quand son activité cessa, il fallut envoyer les charrois plus loin.

Au XVIIIe siècle, le plâtre n'était pas rare dans le bailliage d'Allemagne même s'il était produit et utilisé de façon sporadique, au gré de la présence de lentilles de gypse dans les marnes irisées. Il est arrivé, dans la région de Kédange, de Faulquemont, dans l'est Mosellan, qu'on l'ait utilisé pour la

483 AD Meurthe-et-Moselle Bj 10467.
484 Elles sont du moins prises sur le ban communal, à défaut de l'être sur l'assiette du village. En Bresse, par contre, la terre à torchis ou à pisé est directement extraite sur le site d'implantation de la maison, nous sommes toutefois en pays d'habitat dispersé.
485 CROISE Georges, SAUNIER Marc, *Recherche de matériaux en vue de la reconstitution de torchis*, art.cit.
486 AD Meurthe-et-Moselle Bj 10467.

confection de dalles d'étage. On trouve encore aujourd'hui du torchis, piqueté en surface de manière à assurer une meilleure tenue de l'enduit ; extérieurement, le colombage est parfois bûché (à la hache)[487], sous l'aspect de stries rapprochées, pour les mêmes besoins. On ne sait si cette technique est originelle à la création du pan de bois (XVIII$^{e}$ siècle) ou si elle est venue par la suite pour l'habillage de maisons nues, au XIX$^{e}$ siècle. Il existait (jusqu'au XX$^{e}$ siècle?), une plâtrière/plâtrerie à Bisping ; un témoignage oral la situe du côté de la rue d'Angviller[488]. La chaux n'était pas inconnue, elle servait à maçonner, peut-être aussi à revêtir, bien qu'elle présente moins de rigidité que le plâtre pour assurer un revêtement homogène colombage/hourdis. On allait la chercher loin, par exemple, à Fénétrange, en 1748, le sable aussi, pour les besoins d'un mur contre-feu ; le maçon n'aurait pu se passer de chaux puisque le plâtre est impropre à la confection des mortiers.

Le chaume, bien sûr, était produit par les moissons, à base de paille de blé Son prix n'est pas connu, on peut le penser gratuit mais lorsqu'on paya trente bottes de paille de blé à Nicolas Aquerbach[489], manœuvre, pour la réparation d'une toiture, compta-t-on le service du transport et le prix d'achat du matériau ? Au milieu du XVIII$^{e}$ siècle, les chaumiers étaient encore professionnalisés même s'ils se fondaient dans le corps des manouvriers. En 1748[490], deux manœuvres furent qualifiés de couvreurs de paille ; une telle qualification apparaît épisodiquement dans les rôles de la subvention, ce statut reste précaire. Par contre, celui de charpentier était reconnu, il faisait aussi fonction de menuisier, d'ailleurs, ce terme apparaît parfois ; disons que c'est l'homme qui touchait du bois dans la maison ; était-il en plus chargé de le mettre en forme, voire, de l'abattre lui-même ? A Bisping, la profession de bûcheron n'est pas déclarée au XVIII$^{e}$ siècle, pas plus que celle de scieur de long. La forêt de Bisping est riche, le bois ne pouvait venir d'ailleurs, il passait donc entre les mains des artisans du lieu, le charpentier était le mieux placé pour revêtir de planches tel apparoit, il lui arrivait de fournir des clous. On pouvait aussi confier cette tâche à un manœuvre car elle n'était pas technique.

Les clous pouvaient être forgés par le maréchal du pays (avec quelle matière première ?) ou venir d'ateliers spécifiques ; en 1748[491], un maçon de Fénétrange fournit un mille de clous, tandis qu'on paya, la même année, un cloutier de Berthelming, précisément nommé, pour la fourniture de six cent clous, ce qui laisse supposer une certaine spécialisation de sa part. S'il revenait au maréchal-ferrant de village de forger toutes les ferrures de la

[487] De courtes entailles sont faites sur le bois pour permettre un meilleur accrochage de l'enduit.
[488] Témoignage à l'auteur de Jean-Baptiste Gangloff, en 1979.
[489] AD Meurthe-et-Moselle Bj 10467.
[490] AD Meurthe-et-Moselle Bj 9871.
[491] AD Meurthe-et-Moselle Bj 9871.

maison, ainsi que les gonds de porte (la fourniture des serrures n'étant pas précisée), le seul matériau qu'il fut impossible de concevoir localement restait le verre mais des vitriers œuvraient dans les bourgs environnants : en 1742, on eut recours aux services de celui d'Albestroff pour des vitres neuves ; en 1748, on sollicita le vitrier de Fénétrange, ce qui ne nous informe pas sur le lieu de confection des verres.

## 8.7, rituels de fondation, de réception et de mise en possession.

Les ethnologues s'intéressent aux rites fondateurs de maisons, nombreux et récurrents, sans pouvoir en déterminer la fréquence ni les cartographier de façon très précise. Ces rites s'attachaient souvent à des sentiments de crainte et au désir que le surnaturel puisse intervenir pour conjurer les mauvais sorts portés sur la maison, en premier lieu, celui de l'incendie. Assez naïvement, les ruraux associaient croyances païennes et chrétiennes dans le même espoir de chance et de protection, même si le rituel chrétien finit le plus souvent par émerger, particulièrement dans cette Lorraine catholique où l'on prisait les niches à saint ou à Vierge aménagées au-dessus du linteau de la porte d'entrée piétonne de la maison. Le Christ, lui-même, était souvent sollicité, « *le nom de jésus soit loué* », lit-on sur un linteau de porte de Manonviller (Meurthe-et-Moselle). La maison lorraine représentait un lieu du sacré, bien que discret, où la religion accaparait les domaines de la culture écrite. A Bisping, le régent d'école avait pour tâche d'apporter l'eau bénite dans les maisons[492] tandis que les seuls et très rares livres qu'énumèrent les inventaires après décès étaient les ouvrages religieux sur la vie des saints ou les façons de se conduire dévotement[493]. Il arrivait même que la maison servît de monnaie d'échange pour son salut éternel quand on n'avait d'autres héritiers que celui de son âme. En 1818, Jean-Pierre Caps fit don de la sienne à la fabrique du lieu contre la promesse de messes anniversaires perpétuelles ; un décret impérial de 1857 obligeant la fabrique à vendre cette maison, elle fut mise aux enchères et la rente de ce produit fut placée sur ce même service[494]. Pour ce bon paroissien, la messe restait dite.

Le parcours religieux de chaque villageois alternait entre l'église et la maison selon que la liturgie se voulait personnelle ou publique. Le baptême s'effectuait en principe à l'église, sauf danger de mort immédiate, auquel cas le curé ou la matrone baptisait le nouveau-né dans le lit de la parturiente, de manière a ce qu'il fût déclaré né, puis décédé au sein de l'église. L'entrée en

---

[492] AD Meurthe-et-Moselle Bj 10472.

[493] Par exemple, chez Marie-Jeanne Bailly, veuve en troisièmes noces de Jean Régnier, laboureur, un livre intitulé : *Le saint exercice de la journée chrétienne*, inventaire du 26 février 1744, AD Meurthe-et-Moselle Bj 10467.

[494] AD Moselle 418 Q 113/89, 22 E 44/4.

religion se faisait donc publiquement, de même que la célébration religieuse du mariage dont les bans avaient été préalablement annoncés en chaire afin que nul n'en ignore. On festoyait par contre intimement dans la maison, cette festivité représentant en quelque sorte le volet civil, du moins familial de la noce, avant l'institution du mariage civil en mairie qui prendrait, seul, valeur légale. La mort intervenait en privé, en général dans le lit conjugal quand l'individu sentait sa fin venir, de manière naturelle ou maladive. C'est donc à domicile que le curé administrait l'extrême-onction et portait les derniers sacrements. La mort survenue, la messe était célébrée publiquement comme l'avaient été la naissance et le mariage ; le repos éternel se prenait au cimetière, en présence de générations de morts immémoriales. La mort était peut-être privée, elle survenait dans le secret des familles mais l'éternité se voulait publique et collective : la maison accueillait la vie, elle ne retenait pas la mort.

Les rituels relatifs à la construction et à la possession de la maison n'avaient qu'un caractère religieux limité au besoin de protection d'un édifice sur lequel pouvait planer la menace de la guerre, des intempéries et du feu ; ils s'attachaient pour le reste à la régulation temporelle de la maison et à l'intégration communautaire de la maisonnée. Deux de ces rituels s'observent à même l'architecture, un troisième est précisément exposé dans les archives des justices seigneuriales. Du moins, ne peut-on imaginer que les statues votives, les anagrammes christiques et les pierres ne fondation n'aient pas été installées sans cérémonial. Leur signification reste toutefois de tradition orale, aucun texte ne prouve leur accomplissement rituel. Les niches à saint ou à Vierge sont répandues, elles peuvent être ornementées comme dans une partie du département des Vosges ; elles correspondent à ce que l'on pourrait appeler un rituel de bénédiction et de « bénéfication » : on bénissait la maison pour obtenir le bénéfice d'une protection. L'anagramme IHS apparaît le plus souvent sur les linteaux des portes piétonnes ou des portes charretières, parfois accompagnée d'une ou deux croix ; c'est le cas avec la maison dite du Clément, à Bisping[495]. La position de cette épigramme laisse supposer que la cérémonie avait eu lieu une fois la maison achevée, même si le tailleur l'avait certainement gravé au sol, au moment où il conditionnait la poutre (ou la pierre). L'affaire étant religieuse et civile, elle n'intéressait ni le greffe ni le notaire, elle ne concerne même plus aujourd'hui le prêtre : en 1986, celui qui desservait Bisping a récusé l'idée de bénir de nouveau cette même maison, au terme de sa restauration, pour le motif que cela ne se faisait plus ; de nos jours, les affaires de maison restent entièrement privées, au double point de vue laïc et religieux.

Si la date inscrite sur le linteau peut être rattachée à la finition de la maison, la date portée par une pierre de fondation semble devoir au contraire se rapporter à sa construction, cette pierre étant généralement située assez

[495] Cadastrée en 1812 G 256, 257, 260.

bas sur la maçonnerie, parfois à un mètre de hauteur. Les pierres commémoratives de début de construction, fréquentes entre le département des Vosges et le sud de celui de la Meurthe-et-Moselle, ont un caractère religieux moins apparent que les épigrammes de linteaux. Elles se trouvent souvent dédicacées par le plus jeune enfant de la famille, parfois un nourrisson ; l'explication de ce phénomène a été donnée à Jacques Guillaume, chercheur de l'Inventaire, comme venant du besoin de faire porter le souvenir de l'évènement par le membre présent de la famille qui porterait le plus loin la mémoire de celle-ci[496]. Mémoire orale, bien sûr, et mémoire rupestre surtout puisque c'est le nom de l'enfant qui apparaît sur la pierre, marque d'optimisme et d'espoir, vu la force de la mortalité infantile. Ces pierres de fondation n'ont pas encore été précisément étudiées, leur datation semble assez large et leurs dédicaces variées. Elles posent la question du moment auquel ce rite survient dans le temps de construction de la maison. Si cette pierre est introduite en profondeur dans la maçonnerie, donc construite avec elle, elle pourrait être rattachée à un rituel de début de chantier, apparenté à la pose de la première pierre aujourd'hui, sa mise en place ne tenant compte que du niveau de hauteur souhaité pour la rendre visible et lisible. Par contre, si cette pierre est plaquée sur une maçonnerie pleine ou du moins, insérée dans un creux aménagé à cet effet, le rituel pourrait s'associer ou se confondre avec le rituel de bénédiction, indépendamment du fait que les pierres de fondation sont en général portées plus bas que les attributs religieux des linteaux, surtout si ceux-ci tiennent place sur la porte de grange ; pour les linteaux des portes piétonnes, les hauteurs peuvent être voisines. Ces questions de structures de maçonnerie - en profondeur ou en surface - paraissent importantes étant donné l'absence de textes qui permettraient de connaître dans le détail l'un et l'autre de ces rituels de bénédiction et de fondation.

***Mise en possession de maisons***. Des textes, par contre, sans preuves matérielles, rendent compte avec précision des rituels de mise en possession de maisons. Ce sont en vérité des rites d'intégration sociale et communautaire, intégration d'un membre dans la communauté ou au contraire, intégration de la communauté dans la seigneurie quand la mise en possession concerne le fief. Mais qu'il intéresse la seigneurie, le moulin banal ou une simple maison, le rituel se déroule de la même façon sauf qu'il est administré par le notaire ou le tabellion dans les deux premiers cas (et fait l'objet d'un acte notarié), et qu'il l'est simplement par le sergent de la justice seigneuriale dans le second et se trouve inscrit au registre des causes.

Le moulin banal représentant la seigneurie, à défaut de maison seigneuriale, ce fut dans son cadre que s'effectua en 1720 la reprise de la seigneurie de Bisping[497], après que le garde note se fut transporté dans la

---

[496] Témoignage oral à l'auteur.
[497] AD Moselle 3 E 1320.

maison du maire, pour convoquer la communauté, et eut fait sonner les cloches de l'église paroissiale pour assembler le maire et les notables habitants seulement. Cet aréopage se rendit au moulin dépendant de la seigneurie où l'officier ministériel fit faire feu et fumée dans les chambres et autres lieux du moulin en même temps qu'il fit ouvrir et fermer les portes au nouveau seigneur auquel il avait remis les clefs. On alla ensuite dans un jardin situé près du village, ce lieu représentant les terres et les prés dépendant de la seigneurie, où le notaire répéta qu'il les mettait en main de celle-ci, défendant à toutes autres personnes de troubler le seigneur ni de l'inquiéter dans la possession et la jouissance de la terre ; il enjoignit au maire, aux notables habitants et à tous autres de le reconnaître pour maître et véritable propriétaire puis il les déposséda (de l'ancien seigneur) et les rétablit aussitôt (dans l'autorité du nouveau seigneur) après qu'ils eurent prêté serment. Parallèlement, il observa toutes les autres formalités requises et nécessaires, conformément à la coutume, qu'il ne jugea pas utile de préciser dans son acte.

Six ans plus tard, la cérémonie se reproduit lors de l'échange de la terre de Bisping entre le duc de Lorraine et le comte de Saint-Félix[498], dans les mêmes lieux et selon les mêmes codes, le feu et la fumée donnant acte de l'autorité morale et éminente du seigneur, l'ouverture et la fermeture des portes tenant lieu de véritable entrée en possession. La lecture des contrats d'échange et d'homologation entre le duc et le comte conduisit le notaire à asseoir et introduire le seigneur en vraie, réelle et actuelle possession de la terre et seigneurie de Bisping, avec tous ses droits utiles et honorifiques, cens, rentes, revenus, héritages et domaines en dépendant, sans aucune réserve.

En 1756, la mise en possession de la maison franche fut également orchestrée par le notaire mais la communauté ne fut représentée que par ses témoins ordinaires ; elle ne fit pas allégeance à ce pseudo-seigneur qui ne possédait que les biens et les droits attachés à sa propriété dont l'acte énuméra le détail, soit une construction, une place masure (représentant une maison incendiée), des prés et des jardins, plus des droits de bergerie, de colombier, de marquerie et de troupeau à part[499]. Cette maison, qui possédait une basse-cour, suppléait à l'absence de véritable maison seigneuriale sans en avoir l'éminence ; son propriétaire était noble sans être le seigneur.

Pour le moulin banal de Nolveyer, on descendit d'un degré dans la préséance puisque le rituel fut dirigé par le sergent communal comme pour toute maison roturière[500]. Il est vrai que l'achat de l'établissement par un bourgeois forain, en 1746, échappait à l'emprise du seigneur qui ne possédait que le cens et la valeur symbolique de la seigneurie attachée au lieu. En

---

[498] AD Moselle 3 E 1325.
[499] AD Meurthe-et-Moselle Bj 6695.
[500] AD Meurthe-et-Moselle Bj 8164.

présence de témoins, le sergent remit les clefs du moulin au nouveau propriétaire, lui fit fermer et ouvrir la porte d'entrée, puis lui fit faire feu et flamme dans la cuisine, il lui mit ensuite entre les mains la clef qui ouvrait et fermait les eaux sortant de l'étang pour faire moudre ; il compta ensuite lui faire toucher du doigt les pierres meules mais, ne pouvant en ouvrir le local, il déclara que cette formalité n'avait pu être observée et proclama que, par le roi (c'est-à-dire, le duc de Lorraine[501], roi de Pologne, qui avait le pouvoir de concéder le droit de banalité au seigneur), il introduisit le nouveau propriétaire dans la place, ce qui sous-entend certainement que la communauté devait le reconnaître comme censitaire effectif de ce droit puisque, étant perpétuel, celui-ci se trouvait inclus *de facto* dans la possession du moulin, possession roturière car ni le maire ni les notables habitants n'avaient été assemblés.

Pour les maisons roturières, le sergent de la justice seigneuriale ne requérait que deux témoins pour accompagner les nouveaux possesseurs de la maison ; en 1741[502], Florent Payeur et Antoinette Croison avaient acheté, sur Jean Usac et Anne Lallement, une maison, avec grange et écurie, située sur la grand rue, entre François Laurent, au levant, et les héritiers de Jean Jacques, au couchant. A haute et intelligible voix, le sergent fit savoir (à tous) que, « de par le roi notre sire », il mettait et introduisait l'acquéreur en vraie et réelle saisie et possession de cette maison, l'acquéreur ayant reçu du sergent les clefs avec lesquelles il avait ouvert et fermé les portes, puis il lui fit prendre un tison, lui fit faire flamme et fumée et le conduisit dans le jardin où furent observées toutes les formalités voulues en pareil cas pour la validité de la prise de possession du bien vendu par ledit contrat ; le sergent défendit enfin de ne troubler ni d'inquiéter ledit acquéreur non plus que sa femme, leurs héritiers et leurs ayant cause. Le rituel possédait donc un double sens social et juridique puisqu'il confirmait, à voix haute, dans un cercle privé mais en présence des témoins, l'acte signé juridiquement devant le notaire. Les étapes précédemment décrites furent respectées : la remise des clefs, comme si la communauté était symboliquement détentrice de ce droit de possession qui ne se transmettrait pas directement de vendeur à acheteur ; l'ouverture et la fermeture de la porte (on entre chez soi, on s'y maintient) ; le feu allumé dans la cheminée, ce qui mettait en route le foyer dans ses acceptions énergétiques, démographiques et fiscales ; enfin, le jardin, qui représentait le territoire extérieur, indissociable de la maison.

Il pouvait arriver que le rituel ajoutât un quatrième élément de démonstration : la prise en main de matériaux de construction de la maison, pour en permettre une pleine possession physique. Le 22 décembre 1755, lors de la mise en possession de Jean-Baptiste Gérard et de Marie Chenel[503],

[501] Le duc de Lorraine avait alors rang d'Altesse royale.
[502] AD Meurthe-et-Moselle Bj 8164.
[503] AD Meurthe-et-Moselle Bj 6695.

le sergent remit entre les mains de Gérard un motte de gazon, en plus d'une pierre, d'une tuile et d'un tuilon, choix paradoxal puisqu'il est probable que la maison était construite en pan de bois, avec très peu de pierre. Ce matériau aurait donc déjà valeur de symbole architectural, un siècle avant que la pierre ne se répandît à Bisping, alors que l'expression « toucher du bois » n'avait pas encore pris son sens moderne ?

# 9$^{e}$ chapitre

# Terminologie des XVII$^{e}$ et XVIII$^{e}$ siècles dans le bailliage d'Allemagne

Ces comptes-rendus d'analyse montrent combien nous nous trouvons souvent éloignés des mots utilisés par les constructeurs et les usagers d'un habitat dont nous avons pourtant une vision objective grâce à notre propre capacité d'interprétation technique des structures des maisons. Cette interprétation se base sur une observation critique mais à partir de mots qui nous sont propres. Même s'il se prête à une certaine idée de rusticité, notre vocabulaire vient essentiellement de l'architecture savante qui a codifié, aux XIX$^{e}$ et XX$^{e}$ siècles, la terminologie de l'architecture traditionnelle à partir de termes locaux devenus génériques, sans tenir compte des particularités techniques et des parlers locaux. Prenons par exemple le cas du mot torchis, le plus exotique, s'il en est, des termes qui se rapportent aux matériaux traditionnels. On dit qu'il vient de « torches » ; celles-ci consistent en tresses de paille, imprégnées de terre argileuse et nouées autour de lattes de manière à produire un remplissage cohérent servant d'armature, que l'on enduit ensuite de terre sur ses deux faces pour lui donner de l'épaisseur, avant de les crépir. Cette technique, localement spécifique, n'a rien d'exclusif, les procédés de mise en œuvre du torchis, en Moselle comme en Champagne, en sont par exemple éloignés. Pourtant le mot de torchis est devenu générique de l'ensemble des techniques de remplissage des pans de bois à base de mélange de terre et de paille. Ce vocable s'avère donc inventé pour nombre de lieux ; les gens de Bisping ne l'employaient pas, ils parlaient seulement de « *terre* » ; « *arracher de la terre* », « *mettre de la terre sur la maison* », les particularités minérales et géologiques de cette terre ne les intéressaient que pour son choix et non pour sa description, le mot revêt donc le double sens de torchis et de terre labourable.

Le vocabulaire de la maison, à Bisping ou dans la région de Dieuze, au XVIII$^{e}$ siècle, ne se différencie que partiellement de notre propre vocabulaire mais le sens des mots qui nous paraissent équivalents peut être faussé par un état d'esprit différent. Les analogies sont parfois trompeuses ; pour ces mots-là comme pour les mots inconnus, il convient toujours de se reporter au contexte pour en saisir le sens. Parfois multiple, celui-ci semble s'attacher à la chose autant qu'à la fonction. Un mot peut se rapporter à un certain type de poutre, selon sa taille, plutôt qu'à son usage spécifique dans la maison et à la forme que détermine cette fonction. Par exemple, nous dirions, aujourd'hui, une solive ou un chevron (la première étant de section plus grande que le second), or, il arrive que ces deux pièces de bois, aux rôles respectifs nettement distincts, soient indifféremment appelées « transures » ou « traneures », à la fin du XVII$^{e}$ siècle.

Cet essai de terminologie résulte de la lecture des contrats d'ouvrage, recueillis dans les fonds de tabellions de Dieuze, entre la fin du XVII$^{e}$ siècle et le premier tiers du XVIII$^{e}$, ainsi que dans les comptes-rendus de visites annexés aux comptes de tutelle de Bisping. Nous partirons de bas en haut de la maison, du gros œuvre vers le second œuvre, de l'extérieur vers l'intérieur, comme si nous avions à tenir compte de l'ordre d'édification du bâtiment.

### 9.1, la maçonnerie.

***Fondations***[504]. Le terme est équivalent au nôtre quoique l'on pût autrefois également parler de fondures. Il désigne la première maçonnerie de la maison, établie dans une tranchée en principe creusée jusqu'à l'assise dure du sous-sol, une impossibilité en terrain marneux. Il semble, dans ce cas, qu'on enfonce en terre des bois dressés, des pilotis, à raison de soixante-quatre en tout sur les quatre faces, la terre étant battue « à refus de mouton » (un mouton ne pourrait pas la piétiner davantage ?) ; on installe ensuite des vassinaux, avec des plates-formes, sur les mêmes longueurs et largeurs.

***Gouttereau***. Ce mot très explicite est toujours en usage, il désigne les deux murs de façade, en principe, les plus longs et les moins hauts, sur lesquels donnent les égouts des versants de la toiture ; ils reçoivent donc les gouttes de pluie. On évoque, pour Dieuze, en 1711[505], le gouttereau de derrière de telle maison dont les anciennes fenêtres seront reprises par l'entrepreneur. A Cutting, en 1685[506], le contrat spécifie que deux gouttereaux seront achevés et construits, donc, l'avant et l'arrière de la maison ; pour Dieuze, en 1724[507], on précise que les murs seront élevés depuis le rez-de-chaussée, sur la hauteur de dix-huit pieds de gouttereaux, envers les pignons, ce qui représente une élévation d'environ six mètres.

***Apparoit***. Ce mot apparaît comme une sorte de synthèse entre parois et appareil, il semble assez visiblement se rapporter à une structure plane en pan de bois ou à colombage. Rappelons que le premier représente un matériau, composé d'une ossature en bois et de son remplissage, que le second désigne une structure porteuse seulement, sans remplissage. Apparoit serait certainement plus proche de pan de bois, ainsi, Michel Grand, charpentier[508], pose des planches et des clous « *audit apparoit* », c'est-à-dire

---

[504] AD Moselle 3 E 1317.

[505] AD Moselle 3 E 1317.

[506] AD Moselle 3 E 1309.

[507] AD Moselle 3 E 1323.

[508] AD Meurthe-et-Moselle Bj 10467.

qu'il l'habille d'un essentage, cela signifierait que nous sommes en présence d'un pan de bois complet : par contre, dans cet autre exemple, on parle de l'apparoit de la grande allée contre l'écurie (donc de la cloison, côté écurie, du couloir qui sépare, ou la grange ou le logis de l'écurie), seulement garni de planches de sapin. Cela veut-il dire que ce pan de bois est vide, dépourvu de ses hourdis, ce qui s'expliquerait par le peu d'utilité des remplissages à l'intérieur ? Quelle autre garniture pourrait-on imaginer ? On parle encore, à l'extérieur de la maison, du grand apparoit, côté couchant, sur lequel sont adossées deux écuries de porcs en très mauvais état[509]. Il s'agirait d'un pignon ouest, puisqu'il est couchant, non mitoyen, puisque les érangs y sont construits ; le qualificatif de grand apparoit tendrait à distinguer la grande hauteur d'un pignon par rapport à celle d'une façade. Dans un dernier exemple[510], il est question de rensenlir l'apparoît de la grande allée, à côté des écuries, par de la maçonnerie. Entend-on une maçonnerie de pierre destinée à remplacer un pan de bois, du côté des écuries où la condensation animale a pu le conduire au pourrissement ?

***Clayonnage***. Le terme nous est familier, un clayonnage consiste en un entrelacs de lattes souples, issues de chutes d'équarissages, tressé de part et d'autre de trois baguettes rigides, plus larges et plus épaisses, disposées à l'intérieur de chaque cadre de pan de bois - une au centre, les deux autres aux extrémités. Le clayonnage sert de support au torchis qui vient le remplir par les deux faces. Au XVIII$^{e}$ siècle, le terme semble équivalent à son usage actuel. Christophe Marchal, couvreur de paille[511], possède tous les talents, non seulement, il rénovera la toiture des mineurs de Gaspard Lang et fera en plus tous les enduits nécessaires là où il se trouve quelques brèches sur le devant, il coupera aussi les lattes pour les clayonnages ; ces travaux demandent de l'habileté manuelle, un peu d'expérience, sans réclamer une grande technicité.

***Chon***, un terme inconnu, patoisant, qui désigne selon toute probabilité des tuiles de bois destinées au recouvrement vertical du pan de bois, que nous appellerions essentes, tavaillons ou bardeaux. Ces tuiles étaient tranchées dans le fil de bois à l'aide d'un tranchoir. Il ne semble pas que ce matériau ait été utilisé en couverture, contrairement aux essies des Vosges. On parle, par exemple, de la nécessité « *de regarnir le grand apparoit de planches à chons* »"[512] , ou bien, on fait mention d'un apparoit en mauvais état, couvert de chons, situé du côté du soleil couchant ; il s'agit donc d'un pan de bois orienté aux vents dominants d'ouest, qui nécessitait cette protection en raison

[509] AD Meurthe-et-Moselle Bj 10467.
[510] AD Meurthe-et-Moselle Bj 10467.
[511] AD Meurthe-et-Moselle Bj 9871.
[512] AD Meurthe-et-Moselle Bj 10467.

des pluies[513]. Pour le début du XX$^{e}$ siècle, une photographie d'essentage représente effectivement un pignon orienté selon cette direction[514].

### 9.2, les planchers.

***Trandures, travures ou traneures***. Le terme se rapporte à une poutre, sans doute de section moyenne, dont l'usage ne serait pas toujours spécifique. Dans l'ensemble, il pourrait intéresser les solives, c'est-à-dire les poutres apparentes de plafond sur lesquelles sont posés les planchers, le mot de solive se trouvant par ailleurs absent de nos documents. Par exemple, à Dieuze, en 1724[515], « *Les dames (maîtresses d'ouvrage) fourniront les poutres, le lambrissage des traveures et les planches* », tandis que, selon le même contrat, seront « *posées toutes les traneures, dans le corps de logis, le grenier et l'écurie à chevaux et à vaches, de la longueur nécessaire... lesquelles traneures seront blanchies, le reste sera posé brut sur les écuries et les greniers* ». Le mot désigne ici tous les niveaux de la maison. Pour Dieuze, en 1711[516], « *La cave aura sept pieds de hauteur, y compris l'épaisseur des traneures, qui seront posées au nombre de quinze, à raison de vingt pieds de longueur chacune pour une section de dix à douze pouces* ». Pour Altwiller, en 1693[517], on fera « *reposer des trandures au long de la dite vacherie, de façon à pouvoir supporter les fourrages* », cela signifie que l'écartement des solives sera réglé en fonction du poids de denrées qu'elles auront à porter, de manière à ne pas fléchir. A Dieuze, en 1711[518], on parle enfin d'un faux grenier, aménagé sur cinq traneures longues de vingt pieds, pour une section de quatorze pouces.

***Traverses***. Moins fréquemment employé, ce mot prend le même sens que le précédent. A Dieuze, en 1724, on évoque des planchers qui seront faits aussitôt que les traverses seront en place et le bâtiment couvert. On ne peut guère mettre de plancher que sur des solives.

***Madriers***. Un sens ancien apparemment proche du nôtre ; aujourd'hui, un madrier est une planche épaisse qui sert en particulier pour les sols d'échafaudage. Dans le seul exemple que nous possédions, pour Dieuze en 1711[519], ces madriers seront installés sur les traneures de la cave, en nombre nécessaire, de 15 pieds de longs pour 4 pouces d'épaisseur. Dans un autre texte, nous remarquons des épaisseurs plus fortes pour des planches

---

[513] AD Meurthe-et-Moselle Bj 10467.
[514] Carte postale, collection privée, représentée in CHAUVET Jean-Yves, *Bisping, recherche analytique sur l'architecture villageoise*, op.cit., p.229.
[515] AD Moselle 3 E 1323.
[516] AD Moselle 3 E 1317.
[517] AD Moselle 3 E 1310.
[518] AD Moselle 3 E 1317.
[519] AD Moselle 3 E 1317.

fermement désignées (Dieuze, 1711, 9 à 10 pouces). Mais nous pourrions retenir, jusqu'à preuve du contraire, qu'un madrier serait une planche de forte épaisseur, ce que réclamait peut-être sa situation en plafond de cave.

***Planches et planchers***. Ces deux mots ont conservé le même sens aujourd'hui. Une planche est une lame de bois, débitée à partir d'une bille, en principe assez longue et assez large, d'épaisseur variable au moins comprise entre deux ou trois centimètres. La planche peut-être utilisée pour constituer une surface verticale plaquée sur les pans de bois. Quant aux planchers, ce sont les surfaces de planches horizontales, posées sur des solives, qui tiennent lieu de sol, particulièrement en étage. Nous trouvons un autre usage de la planche, mise sur les bouts des pannes qui dépassent d'un pignon ; c'est donc une planche de rive destinée à protéger la sous-face des tuiles, le dernier chevron ou les pannes lorsqu'elles sont saillantes.

### 9.3, la charpente.

***Charpente***. Hier comme aujourd'hui, le mot désigne la structure en bois qui soutient la toiture et lui donne sa forme. La charpente la plus classique est constituée de fermes (triangulaires) disposées perpendiculairement aux façades, sur les arbalétriers desquelles (les pièces obliques de la ferme) sont posées les pannes. Installés sur les pannes suivant le même angle de pente que les arbalétriers, les chevrons reçoivent le support de la couverture : lattage ou voligeage. Par exemple, pour cette maison de Dieuze, en 1724[520], on prévoit la mise en place de trois fermes garnies, chacune, de leur sommier, de leurs arbalétriers (ces deux pièces déterminent le triangle de la ferme), de leur poinçon, de leurs jambettes et de leurs contrefiches (ces trois ensembles de pièces servent à décomposer le triangle de la ferme en plusieurs autres triangles, de manière à en accroître la portée) et chantellonnaille (nous dirions échantignole) : cette cale, clouée sur l'arbalétrier, assure le maintien de la panne. En matière de pan de bois, l'acception du mot « charpente » peut s'étendre à l'ensemble de la structure en bois située au-dessus du soubassement de pierre ; certains textes du XIX^e^ siècle parlent par exemple de maisons construites en charpente[521].

***Bois***. Le mot peut-être utilisé de façon générique pour désigner un matériau de construction de base sans distinction de l'usage technique des pièces. On compte par exemple, en 1742, à Bisping, deux journées de travail pour porter les bois de la toiture[522].

***Pannes***. Ce mot possède un sens identique au nôtre. Il désigne les poutres horizontales de la charpente posées d'une ferme à l'autre, sur les arbalétriers,

---

[520] AD Moselle 3 E 1323.

[521] AD Moselle 121 M2 bis.

[522] AD Meurthe-et-Moselle Bj 10467.

sur lesquelles les chevrons sont mis en place. En 1693, à Dieuze[523], le propriétaire s'engage à fournir toutes les pannes et les chevrons.

***Chevrons***. Même similitude de sens entre hier et aujourd'hui, le chevron est une poutre de section plus réduite que celle de la panne, placée de panne en panne sur un plan oblique, entre le faîte du mur de façade et le faîtage du toit.

***Lattes***. Aujourd'hui, les pannes et les chevrons sont du domaine de la charpente, les lattes sont de celui de la couverture. Cela paraît être le cas au XVIII^e^, au moins une fois. A Bisping, le couvreur de paille est sollicité pour refaire à neuf la toiture d'une maison[524] ainsi que tous les enduits nécessaires où « *il se trouve quelques brèches sur le devant* », sauf preuve du contraire, l'enduit se rapporte à la maçonnerie. Ce couvreur s'emploie donc également comme maçon. Il lui reviendra de couper les lattes nécessaires, les clayonnages et les hards ; le lattis reste donc de son domaine, de même que l'armature du torchis dont on peut supposer, par extension, qu'il le réalise lui-même.

***Perches***. On paie, à Bisping, trois journées pour trois personnes pour couper les perches de la toiture[525], mais on ignore si ces perches sont destinées à servir de chevrons ou de lattes. Une fois de plus, le terme employé se rapporte plus à la nature et à la forme de la pièce qu'à sa fonction sur la toiture, comme il en allait pour le mot « bois ».

***Hard***. Mot disparu, de consonance germanique, se rapportant à un élément de toiture. A Bisping, Dominique Payeur est chargé de fournir les harts pour faire la toiture, tandis que Christophe Lang, le couvreur de paille qui vient d'être évoqué, doit couper les lattes, les clayonnages et les hards[526].

### 9.4, la couverture.

***Tuile***. Tuile, le mot ne prête pas à confusion, il désigne un élément de terre cuite, destiné à la couverture du toit. Ce travail peut être effectué par le maçon, c'est encore le cas aujourd'hui pour des toitures peu complexes. A Dieuze, le maçon fournira la maison en tuiles creuses avec des couvres où le propriétaire le souhaitera[527]. Ces couvres sont sans doute des tuiles faîtières, de forme et de fonction adaptées, ce qui expliquerait leur appellation spécifique. Les tuiles sont désignées comme creuses, on dirait aujourd'hui plutôt canal, elles correspondent à l'aire d'extension de cette tuile en Lorraine. A Bisping, village partagé par la frontière des toitures, il arrive que

---

[523] AD Moselle 3 E 1314.
[524] AD Meurthe-et-Moselle Bj 9871.
[525] AD Meurthe-et-Moselle Bj 10467.
[526] AD Meurthe-et-Moselle Bj 9871.
[527] AD Moselle 3 E 1387.

les actes notariés spécifient la différence entre la tuile creuse (faible pente) et la tuile plate (forte pente)[528], autrement dit, la tuile écaille germanique dite « queue de castor »[529].

***Ardoise***. Le terme étonne parce que l'emploi de ce matériau paraît géographiquement déplacé. L'ardoise du Luxembourg n'a pénétré le Pays-Haut mosellan que vers la fin du XIXe siècle. L'ardoise est employée ici dès 1695, sur le couvent de Bassing[530] ; elle serait un matériau d'architecture religieuse sans aucune commune mesure avec l'habitat paysan.

***Esselins***. Notons, pour ce même lieu, l'emploi de l'esselin, conjointement avec l'ardoise, sans que nous puissions connaître les affectations respectives de ces matériaux. En principe, l'esselin est une ardoise de bois dont la longévité est bien plus courte : une vingtaine d'années pour l'esselin, une centaine pour l'ardoise, le coût respectif de ces matériaux devant sans doute aller en proportion. Avec ce présent contrat, un détail surprend : l'entrepreneur est chargé de tailler les ardoises comme les esselins[531]. Pour ces derniers, cela s'explique puisque le bois est d'extraction locale ; pour les ardoises, il devait en être de même mais, alors, de quel site inconnu seraient-elles venues ?

***Paille***. Le terme de chaume n'est pas utilisé à Bisping où l'on parle de paille. En voie de régression, certainement déjà inconnu en Lorraine centrale[532], le chaume ne disparaîtra définitivement du Pays-Haut lorrain qu'au cours de la seconde moitié du XIXe siècle (voir *supra*[533]). Marcel Lallement témoigne (selon quelles sources ?) de la présence à Bisping de rares chaumières dans les années 1890[534]. Les comptes de tutelles évoquent des fournitures en paille de blé, nous ignorons cependant si elles étaient gratuites ou payantes.

***Bosses***. Dans un même document, le mot peut être orthographié « boces », « bausses », « beausses », « boos ». Il est absent de la nomenclature actuelle employée en architecture traditionnelle et le contexte des comptes de tutelle de Bisping nous incite à lui donner le sens de « bottes » ou de « gerbes ». Par exemple, Paul Lejeune est payé pour soixante-quinze bausses employées à couvrir la maison, de même Christophe Collin, André Bailly ou Pierre Stéder, berger[535]. Il pourrait donc s'agir de gerbes de paille, une acception d'autant plus probable que l'on parle, par ailleurs, de peigner les boos de la

---

[528] Toit de paille, acte du 23 janvier 1699, AD Moselle 3 E 1315 ; acte du 7 avril 1740, AD Moselle 3 E 8130 ; toit de tuile plate, acte du 5 mai 1731, AD Moselle 3 E 1329.

[529] Ou biberschwaüz, cette tuile est répandue sur toute la plaine d'Alsace, le Territoire de Belfort, une partie de la Moselle germanophone et une partie du département du Doubs. Cf. Jean-Yves Chauvet, *Les toits des pays de France*, op.cit.

[530] AD Moselle 3 E 1314.

[531] AD Moselle 3 E 1314.

[532] Cf. CHATTON Abbé, *Itinéraire des reîtres en Lorraine*, art.cit.

[533] Voir *supra* p.113.

[534] Monographie inédite sur l'histoire de Bisping.

[535] AD Meurthe-et-Moselle Bj 10249.

couverture, c'est-à-dire d'éliminer les tiges brisées des gerbes à l'aide d'un râteau spécial. Il est également possible que ce mot désigne les brins avec lesquels sont faits les clayonnages du torchis, le sens est toutefois moins certain. Par exemple, Jean Lallement fournit successivement quatre-vingts, puis cent douze, puis cent boces, enfin quatre-vingt-quatorze boceaux, quatre voitures de terre, une voiture de briques, deux autres voitures de boces, deux fers dans un fourneau, une voiture de « faec »[536] pour la maison, quatre voitures de terre[537], et Michel Grand, une voiture de boces, un cent de boces, pour les ouvrages de charpenterie ; pourrait-il également s'agir de lattes de couverture[538] ?

***Raftons***. Mot inconnu que rien n'éclaire : Michel Grand est gratifié pour des raftons employés à la maison, sans autres précisions[539].

***Noues***. Aujourd'hui, on nomme noue un angle rentrant constitué par deux pans de toitures, par exemple, entre le versant d'un toit principal et d'un toit de lucarne. A Bisping, on parle de noues avec planches, côté pluie[540], ce qui n'est pas suffisant pour comprendre le sens de cet aménagement de toiture.

***Chanlatte***. De nos jours, ce mot se rapporte à la planche ou à la latte située au niveau de l'égout ; par extension, il peut également définir la gouttière qui est fixée à cette planche. Pour Kirviller, en 1683[541], on ne sait lequel de ces deux sens retenir « *mettre trois chevrons et une chanlatte à l'entrée et deux autres bouts de chanlatte de derrière les cheminées* », même si certaines dispositions coutumières lorraines donnent la preuve que les toits pouvaient être équipés de gouttières au moins dès le XVI$^{e}$ siècle[542].

***Clous***. Ce mot n'a certainement pas de sens différent, hier comme aujourd'hui. Jean Lallement fournit un demi-millier de clous pour les planchers des greniers et de la chambre, tandis que des clous sont mis autour de la maison[543].

536 Terme non explicité.
537 AD Meurthe-et-Moselle Bj 9871.
538 AD Meurthe-et-Moselle Bj 9871.
539 AD Meurthe-et-Moselle Bj 10249.
540 AD Meurthe-et-Moselle Bj 10467.
541 AD Moselle 3 E 1308.
542 Par exemple, coutume de Lorraine, titre XIV, article XX.
543 AD Meurthe-et-Moselle Bj 9871.

**9.5, les enduits.**

***Dalle***. Bien entendu, ce mot ne peut correspondre à notre actuelle surface de béton de ciment armé ou coulée sur un hérisson, de manière à constituer un sol de rez-de-chaussée ou d'étage. Le terme s'attache à plusieurs fonctions selon qu'il apparaît dans les comptes-rendus de visite de maisons de Bisping ou dans les contrats d'ouvrages. On dit, à Bisping, arracher et charger des terres à faire les dalles de la maison[544], ou bien l'on décrit une écurie dont le devant est enfoncé et au-dessus de laquelle quatre dalles sont tombées dans le (du?) gouttereau de devant, au-dessus de l'écurie[545] ; dans le poêle de telle autre maison, les dalles d'alentours ont à moitié chuté[546]. Ces contextes sont clairs, ces dalles ne peuvent que se rapporter aux remplissages des pans de bois, que nous appellerions hourdis mais le mot peut s'attacher par extension à l'ensemble du pan de bois lui-même, par exemple, la division d'une maison peut se faire à partir de la dalle de devant[547]. L'emploi du mot dalle dans divers actes notariés n'est pas certain ; à Dieuze, en 1693[548], on devra construire des dalles croisées à la mode d'Allemagne tout autour de la dite maison. Il peut encore s'agir ici de hourdis dont la structure porteuse serait particulière, la qualification de croisées se rapporte à la façon de concevoir le clayonnage ; ce n'est pas sûr. On parle par ailleurs, en 1725[549], de la création d'une dalle en plâtre sur le couchant jusqu'aux chevrons de la toiture (dalle horizontale construite en combles ?), ou bien, dans le même contrat, de deux dalles en maçonnerie de plâtre et en charpente, de quoi enfermer la chambre sur le devant de la maison. La référence à la charpente ne peut que conforter l'assimilation à du remplissage sauf qu'elle est inhabituelle, elle donne à ce matériau un rôle de remplissage alors que, jusqu'à preuve du contraire, le plâtre ne sert qu'aux enduits intérieurs et aux crépis extérieurs - y aurait-il donc usage que nous ne connaîtrions pas ? Autant à Dieuze, en 1711 (des dalles aux trois places de la chambre, une première fois, ou des dalles depuis le dessus de la cave jusqu'au-dessus de la dite chambre, une seconde fois)[550], à Bidestroff en 1685 (les dalles des chambres, des allées, de la cuisine, bien gissées, puis, dans le même contrat, des dalles nécessaires pour les séparations des écuries, des granges et des allées)[551], ou à Altwiller, en 1693 (une dalle pour séparer le grenier du marcaire avec les fourrages de la longueur de la chambre d'en bas)[552], on ne peut savoir si ce terme de dalle

---

[544] AD Meurthe-et-Moselle Bj 10467.
[545] AD Meurthe-et-Moselle Bj 10467.
[546] AD Meurthe-et-Moselle Bj 10467.
[547] AD Moselle 3 E 1510, acte du 21 avril 1757.
[548] AD Moselle 3 E 1314.
[549] AD Moselle 3 E 1323.
[550] AD Moselle 3 E 1317.
[551] AD Moselle 3 E 1309.
[552] AD Moselle 3 E 1310.

s'attache strictement à un élément non porteur du remplissage ou à une cloison de plâtre, non porteuse, de maçonnerie autonome.

*Ciment.* Il est difficile de déterminer les qualités de ce liant utilisé pour la mise en place d'un pavé de chambre, à Dieuze, en 1711[553]. On donne le plus souvent au ciment, qu'il soit romain ou moderne, une connotation hydraulique due à une réaction chimique entre les aluminates et les carbonates du matériau d'origine.

**9.6, les menuiseries.**

*Croisées.* Il s'agit de châssis de fenêtres, la question se posant de savoir si le terme est distinctif de fenêtres d'une certaine qualité. A Dieuze, en 1725[554], ces fenêtres sont montées au plomb, une tradition dans la région de Dieuze où ce type de châssis se rencontre encore sporadiquement.

*Fenestrage.* Ancienne façon de nommer la fenêtre, en principe une fenêtre d'éclairage équipée de vitrages. A Dieuze, en 1711[555], les deux fenêtres de l'écurie sont munies d'un ventillon - un volet - et d'un barreau chacune.

*Gerbière.* Pour décharger les fourrages, indique ce contrat d'ouvrage[556]. Le nom et la fonction se rejoignent donc et conservent aujourd'hui leur pertinence. Une gerbière est une baie sans fenêtre, fermée par un volet de bois plein, généralement aménagée en absence de porte charretière. Assez souvent située au-dessus de la porte d'entrée piétonne, la même pierre ou poutre constituant le seuil de la première et le linteau de la seconde, elle sert à introduire le grain et le fourrage dans les greniers ou les fenils. C'est une ouverture typique de la maison du manouvrier.

*Ventillon.* Ce volet de bois ne pourrait être qu'un volet simple, en comparaison avec les volets doubles qui équipent les fenêtres classiques à deux ouvrants. La terminologie évoque un sens réducteur par rapport au ventail. Nous ne rencontrons ce terme qu'à deux reprises, en présence de fenêtres d'écurie, plus petites que les fenêtres du logis, et d'une gerbière, dont la valeur de représentation est moindre que celle d'une fenêtre de logis[557].

*Vitres.* Au XVIII^e^ siècle, le verre est déjà courant, il s'emploie en principe en très petites surfaces, sur des croisées à (véritables) petits bois, la fenêtre de logis classique du XVIII^e^ siècle se composant d'un cadre ouvrant à deux ventaux, comportant chacun douze petits carreaux, qui seront réduits à trois au XIX^e^ siècle. Le verre est fabriqué par des vitriers spécialisés, provenant, par exemple, pour Bisping, de Fénétrange ou d'Albestroff[558]. Nous ignorons

[553] AD Moselle 3 E 1317.
[554] AD Moselle 3 E 1323.
[555] AD Moselle 3 E 1317.
[556] AD Moselle 3 E 1323.
[557] AD Moselle 3 E 1317.
[558] AD Meurthe-et-Moselle Bj 10467.

quelles étaient les qualités de ces verres en comparaison avec les verres assez opaques, verts et jaunes de la Renaissance et du XVII$^{e}$ siècle, et les verres semi blancs du XIX$^{e}$.

***Gongs***. Ils sont fournis par le maréchal-ferrant ; le plus probable est que ce mot avait déjà son sens actuel au XVIII$^{e}$ siècle.

## 9.7, les lieux du feu.

***Cheminée***. Le sens de ce mot est lui aussi inchangé même si l'on ignore s'il s'étend pour désigner également la souche de cheminée extérieure. La cheminée est souvent décrite à partir de certains de ses organes ; ainsi, le maçon est-il employé pour faire le contre-feu de cheminée et lui mettre une chemise neuve. A Kirviller, en 1683[559], on parle de manteau, comme aujourd'hui ; ce sont donc des termes très vestimentaires qui désignent les organes destinés à rendre l'âtre fonctionnel et décoratif. On habille la cheminée d'éléments qui permettent d'en améliorer le faible rendement calorifique, un rendement d'autant plus faible à Bisping que la cheminée, constituée d'une simple poutre au plafond, sous un fumoir immense, chauffe au large[560].

***Four***. Aucune hésitation pour ce terme qui désigne clairement le four à pain dont on a vu précédemment qu'il fut un enjeu de conquête pour les communautés[561]. Le four est au plus désigné, ses organes ne sont pas décrits, au mieux, les inventaires après décès évoquent le fermoir de four, plaque métallique semi-circulaire qui contribue accessoirement à transmettre la chaleur du four à l'ensemble de la chambre à four.

## 9.8, les sols et divers.

***Pavés***. Les pavés sont aujourd'hui des pierres, taillées selon un léger arrondi sur la face supérieure et possédant de la « queue » à leur base, pour être enfoncées dans le sable. Serrés les uns contre les autres, sans joints, ils servent à constituer les sols d'écuries ou de caniveaux. Pour Dieuze, en 1711[562], il est fait mention d'un pavé créé dans une chambre, construit en pente pour faciliter l'écoulement des eaux. Eaux usées, de vaisselle, de cuisine ou de toilette ? Par ailleurs, y aurait-il une différence, dans cette terminologie, entre un pavage et un dallage ? Constitué de pierres plates,

---

559 AD Moselle 3 E 1308.

560 A la façon des cheminées à tué du Haut Doubs ou des cheminées sarrasines de Bresse. Son ouverture, limitée par le sommier de la poutraison, occupe entre le tiers et la moitié de la surface du plafond de la cheminée.

561 Voir *supra* p.89.

562 AD Moselle 3 E 1317.

larges et robustes, celui-ci sert le plus souvent à couvrir les sols des cuisines et des couloirs.

***Mangeoire***. Un terme qui concerne les écuries et se rapporte dans son acception moderne à un organe de nourrissage des vaches, placé au sol ; les chevaux s'alimentent à partir de râteliers situés en hauteur. En 1693, à Altwiller[563], il n'est fait aucune distinction entre ces deux organes, pas plus qu'on ne distingue sémantiquement, en Lorraine, l'étable de l'écurie : on dit, écurie des vaches ou écurie des chevaux, parfois, écurie des porcs, quoiqu'il existe un terme spécifique pour ce lieu : l'errang.

---

[563] AD Moselle 3 E 1310.

## 10e chapitre

# L'espace domestique. Anthropologie de l'habitat et de l'habité

### 10.1, les fonctions de l'espace domestique.

Il convient maintenant de situer la famille dans ses meubles, au sens propre, puisque la principale source capable d'éclairer les façons d'habiter réside dans les inventaires après décès ; ils établissent un lien direct entre une certaine connaissance théorique des familles et une approche structurelle des maisons observables aujourd'hui. En supposant qu'ils n'aient pas été modifiés depuis la date de construction de la maison - ce qui serait exceptionnel - les organes domestiques actuels aident à comprendre les fonctions des maisons anciennes avec une inégale précision. La présence d'une cheminée dans la cuisine renseigne sur le fait qu'on cuisait dans cette pièce, de même que l'existence d'une écurie indique que la maison abritait du bétail ; par contre, on ne peut apprécier l'importance du cheptel qu'entretenait la famille et l'on ignore si l'on dormait dans cette cuisine et quelles activités il s'y conduisait précisément, en dehors de la cuisson et du repas.

L'analyse architecturale est donc souvent insuffisante pour approfondir notre connaissance des façons d'habiter, pourtant, elle situe l'habitat traditionnel sur une échelle de temps susceptible de révéler l'évolution des techniques de construction et de mise en œuvre des matériaux, d'apprécier également un certain progrès dans la maîtrise des espaces de vie. Ainsi, entre le XVIIe et le XXe siècle, les proportions des façades ont changé, le style et la composition des ouvertures se sont modifiés, le plan des maisons s'est structuré mais ces évolutions évidentes ne se perçoivent qu'à partir de coquilles vides, au mieux encore remplies d'objets modernes ou ayant fait l'objet d'aménagements récents impropres à conduire loin dans la mémoire des lieux. Or, il serait intéressant de savoir si l'évolution de l'aspect extérieur des maisons s'est accompagnée d'une évolution équivalente du plan des maisons, de leur différenciation organique et des façons d'y vivre.

La difficulté vient donc du handicap à reconstituer l'organisation sociale des maisonnées à partir du seul cadre bâti dont l'aspect est trop évident à nos yeux pour que nous n'y projetions pas notre propre vécu de la maison. Par exemple, la présence d'un étage, dans l'est mosellan, dès la fin du XVIIe siècle, peut laisser croire que le logis était largement occupé sur deux niveaux, en offrant à chaque famille, de cinq à dix personnes, entre six à huit pièces à vivre, alors que les analyses d'inventaires effectuées par Emmanuel

Derocles montrent que les fonctions d'habitation de l'étage s'avèrent tardives, pas avant le XIX$^{e}$ siècle et que, jusque-là, l'étage était surtout utilisé en nature de grenier ; on y dormait très peu, c'est-à-dire que les inventaires n'y situent pas de lits et pourtant, il était éclairé comme un corps de logis[564].

Pour donner du « jus » à l'analyse architecturale, à défaut de témoignages d'époque, il n'est en vérité que les inventaires après décès dont la gamme d'interprétation est large : connaissance du plan des maisons, sinon des structures bâties, étude du mobilier, de l'habillement, des niveaux de consommation, des niveaux de vie, des espaces sociaux ; nous pourrions ajouter à ces champs d'investigation la possibilité d'une meilleure approche personnelle de la maisonnée par recoupement avec l'état civil, les actes notariés et les rôles d'imposition, et une meilleure connaissance de la maison par l'observation du cadre bâti aujourd'hui conservé. Du moins, le sens des fonctions familiales domestiques peut être précisé par la mise en « image » de l'habitat et de l'habité à partir des maisons et des objets qui s'y rapportent. Il deviendrait alors possible, au sein d'une communauté à la fois solidaire par ses professions, complémentaire par ses fonctions mais fortement inégalitaire par ses richesses, de discerner la présence de normes implicites dans la possession des objets et la conduite des activités domestiques, et de mesurer les écarts qui peuvent opposer les classes sociales. Bâtir ou se rendre propriétaire demande de savoir tenir une maison en la meublant et en usant de fonctions domestiques qui bénéficient nécessairement d'une reconnaissance sociale selon certaines valeurs établies. Est-il par exemple offert à tout le monde de baratter son beurre, de détirer son linge ou de filer sa laine, ou bien ces activités se conduisent-elles selon une certaine ségrégation sociale ?

### 10.2, une question sans réponses : la diversité des formes d'habitat.

L'habitat rural traditionnel entraîne les mêmes questions que les coutumes parce que nous ne comprenons pas mieux les différences de choix entre les modèles régionaux et micro-régionaux de maisons que nous n'expliquons les disparités du droit coutumier. Par ailleurs, les géographies coutumières et les géographies de types d'habitat ne s'apparentent pas mais répondent à des logiques respectives dont les ressorts nous restent inconnus. Du moins, les disparités coutumières, observables par exemple en Lorraine, ne recoupent pas l'ensemble des types dérivés du modèle régional affirmé que représente la maison rurale lorraine classique. Bernard Derouet insiste sur les aires de diffusion apparemment indépendantes des nombreux caractères qui fondent

564 DEROCLES Emmanuel, *L'hésitation d'une société rurale ; l'exemple de la Lorraine. Habitat et consommation*, op.cit., p.91, pp.111-112.

les sociétés rurales d'Ancien Régime et du XIXe siècle[565], la répartition des formes d'habitat rural semble très nettement répondre à ce principe au point que la maison lorraine, attachée à la famille des maisons en bloc à terre du grand nord-est de la France, transgresse, au moins depuis le XVIe siècle[566] et malgré ses nombreuses variantes, l'ensemble des coutumes lorraines[567]. On ne choisit pas les modèles de maisons pour répondre aux normes coutumières, on le fait à partir de choix architecturaux indépendants du droit privé familial[568].

Il est facile de déterminer les fondements de la maison lorraine de base, il l'est également d'en observer les variantes locales, il l'est beaucoup moins de saisir les choix stylistiques qui fondent ces variantes, en apparence ou sur le fond. Il n'est pas toujours possible, faute de témoins suffisants, de comprendre l'évolution organique de ces types de maison même si les travaux dirigés par Xavier de Planhol, dans les années 1960, tendent à démontrer que l'organisation stricte en travées parallèles (logis, grange, écurie) ne s'est mise en place qu'au cours du XVIIIe siècle[569]. Mais ces recherches s'appuient sur un nombre de maisons datables des XVIe et XVIIe siècles trop petit. La connaissance des styles, perceptible à partir d'une approche sensible, gagnerait certainement à la conduite d'études métrologiques systématiques de façades destinées à mesurer les rapports de proportions et d'harmonie, empiriquement observables[570] ; elles nous feraient pour partie comprendre l'affirmation de certains styles locaux s'il était démontré qu'ils sont en relation avec les systèmes de mesure, une démonstration qu'a faite jean Peltre avec le parcellaire[571].

---

565 DEROUET Bernard, *Pratiques successorales et rapport à la terre*, op.cit., p173, « La géographie des pratiques successorales concorde souvent mal avec la géographie des autres éléments ».

566 L'habitat rural lorrain n'est pas perceptible au-delà de cette période, excepté un cas d'hypothèse établi à partir d'un site de fouilles archéologiques dans la région thionvilloise, chantier conduit par Jean-Marie Blaising ; Cf. BLAISING Jean-Marie, Yutz (57), *Archéologie d'un terroir des âges des métaux au XIXe siècle*, op.cit. ; *Yutz, ZAC du Vieux bourg, SCI les Carolingiens*, op.cit. ; *L'apport des sources iconographiques à l'archéologie de la construction en terre et bois en pays thionvillois*, op.cit.

567 Selon toutes apparences, le découpage coutumier n'aurait aucune influence sur celui des formes d'habitat ; il serait cependant pertinent d'établir une double géographie des coutumes (et surtout, des pratiques coutumières) et des formes d'habitat.

568 Il n'existe aucune cartographie fine des formes d'habitat rural en France ; ni les services régionaux de l'Inventaire ni le corpus de l'habitat rural, conduit dans les années 1980 par le Musée National des Arts et Traditions Populaires, n'ont pu envisager ou conduire un tel travail.

569 GERARD Claude, *Lorraine, corpus des genres et des variantes*, op.cit., p.51.

570 Notre hypothèse serait que les dimensions des maisons résultent de l'emploi des systèmes de mesure locaux, l'introduction du système métrique ayant bouleversé les normes de composition des façades, au XIXe siècle. En particulier, on serait passé d'un rythme de composition impair (rapport un tiers/deux tiers), à un rythme de composition pair entraînant une organisation symétrique des façades.

571 PELTRE Jean, *Recherche métrologique sur les finages lorrains*, op.cit.

L'affirmation d'un modèle d'habitat supra régional sur l'espace lorrain, décliné en un nombre donné de sous-types, tendrait à défendre l'idée d'un cloisonnement souvent micro-régional des choix d'habitat, idée que contredit l'évolution universelle des styles de façades et des compositions d'ouvertures[572]. Cette observation vaut pour l'ensemble des formes d'habitat rural en France dont la distribution géographique s'établit sur une règle de cloisonnement souvent ténue alors que sa dimension historique progresse selon des règles largement partagées, contradiction qui ne peut que servir l'ambivalence exprimée par Fernand Braudel entre une France plurielle par nature et plus unitaire par intention (ou presque par invention)[573]. Pourtant, les déterminations historiques et géographiques de l'habitat de pays relèvent des mêmes réponses humaines à des programmes de construction, certes souvent déterminées par le milieu, mais qui agissent selon de libres choix culturels et sociaux.

Les différences jouent toutefois sur les styles et les règles artistiques, même encore au XIX^e^ siècle quand la composition d'ouvertures des corps de logis a fini par tendre vers un modèle urbain particulièrement introduit par le système métrique. Par comparaison avec la maison de Lorraine centrale, des variantes assez nettes du plan de base s'observent sur les marges régionales, au sein même du corpus des maisons dites lorraines. C'est particulièrement le cas pour les maisons de la vallée de la Sarre et de l'Alsace Bossue qui adoptent la charpente et la tuile alsaciennes et réduisent donc leur profondeur à deux pièces de logis. Dans les Vosges, tous les signes extérieurs d'identification de la maison lorraine classique sont avérés sauf que l'existence d'un charri central, à l'avant de la maison, modifie radicalement la logique du plan intérieur. L'écurie n'est généralement pas perceptible en façade et la multiplication des fenêtres, d'un angle à l'autre, entretient l'idée que le corps de logis se développe sur toute la surface de cette façade. Il n'en est rien, certaines de ces fenêtres, factices, n'éclairent que des greniers.

Ces différences jouent un rôle fondamental au sein du type des maisons lorraines, il en est d'autres qui démontrent la grande capacité d'adaptation de composition de la façade de ces maisons sans en désorganiser la logique structurelle fondamentale. La géographie de ces variations permet de les classer et de les dénommer selon une certaine nomenclature de types - genre des maisons en bloc à terre du grand nord-est de la France, type de maisons lorraines, sous-types du Toulois, ou du Xaintois, ou de la Woëvre, etc... En règle générale, les différences les plus fortement perceptibles sont d'ordre

---

572 Cette évolution, commune à l'ensemble des types d'habitat en France, se caractérise par l'adoption de modèles de fenêtres allant, par exemple, de la fenêtre à meneau à la Renaissance, à la fenêtre à linteau au segment d'arc délardé, au XVIII^e^ siècle, à la fenêtre à linteau droit, au XIX^e^. Les châssis de menuiserie évoluent, eux, en fonction de la technologie du vitrage qui permet d'obtenir des verres de surface de plus en plus grande.

573 BRAUDEL Fernand, *L'identité de la France*, op.cit., L'auteur veut signifier que la France existe plus par volonté politique que par son unité géographique.

artistique et tiennent à des règles de composition d'ouvertures, à des rapports et à des équilibres entre les lignes horizontales, verticales et obliques ; elles semblent donc rendre compte d'une certaine préhension de l'espace et du plan des maisons. Ainsi, chaque sous-région d'habitat parvient à traduire le principe fondamental de la maison lorraine selon des mesures propres et peut-être est-ce au niveau des systèmes de mesures locales, plus que des coutumes et des habitudes sociales, que l'on pourrait trouver une explication à la détermination des types et à la différenciation des sous-types, même si le XIX^e^ siècle, passées les années 1840/1850[574], a pleinement adopté le système métrique universel dans la construction. Universel est bien le mot puisque les formes d'habitat ont tendu à s'harmoniser, il est assez probable que les maçons et les charpentiers aient jusqu'alors utilisés leurs propres étalons, déterminés par les mesures locales et par les rapports au corps, pour dimensionner leurs bois de charpente, élever et étendre leurs murs ; cette évidence pourrait expliquer les différences de composition de façades et de volumes au sein de mêmes familles de maisons.

Il est des variations typologiques plus facilement explicables quand elles se situent en marge d'activités professionnelles, d'états sociaux ou de frontières d'habitat. Barisey-la-Côte est un village d'activité mixte, partagé entre la viticulture, grâce à sa côte, et la culture céréalière, grâce à sa plaine. L'habitat s'est adapté à cette double activité, dissocié entre des maisons de vigneron classiques des côtes de Meuse, avec logis/grange en avant-corps et bougerie à la suite, et des maisons de manouvrier et de laboureur, à deux ou trois travées, dépourvues de bougerie arrière, sauf que les laboureurs pratiquaient eux aussi la viticulture et que les manouvriers et les vignerons se confondaient dans le même état social. En vérité, la seule spécificité architecturale des maisons de vigneron tient dans la présence de leur bougerie indépendante, jointive de la maison proprement dite, sans que son absence ne prive véritablement les autres maisons d'activité vinicole ; certains locaux pouvaient faire fonction de bougerie, les inventaires après décès dénombrent des hangars, des halliers et des celliers. Avec des états sociaux et un habitat aussi partagé, Barisey-la-Côte n'a de valeur d'exemple qu'en comparaison avec ses deux villages adjacents : Bulligny au nord, modèle de pur village de vignerons dont les maisons sont nettement plus spécialisées dans la viniculture, bien qu'une grande partie du territoire se trouve en plaine, et Barisey-au-Plain, au sud-est, où les vignes sont absentes et dont les états et les maisons se partagent donc classiquement entre laboureurs et manouvriers. Beaucoup de plano-barisois possédaient toutefois des vignes à Barisey-la-Côte, ils pressaient donc et mettaient en fût à Barisey-au-Plain, leurs maisons sont donc devenues vigneronnes par destination.

---

574 Ce qui peut se vérifier à partir de l'analyse métrologique des façades, une technique d'investigation encore peut utilisée.

Cette spécialisation de l'architecture a-t-elle correspondu à une réelle homogamie dans les possessions de maisons, les laboureurs possédant des maisons de laboureur et les vignerons, des maisons de vigneron, selon une image populaire commune ? La difficulté réside déjà dans la nécessité de reconnaître des classes sociales administrativement tranchées, comme y conduisent les rôles d'imposition d'Ancien Régime, avec toutefois moins de précision que les actes notariés et l'état civil. Au XIX$^{e}$ siècle, les catégories étaient moins nettes, on ne parlait plus que de cultivateurs, parfois de propriétaires, ce qui produit une sorte d'uniformisation sociale. A défaut de rôles d'imposition, il est permis de mettre en correspondance l'état social déclaré qui peut être imprécis, la surface au sol des maisons et la valeur des successions, ce qui ne peut donner qu'un état statique des rapports entre la richesse des familles, leur niveau de représentation et l'importance des maisons. Or, les propriétés circulaient et le marché de l'habitat devait pouvoir ajuster l'offre à la demande. Les successions directes pouvaient de leur côté conduire à des divisions de maisons mais celles-ci présentaient des impossibilités architecturales : aux divisions de ménages ne correspondaient pas de véritables divisions organiques fondamentales, tôt ou tard, la maison était destinée à retrouver son intégrité de plan dont les épais murs porteurs - pignons mitoyens et façades - contenaient l'unité.

En théorie, la classification des maisons devrait orienter le marché et les successions vers une pratique sélective des échanges mettant en accord le gabarit des maisons et le statut social des propriétaires. Qu'en est-il vraiment ? Se logeait-on selon sa classe ? Etait-il des phénomènes de rejets de propriétaires ? Un demandeur qui ne serait pas de la classe sociale de la maison pouvait vouloir se loger plus haut que son état, il suffisait que le marché soit à la baisse. L'analyse architecturale et l'analyse cadastrale actuelles permettent au moins de repérer un phénomène d'adaptation de l'habitat au statut et aux besoins de propriétaires aisés qui ont pu profiter de la décongestion démographique, à la fin du XIX$^{e}$ siècle, pour convertir les maisons de manouvrier en maisons de laboureur. Moins de familles, plus de maisons, on réunissait deux logis de manouvrier pour en faire un seul ; dans ces cas, il n'était d'autres solutions que de raser pour reconstruire presque *ex nihilo*[575]. Parfois, la transformation se montrait incomplète et des traces d'ouvertures anciennes apparaissent encore en filigrane de façades nouvelles. A Arrancy-sur-Crusne (Meuse)[576], voici deux maisons mitoyennes, sans doute de laboureur (logis, granges, écurie), la première a été transformée en un logis quasi bourgeois, la seconde en écuries tout en conservant un piédroit de son ancienne porte charretière ; dans l'écurie, on découvre une cheminée,

[575] JOIGNON Laurence, *Coutumes, familles, successions et alliances en Lorraine*, op.cit., p.337.
[576] Maison photographiée le 2 septembre 2002, coll. part. Jean-Yves Chauvet.

une fenêtre, deux indices de la présence de l'ancien logis d'une maison à trois travées.

Si les différences entre les modèles d'habitat procèdent de logiques architecturales explicables, les choix possibles entre plusieurs formes de maisons d'un même lieu ne sont pas encore compris, hormis les cas de classes et de spécialisations agricoles. L'exemple de Bisping introduit une autre différence qui pourrait être d'ordre ethnique, du moins découler d'un choix plus culturel des modèles. Ce village francophone se situe sur une frontière de langues, entre les parlers germanophones et francophones, et sur une frontière de toitures entre la tuile creuse lorraine et la tuile plate écaille alsacienne, frontières visiblement corrélées[577]. En plus, ces frontières sont géographiquement abruptes ; la frontière des toits passe le plus souvent entre deux villages, selon le principe du tout ou rien, mais il arrive qu'elle divise un même village où les deux matériaux de couverture sont employés conjointement. C'est le cas à Bisping[578]. Dans ce lieu, la substitution du chaume par la tuile aurait dû se faire logiquement avec la tuile plate pour des raisons de pente, il est néanmoins possible que les avantages de la tuile canal - un volume habitable plus grand - aient parfois présidé au choix de celle-ci. Il est encore possible et certainement probable que le choix des pentes de toiture n'a pas résulté de besoins en l'un ou l'autre de ces matériaux mais d'un choix plus fondamental de types de maisons. Car ces tuiles et ces toitures respectives correspondent à des modèles d'habitat opposant, d'un côté, la maison lorraine classique, de l'autre, un modèle de maison propre à Bisping qui tend, sans s'y conformer totalement, vers la maison en bloc à terre. Ces deux maisons cohabitent incontestablement à Bisping depuis le XVIII^e^ siècle - l'analyse architecturale le montre[579]-, elles n'ont en commun que leur appartenance au groupe des maisons à bloc à terre et à travées du grand nord-est de la France - logis, grange, double écurie. Elles partagent également la présence d'un étage susceptible d'être habité ; pour le reste, ces deux modèles de maison ont assuré une fonctionnalité différente de l'espace domestique et surtout, ils présentent une différence d'aspect qui ne pouvait pas passer inaperçu. Selon cette même règle du tout ou du rien, les deux types de maisons tranchent l'un sur l'autre ; leurs caractères respectifs sont entiers, aucun des deux n'est le produit d'une mutation de l'autre, ils posent

---

[577] Notre hypothèse voudrait qu'un apport de population germanique, lors de la repopulation consécutive à la guerre de Trente ans, se serait accompagné d'une expansion de ce type d'habitat, d'autant plus affirmé que sa confrontation avec la maison lorraine se montre tranchée. En règle générale, les transitions entre les formes d'habitat se diluent sur une profondeur de vingt à trente kilomètres.

[578] On observe dans ce village un type de maison lorraine (faible pente, tuile canal, logis de trois pièces), et un type intermédiaire avec celui de la vallée de la Sarre (forte pente, tuile écaille, logis de deux pièces ou logis carré).

[579] CHAUVET Jean-Yves, *Recherche analytique sur l'architecture du village de Bisping*, op.cit.

donc la question du choix des modèles, hasard ou choix déterminé par des représentations architecturales particulières ?

Ces différences architecturales sont-elles assez fortes pour entraîner des différences de train de vie et d'organisation de l'espace domestique ? Peut-être, pour la seconde proposition puisque la maison de type lorrain s'allonge considérablement sous un toit faiblement pentu, en disposant du logis classique à trois pièces : poêle à l'avant, cuisine centrale et pièce à l'arrière, tandis que la maison de Bisping, pour l'appeler ainsi, avec son pignon plus étroit en raison d'une pente de toit plus forte, ne comporte que deux pièces de logis par niveau tout en disposant parfois d'un logis à plan carré de quatre pièces. L'absence de pôle central aveugle conduit chaque pièce à directement recevoir la lumière du dehors[580]. Par contre, il n'est pas certain que ces différences de plan, pourtant flagrantes, aient joué sur les façons d'habiter, sur les rapports à l'objet et sur le partage familial de l'espace domestique. Les inventaires après décès servent au moins à le vérifier en associant la connaissance du plan des maisons et la nature des activités domestiques qui découlent de la nature des objets inventoriés.

### 10.3, un lieu d'anthropologie familiale.

La maison détermine entre ses quatre murs un espace physique organisé par son plan et rendu dynamique par les activités qui s'y exercent. Elle représente également un lieu de présence familiale où les sexes et les générations tiennent leur place, dans le cadre moral duquel se conduisent les relations internes à la maisonnée, s'exécutent les projets de celle-ci et se construisent ses relations avec le voisinage et l'environnement social. Anne Zink[581] parle ainsi de la maison béarnaise comme « *d'un centre d'activité agricole, lieu de décision, organe d'échange avec l'extérieur, lieu d'impact des prélèvements, point d'élaboration des différentes activités, atelier et outils, abri des bêtes et des semences, logement des travailleurs* ». Cette maison joue le rôle de relais social de la famille dans lequel opèrent ses relations internes et s'élaborent ses échanges extérieurs. Cadre intime donc, et lieu de représentation dans lequel André Mussat, historien de la maison bretonne[582], situe des « *rapports socio-économiques et socio-culturels complexes, (qui sont le) miroir d'une société paysanne fortement diversifiée. La maison doit correspondre à toute une série de définitions, nécessité*

---

[580] Contrairement à la maison lorraine classique dont la cuisine, centrale, ne reçoit pas de lumière des façades. Elle est dite borgne et peut être éclairée par une flamande, ou hollandaise, qui assure une prise de lumière astrale par le toit.

[581] ZINK Anne, *L'héritier de la maison*, op.cit., p.261.

[582] MUSSAT André, *L'habitat rural traditionnel en Bretagne*, art.cit., p.11.

*économique, lieu social, unité de feu, unité domestique mais aussi image projetée sur l'extérieur de ce noyau familial et voulu comme telle* ».

Paraître autant qu'être, la maison ne peut donc se définir par sa seule logique de fonction, elle le fait encore par sa valeur de représentation et de champ sensible dans lesquels se vivent les sentiments et les passions, s'expriment et se captent les intérêts familiaux. Ce champ sensible s'élabore doublement à partir des valeurs fonctionnelles et symboliques des lieux domestiques et des rapports entretenus entre les classes, les sexes et les générations. L'ethnologue Michel Rautemberg[583], qui situe socialement le « chez » lyonnais entre la maison lorraine et l'oustal cévenol, parle effectivement d'une maisonnée faiblement élargie, constituée du couple marié et de ses enfants, parfois d'un grand-parent veuf et d'un oncle célibataire ; il insiste par comparaison sur la sociabilité faible de la maisonnée du nord-est de la France, propre à la famille nucléaire. Cela suppose que la cohabitation des générations doit s'effectuer dans leur intégration domestique qui relève d'un partage choisi des lieux. Ceux-ci sont non seulement habités pour leur cadre pratique mais ils le sont encore à partir d'une hiérarchie de valeurs qui situent leurs occupants dans un certain ordre dévolu à la maisonnée, dans l'instant présent autant que dans le temps.

En Lorraine, chaque maison s'attache à une valeur personnelle de résidence, ce que Claude Karnoouh appelle le « chez », « *lieu où un homme, son épouse et leurs enfants sont rassemblés pour produire, consommer et se reproduire* »[584]. Encadrée par ses voisines, la maison dispose d'une façade sociale - la façade avant - sur laquelle se concentre le plus grand nombre d'ouvertures, et d'une façade privée - la façade arrière - invisible de la rue, souvent basse en raison du profil dissymétrique du pignon, et généralement prolongée par une « hache » - un appentis - au niveau du corps d'exploitation. Entre ses deux façades, la maison se trouve fortement intériorisée et concentrée ; elle s'isole par l'intérieur dans l'enceinte de ses murailles et dans la complexité de son découpage organique, et distribue une succession de niveaux de relations entre la maisonnée et son environnement social autant qu'au sein même de la maisonnée : échanges en façade, passage du seuil, introduction dans la cuisine, réception dans la belle chambre, privilège d'entrer dans la chambre. Des systèmes de protection équivalents peuvent opérer pour les travées de l'exploitation ; même grandement ouverte, la porte charretière n'autorise qu'un coup d'œil rapide sur l'état des greniers, par ailleurs plongés dans une quasi-obscurité. Les écuries sont également sombres et peu ventilées. A l'arrière de la maison, les lieux se montrent intimes et profonds : porcheries, bougeries et chambres à four se perdent au cœur des lieux. Les jardins ne sont visibles que par les voisins directs et les façades arrière se ferment, avec peu d'ouvertures et un toit qui descend bas.

---

[583] RAUTEMBERG Michel, *La mémoire domestique*, op.cit., p.636.

[584] KARNOOUH Claude, Penser maison, penser famille, op.cit., p 44.

A Barisey-la-Côte comme à Bisping, les maisons échappent, mais différemment, à certaines des règles de l'habitat lorrain classique, à supposer qu'il existe une maison lorraine type qui puisse servir de modèle à tout essai de classement typologique. Cette « maison-étalon » se définirait par son caractère en bloc à terre, par son toit de pente relativement faible, par sa couverture de tuile creuse, sa charpente à « hommes debout », sa division en deux ou trois travées - logis, grange écurie ou logis, grange/écurie - par son corps de logis à trois pièces alignées et desservies, à partir de la cuisine, par un couloir traversant (allant d'une façade à l'autre). D'un côté, se situe le poêle, ou belle chambre[585], de l'autre, une chambre froide ; au milieu, s'insère la cuisine borgne qui ne reçoit pas directement la lumière naturelle. Elle est donc équipée d'une flamande, véritable puits de lumière qui s'ouvre devant la cheminée et s'achève, sur la toiture, par un châssis pyramidal vitré. La cheminée est elle-même adossée à la cloison de séparation entre la cuisine et le poêle, son arrière taque est accessible de celui-ci pour que la chaleur se communique dans cette pièce. L'arrière taque est en général habillée d'un placard de poêle, véritable élément de menuiserie qui permet, en bas, de régler à volonté le rayonnement de la chaleur et sert, en haut, d'étagère. A côté du corps de logis, au-delà du couloir, se situe la grange qui comporte souvent le battoir, à l'arrière de laquelle peuvent être aménagées les soues à porc que le toit couvre directement. L'écurie est unique, les chevaux sont placés à l'avant, les vaches à l'arrière ; elle tient souvent lieu de poulailler. La chambre à four peut être indépendante, traîner alors à l'arrière de la maison ou s'insérer entre la cuisine et la chambre froide. Au dessus de la belle chambre peut se placer un grenier fermé, grenier au sens étymologique de lieu à grains, tandis que les fenils, accessibles par la grange, se déploient sur le restant du logis et de l'écurie.

Pour Bisping, nous avons déjà parlé d'un type de maison intermédiaire entre ceux de la maison lorraine classique et de la maison de la vallée de la Sarre[586], tout en reconnaissant l'existence, en ce lieu, de véritables maisons lorraines répondant, pour l'essentiel, aux caractères énumérés ci-dessus. Or, ces deux types de maison partagent les mêmes différences par lesquelles les maisons lorraines de Bisping se distinguent de cette maison lorraine classique. Observables sur l'ensemble de l'est mosellan et dans le Pays-Haut lorrain, ces différences tiennent d'abord à l'existence d'un étage au-dessus du corps de logis, muni d'une fenêtre à l'avant à et l'arrière[587] ; ensuite, l'écurie n'est pas unique mais dédoublée de part et d'autre de la grange, de manière qu'on loge les chevaux dans l'écurie la plus centrale et les vaches, dans

[585] Ce terme nous est propre, du moins nous le puisons à la terminologie contemporaine ; il n'apparaît pas dans les inventaires après décès de Barisey-la-Côte et de Bisping.

[586] Type de maison de la Sarre, une identification qui nous est personnelle, en particulier décrite par Marie-Noëlle DENIS, art.cit.

[587] Même si, dans la plupart des cas, l'étage n'est pas aménagé en lieu habitable. Les fenêtres d'étage sont toutefois souvent légèrement plus petites que celles du rez-de-chaussée.

l'écurie la plus extrême (le terme d'étable, pour les vaches, ne s'emploie pas en Lorraine)[588]. A l'intérieur du corps de logis, les deux maisons se distinguent par l'absence de manteau de cheminée véritable ; l'âtre est simplement délimité par une grosse poutre en plafond qui sert également de sommier à la poutraison[589]. Comme le foyer est adossé au pignon, il ne comporte pas l'arrière-taque spécifique du poêle de la maison lorraine classique. Par contre, l'âtre est surmonté, au premier étage, par un fumoir qui se confond avec la hotte largement ouverte. Ce fumoir est accessible par le palier de l'étage situé, dans les maisons de trois pièces, sur le pôle aveugle, entre les greniers ou les chambres avant et arrière ; pour les maisons de deux pièces, sur la partie arrière de l'étage du logis. La dernière différence essentielle tient à la présence d'une plate-forme au-dessus de la grange, appelé « échafaud », structure surélevée d'environ un mètre par rapport aux sols des fenils situés au dessus des deux écuries[590]. La surface utile du fenil est augmentée d'autant.

A Barisey-la-Côte, les maisons se conforment plus fidèlement au modèle convenu sauf qu'elles se distribuent entre quelques maisons de laboureur à trois travées[591], quelques maisons de manouvrier associant grange et corps de logis[592], et surtout, de véritables maisons de vigneron lorraines, comportant une grange et un corps de logis à l'avant, puis une cour et une bougerie à l'arrière[593]. Cette bougerie occupe un bâtiment à part entière si bien que la maison se présente comme une suite de deux constructions aux faîtages parallèles, séparées par une cour en général assez réduite. Toutes les maisons de Barisey-la-Côte possèdent une cave, parfois étendue sur toute la longueur du corps de logis[594], ce qui entraîne toujours une légère surélévation du logis, décelable à la présence des quelques marches d'accès à la porte d'entrée et, dans un certain nombre de cas, à l'existence d'une entrée de cave extérieure. Les corps de logis sont à deux ou trois pièces en enfilade, les couloirs ne sont pas traversant ou rarement, ils conduisent directement dans la cuisine

---

[588] Cf. par exemple, les inventaires après décès de Bisping, on parle, d'écurie des vaches, par distinction avec l'écurie des chevaux, lorsque la maison comporte deux écuries, en principe situées de part et d'autre de la grange.

[589] Le sommier est une poutre de forte section, coupant la portée des solives au milieu d'une pièce. Cette poutre peut également servir à contreventer le pan de bois de la façade arrière en tenant lieu de tirant.

[590] Cette plate-forme est évidée sur ses trois côtés, ce qui permet de passer le fourrage à partir de la grange.

[591] Logis de trois pièces alignées en profondeur avec couloir longitudinal, grange et écurie.

[592] Maisons de deux travées, le logis comporte en principe trois pièces alignées en profondeur, plus un couloir ; derrière la grange se situe une écurie. Les fonctions de cette maison sont donc celles de la maison de laboureur mais les surfaces utiles sont moindres.

[593] C'est cette bougerie qui fait la véritable différence entre la maison de manouvrier et celle de vigneron. Celle-ci est donc une maison lorraine spécialisée, alors que dans le reste de la France, les maisons de vigneron possèdent leur typologie propre (escalier extérieur, logis à l'étage).

[594] Cadastre de 1830, maison E 633.

centrale borgne. L'éclairage par la flamande n'est pas généralisé mais observable ; par contre, la cheminée se montre classique, avec une arrière-taque enfermée dans un placard de poêle.

### 10.4, l'usage différencié des maisons.

Tous nos documents d'analyse - sources écrites et patrimoine bâti - nous mettent en situation de reconstituer presque matériellement les communautés de Bisping et de Barisey-la-Côte entre le XVIIIe et le XXe siècle et de montrer comment le même type d'habitat fondamental, spécifique, pour l'un, de la région des marnes du Keuper[595], pour l'autre, du sud du vignoble du Toulois, a pu s'adapter à un éventail de classes assez large pour faire cohabiter d'humbles et précaires chaumières[596] avec de grosses maisons de laboureur devenues archétypiques[597]. Ces communautés nous apparaissent précisément dans leurs différences internes et dans leurs choix de vie ou, plutôt, dans leurs niveaux de vie imposés par un certain partage pyramidal des richesses et des degrés d'aisance, selon des éléments de confort disponibles à l'époque, essentiellement représentés par le meuble, l'outil, l'ustensile et le vêtement. La maison, par elle-même, ne conçoit pas ces moyens mais elle les contient à travers une somme de lieux qui dépendent à la fois de données typologiques, de structures et de plans reproduits selon des modèles d'habitat conformes, opposables à tout autre modèle d'habitat perçu comme différent. La reproduction de ces modèles construits tient compte des fonctions de lieu de vie et d'outil de travail nécessaires à la mise en valeur agricole du parcellaire et à l'organisation matérielle et spatiale de la famille.

L'usage différentiel des maisons est donc évident ; l'analyse architecturale le prouve. En est-il de même pour les fonctions domestiques ? Les cultivateurs de Bisping, au XIXe siècle, possèdent essentiellement les maisons de plus grande surface dont les ouvertures s'accroissent de façon précoce alors que la gamme de maisons de manouvrier et d'artisan, de la plus petite à la plus moyenne, connaît un confort en lumière plus tardif,[598]. Chacun tient place dans la communauté selon ses façons d'habiter, dans ses

---

[595] Entre les côtes du Keuper, au niveau de Château-Salins, et celles du Muschelkalk, au niveau de Sarrebourg.

[596] Encore nombreuses au XIXe siècle, l'une d'elles a été photographiée à Insviller, Archives Départementales de la Moselle 29 J 1093/2 (29 J 2525), album du musée diocésain de Metz, juin 1905.

[597] Notamment représentées par certaines maisons du fonds Pinck, cliché Inventaire de Lorraine, et le fonds de l'abbé Touba (Cappel), cliché Inventaire de Lorraine et fonds Hiegel, Archives Communales de Sarreguemines.

[598] CHAUVET Jean-Yves, *Recherche analytique sur l'architecture du village de Bisping*, p.388.

murs et hors d'eux. Au-delà d'une première fracture sociale opposant possesseurs et non possesseurs de maison, il en est une seconde qui distingue les niveaux de maisonnée parce que la richesse des meubles s'impose en complément de la valeur de l'immeuble et parce que l'usage offert par l'objet ou par l'outil peut avoir une valeur de discrimination sociale.

Avec le cadastre napoléonien de 1813, très représentatif de l'évolution du cadre bâti tout au long du XVIII^e siècle, il est déjà possible d'observer les différences de surfaces au sol entre les maisons et d'appliquer, par principe, une certaine correspondance entre les grandes et les petites maisons, et les maisons de riches et les maisons de pauvres. Les inventaires après décès sont susceptibles d'offrir les mêmes éléments de comparaison, non plus en termes de surface mais en ceux de découpage du plan de la maison, en pièces différentes dont les fonctions nous apparaissent à partir de leur dénomination et par les objets, effets ou meubles qu'elles contiennent. En plus, les prisées classent ces pièces selon un certain ordre de valeur ; comme nous connaissons l'identité des propriétaires des maisons inventoriées, nous pouvons confronter ces inventaires à l'état civil et aux actes notariés. Par contre, les inventaires n'identifient pas les maisons, ce qui ne permet pas de les associer directement à l'analyse architecturale.

Pour établir un lien entre la connaissance cadastrale des maisons (surface au sol et nombre d'ouvertures) et les descriptions qu'en font les inventaires, il est nécessaire d'en passer par les propriétaires. Pour le XIX^e siècle, ce lien peut être établi directement grâce au cadastre ; pour le XVIII^e siècle, la relation est plus difficile à nouer puisqu'il faut reconstituer la chaîne des propriétaires des maisons en utilisant d'abord les cadastres comme « courte échelle », puis en remontant les actes notariés. La difficulté majeure de cette mise en correspondance tient dans la césure souvent perceptible entre la fin du XVIII^e siècle et l'apparition du cadastre napoléonien entre 1810 et 1830.

Même s'ils ne peuvent toujours être reliés aux maisons et aux familles, les inventaires après décès servent déjà à procéder à une étude différentielle des niveaux de qualité domestique, au sein d'une population de classes, à partir de la description du plan des maisons, du nombre et des fonctions des pièces qui renvoient nécessairement à leur gabarit, à partir, également, des prisées faites de tous les biens contenus dans ces maisons qui servent à étalonner une certaine valeur des choses, à défaut d'établir leur valeur marchande stricte. Bien sûr, ces prisées sont relatives, elles tiennent autant compte d'une valeur estimée selon le marché que d'une valeur de représentation de l'objet ; seuls, les encans, qui peuvent suivre les inventaires donnent une indication de la valeur réelle de l'objet, soumise aux conditions de l'offre et de la demande. Les prisées restent cependant un bon indicateur de tendances, au moins pour fixer la valeur des choses et des biens entre eux ; elles servent à comparer, par période, les richesses domestiques respectives des ménages.

**10.5, le partage personnel de l'espace.**

La valeur matérielle et symbolique inégale des lieux domestiques en dit certainement long sur la réalité de ces partages d'espaces : selon qu'elle prend jour sur la rue ou sur le jardin, qu'elle s'ouvre sur la façade sociale ou la façade privée de la maison, qu'elle est orientée au sud ou au nord, qu'elle est chauffée ou laissée froide, qu'elle sert ou non pour l'apparat, une pièce ne possède ni la même raison fonctionnelle, ni la même qualité de confort, ni la même force symbolique. Ainsi, les rapports d'usage au sein de la famille ou, du moins, les ordres de préséance, se remarquent également dans la manière d'occuper l'espace. On honore les parents, le veuf ou la veuve qui ont abandonné leurs biens quand on les fait coucher dans le poêle toujours situé, à Bisping, du côté de la rue, c'est-à-dire, du côté social de la maison. A Barisey-la-Côte, il peut se placer côté jardin ; est-ce dû à l'orientation cardinale ? Par contre, on tient le parent survivant en état de réclusion - d'ailleurs bien souvent volontaire - s'il occupe une pièce dans le fond de la maison, en marge des lieux habités par le corps actif de la famille.

Il est possible d'interpréter ces choix dans la substance des contrats de donation entre vifs par la connaissance de la part du cadre bâti que conserve le ou les parents donateurs. Il faut se demander dès lors comment s'instituent les nouveaux rapports d'occupation, donc de maîtrise de l'espace domestique. La maison peut être réservée et les héritiers devront attendre, ou se lasser d'habiter avec les parents et trouver de meilleures opportunités de logement ; elle peut être déjà abandonnée de manière anticipée du vivant des parents, la réserve se trouve alors limitée à une seule pièce de la maison, il était vrai qu'à l'époque, une seule pièce pour une seule personne, quand il s'agissait du survivant, cela aidait encore à vivre au large.

A Barisey-la-Côte, la donation entre vifs est devenue générale au XIX$^{e}$ siècle, dans cette commune qui relevait auparavant de la coutume de Toul, fondée sur un certain droit d'aînesse en roture. Au-delà des raisons, importantes, qui ont conduit à l'égalité stricte des parts d'héritage (l'égalité n'était-elle pas déjà sous-jacente au XVIII$^{e}$ siècle ?), il y a lieu d'évaluer les effets de la donation-partage sur la reprise de la maison des parents par un héritier pressenti par les parents ou par les germains. La formule représente pour les premiers, du moins pour le survivant, le moyen de bénéficier d'une pension viagère, généralement alimentaire, en conduisant ses enfants à disposer de biens de production monnayables avant terme. A-t-elle eu des effets sur la capacité de garder la maison dans la lignée, en jouant plus opportunément sur un choix de résidence davantage prévisible mais surtout, en mettant en présence deux générations complètes ou deux générations fragmentaires : un parent survivant et un enfant qui peut être encore célibataire ? Chacune de ces générations doit partager l'espace domestique mais la première est soumise à l'imminence d'un départ et la seconde est engagée par un projet d'installation ; en conséquence, les lieux domestiques peuvent présenter des intérêts opposés pour celui qui s'en retire et celui qui en prend possession.

Une anthropologie plus précise de l'occupation de l'espace ne peut toutefois se présumer qu'à partir d'une lecture indirecte des inventaires après décès, grâce à la présence des objets attachés aux activités personnelles ou familiales, sexuées ou générationnelles. Ces inventaires ne contribuent néanmoins que faiblement à la connaissance des lieux domestiques personnalisés puisqu'ils ne s'intéressent qu'à l'objet et non au rapport entre la personne et celui-ci. Il serait quand même possible, par recoupement avec l'analyse architecturale, de situer l'organisation fonctionnelle d'une maison donnée en fonction de l'ordre naturellement dévolu aux façades – sociales ou intimes. Cela donnerait un sens au choix de présenter sur la rue, ou la cuisine ou le poêle. Par exemple, dans tel quartier de Bisping où sont confrontées[599], de part et d'autre de la rue, plusieurs maisons à deux pièces de profondeur seulement, les cuisines sont systématiquement placées au nord et les chambres au sud si bien qu'elles se situent respectivement à l'arrière ou à l'avant de la maison, ce qui change radicalement la façon d'occuper celle-ci. En présence de logis à trois pièces en enfilade, la position de la cuisine est plus universelle puisqu'elle se place au centre mais il reste le choix de placer le poêle à l'avant ou à l'arrière de la maison. A Bisping, le rôle social du poêle pousse presque systématiquement à le mettre à jour sur la rue, ce n'est pas toujours le cas à Barisey-la-Côte mais l'occupation de l'espace ne peut prendre de sens que si les fonctions et les objets ont été codifiés.

## 10.6, les fonctions attachées aux objets.

S'ils offrent une vision restreinte du cadre domestique, en comparaison avec le plan réel de la maison, les inventaires après décès en dressent le cadre fonctionnel selon une certaine évolution dans le temps, par le moyen des énumérations de meubles ou d'objets. Il est entendu que l'objet s'attache à une fonction et qu'en conséquence, sa présence dans un lieu donné tende à traduire les activités qui s'y déroulaient, du moins en principe puisque cela revient à admettre que l'objet était employé dans le lieu où il fut décrit, ce dont l'inventaire n'apporte aucune certitude. L'inventaire souffre de cet autre inconvénient de ne pouvoir saisir la symbolisation de l'objet et du lieu parce qu'il manque la parole des usagers de ces objets et l'observation des pratiques quotidiennes, mettant en rapport l'objet avec son lieu, selon les heures du jour et de la nuit, en fonction des rapports déterminés entre les sexes et les générations, entre la maisonnée et son environnement social.

[599] Le haut de l'actuelle rue du Tillot, l'exemple concerne les maisons actuellement cadastrées 2 54, 2 151 et 2 152.

Ces inventaires ne peuvent représenter qu'eux mêmes car ils ne sont pas à l'échelle de proportion numérique des classes sociales de ces deux villages. Disons qu'ils autorisent une approche plus qualitative que quantitative des normes fonctionnelles des maisons. La répartition des catégories sociales ci-après montre combien le découpage social résultant des inventaires peut-être éloigné de la représentation véritable du corps social observable à partir de l'état civil et des rôles d'imposition de Bisping[600]. Les inventaires font la part belle aux laboureurs, entre 1731 et 1790, trente-huit fois contre cinquante-six pour les manœuvres, vingt pour les artisans, vingt-six pour les veuves et deux pour un berger[601]. Encore, les artisans viennent-ils tardivement à l'inventaire (1745) et le plus grand nombre des inventaires qui les intéressent se situe-t-il entre les décennies 1770 et 1780.

***Nombre de pièces par maison et par catégorie sociale.*** L'importance et la valeur potentielle des maisons respectives d'artisan, de laboureur, de manouvrier et de veuve s'apprécie au nombre de pièces de logis et de l'exploitation agricole, à travers la norme comparative que représente la maison de laboureur classique à logis de trois pièces (poêle, cuisine et chambre) et à grange, écurie et grenier. La typologie qui suit ne peut donc intéresser que des catégories de maisons situées au-dessus de cette norme. Il est entendu que les corps de logis, sauf les chambres uniques, possèdent au moins une cuisine et autant que possible, un poêle et une ou plusieurs chambres. Cette analyse donne, par exemple, pour les laboureurs, les cadres domestiques suivants, présentés par ordre de nombre de pièces décroissant : cinq pièces, 3 cas ; quatre pièces, 11 cas ; trois pièces, 14 cas ; deux pièces, 4 cas ; une pièce, 2 cas. Sur trente-quatre laboureurs, 9 % habitent une maison de cinq pièces, hors gabarit pourrait-on dire ; 32 % une maison de quatre pièces, qui sort également des normes ; 41 %, le plus grand nombre, non la majorité, une maison de trois pièces, qui représenterait la maison de laboureur classique ; enfin 12 %, une maison de deux pièces seulement et 6 %, tout de même, une maison d'une seule pièce. Ces deux dernières catégories représentent une marge de 18 %, ce qui met en question le rapport entre le statut social et le logis mais rend nécessaire la connaissance des cycles de famille et de production pour comprendre les choix de résidence.

***Les laboureurs.*** Pour autant, il n'est pas possible de traduire ces plans en modèles de maisons aujourd'hui reconnues puisque les maisons de cinq pièces peuvent ne pas posséder de grange, qu'elles peuvent avoir une chambre à l'étage, disposer d'un grenier, d'une cave et d'une écurie. Les maisons de quatre pièces possèdent un grenier, parfois deux, plus rarement une chambre haute ; elles ne disposent pas toujours de cave mais sont équipées d'une ou deux écuries. Elles intègrent souvent une grange. Ces

---

[600] AD Meurthe-et-Moselle Bj 10466.

[601] AD Meurthe-et-Moselle Bj 9871, 10467, 10249, 10468, 10469.

maisons apparaissent plus tardivement dans les inventaires ; seraient-elles de dernière génération, de la fin du XVIIIe siècle ?

Les maisons de trois pièces ont un grenier, plus rarement une chambre haute ; toutes possèdent une écurie, parfois une grange. Cette disparité interroge, comme pour les catégories de maisons précédentes puisque la grange représente un attribut incontournable de l'état d'exploitant. Les maisons de deux pièces disposent d'un grenier, parfois d'une chambre haute, une seule est pourvue de deux écuries et d'une grange ; leur caractère agricole est donc moins affirmé, ce qui met également en question le statut de leurs occupants. Il en va de même pour les deux maisons d'une seule pièce ; la première se constitue d'une chambre unique, c'est donc que le défunt n'est pas logé chez lui ; la seconde comporte une écurie et une grange.

Pour ***les artisans***, la classe la plus nombreuse vit dans un corps de logis de trois pièces mais une grande minorité, presque 42 %, ne possède qu'une maison de deux, voire, d'une pièce unique (un seul cas). Un seul artisan habite un logis de quatre pièces. Un peu plus de la moitié des artisans occupent donc un corps de logis non restreint, comportant les trois pièces classiques ; un seul occupe une véritable maison de laboureur, avec grange et écurie, sans que l'on sache si elle comporte deux ou trois travées. Les maisons à deux ou trois pièces possèdent toutes une écurie et n'ont pas de grange ; le corps d'exploitation est donc limité au besoin d'élever du bétail de subsistance. On déclare un grenier pour la moitié des maisons de trois pièces et pour le tiers seulement des maisons de deux pièces ; il y a donc réduction progressive et décalée des étages fonctionnels. Ces deux types de maison, de deux ou trois pièces, représentent la maison de manouvrier certainement la plus commune ; les inventaires ne permettent toutefois pas de connaître la véritable disposition des pièces les unes par rapport aux autres : en prolongation, on tendrait plutôt vers le type lorrain (toit peu pentu, long pignon) ; latéralement, plutôt vers le type de l'est mosellan (toit pentu, pignon raccourci).

Un seul ***manœuvre*** possède une maison de quatre pièces qui certainement correspond à une maison de laboureur classique. Seize manœuvres, soit 29 %, vivent dans un logis complet de trois pièces comportant un poêle, une cuisine et une chambre mais deux seulement détiennent une grange. La plupart comptent une écurie, dix disposent d'un grenier, soit 62 %. Les manouvriers possesseurs d'une écurie entretiennent un certain cheptel de subsistance, au moins une vache. Les mêmes remarques peuvent être faites pour les manouvriers dont les maisons ne comptent que deux pièces ; ils sont vingt-sept dans cette situation, soit exactement la moitié. Deux pièces, cela veut dire, en principe, le poêle et la cuisine. Dans plus de 50 % des cas, l'écurie est présente et dans 44 %, le grenier l'est également. Paradoxalement, ces maisons au logis réduit sont mieux équipées en locaux agricoles que les maisons de trois pièces. Ils sont enfin dix manouvriers, soit 18 %, à vivre dans une pièce unique destinée à remplir toutes les fonctions domestiques.

Cinq de ces maisons, ou simples logements - la moitié - possèdent ou un grenier ou une écurie. Dans l'ensemble, les artisans se trouvent donc logés à meilleure enseigne que les manouvriers puisque la classe modale des premiers se situe au niveau des trois pièces alors que celle des seconds l'est à celui des deux pièces.

***Filles majeures et veuves.*** En matière d'habitat, les filles majeures et les veuves ne connaissent pas de différences de condition. Deux inventaires seulement pour les premières, qui vivent toutes deux dans une pièce unique, une fois nommée poêle et l'autre fois chambre. Il arrive que les veuves résident plus au large, un peu plus du tiers d'entre elles possèdent respectivement des maisons de quatre ou cinq pièces (deux fois), de trois pièces (quatre fois) et de deux pièces (cinq fois). Les autres, au nombre de dix-huit, soit 62 %, sont recluses dans une pièce unique. La grande majorité de ces logements ne dispose pas de lieux agricoles, dix d'entre eux en possèdent, soit la totalité des maisons de trois pièces ou plus, et trois maisons de deux pièces sur cinq ; une seule des chambres uniques est accompagnée d'une écurie et d'un grenier.

### 10.7, le nombre et la distribution des pièces des maisons.

Nous comptabilisons maintenant chacune des pièces des maisons de Bisping, à partir de pourcentages, toutes années confondues, sur la base de 139 inventaires. Il ressort de cet état que 76,26 % de ces maisons possèdent un ***poêle***, un pourcentage élevé puisque les 23,74 % autres cas intéressent de nombreux logements uniques. Les ***cabinets*** jouxtant les poêles sont par contre rares, 3,60 %. Les ***cuisines*** sont moins nombreuses que les poêles, 71,95 % ; certains logis à pièce unique font également fonction de cuisine ou bien sont rattachés à un corps de logis principal. Les ***cabinets***, situés à côté des cuisines sont aussi rares que ceux qui côtoient les poêles, 5,04 %, essentiellement chez les laboureurs. Les ***chambres à four*** n'existent pratiquement pas en tant que telles, 1,44 %, cela tient au fait que le four est intégré dans la cheminée et que le cul du four se positionne donc dans le poêle ou dans la troisième chambre, quand elle existe.

Au total, les ***chambres*** apparaissent à 82,73 % dans les inventaires, il faut quand même tenir compte de plusieurs catégories de chambres déterminées par leur position dans la maison ou par leur situation par rapport au poêle ou à la cuisine. Les chambres non qualifiées représentent 7,91 % des inventaires, les chambres dites « *à côté du poil* », 7,91 %, on ne peut toutefois savoir si elles se trouvent latéralement (probablement) ou dans la prolongation du poêle. Les chambres situées contre (ou à côté ou en suite) de la cuisine comptent pour 15,83 % ; ici joue seulement la proximité de la cuisine puisque la désignation « à côté » implique une position plutôt latérale et celle « en suite », une position plutôt arrière. La situation de certaines chambres est nettement mieux déterminée mais seule la comptabilisation du nombre de pièces du logis indique si le corps de logis rassemble deux ou trois pièces. Les chambres dites « chambre de devant », 3,59 %, prennent jour nécessairement sur la rue puisqu'il ne fait aucun doute que l'avant de la maison ouvre sur celle-ci ; à l'inverse, les chambres dites « de derrière », 20,86 %, s'éclairent par le jardin. Il existe également des chambres supplémentaires, 7,19 %, qui viennent en surnuméraire quand le nombre des pièces du logis a atteint celui de trois.

Le ***cabinet adjacent*** (suivant) à une chambre est encore plus rare qu'avec les cuisines et les poêles, 0,72 %. Par cabinet, faut-il entendre, un lieu intégré dans un autre, en l'occurrence, une chambre, la cuisine ou le poêle, ou une pièce véritablement isolée, susceptible d'être fermée, mais de taille réduite ? On trouve en rez-de-chaussée des chambres uniques, 15,83 %, correspondant soit à un logis indépendant constitué le plus souvent d'une seule pièce ou, ce qui est sans doute plus probant, une chambre occupée par le défunt dans le logis d'autrui. Il faut compter en plus avec la « chambre mortuaire », ainsi désignée, que nous avons distinguée quand elle était également unique, 3,60 %, ce qui donne presque 20 % de chambres uniques. Un ménage sur cinq, en principe constitué d'une seule personne, veuve ou beaucoup plus rarement une fille majeure, vit de manière indépendante dans une chambre où toutes ses affaires se tiennent.

Pour l'étage, une première différence s'établit d'abord entre les étages aménagés et ceux qui ne le sont pas, puis entre les ***étages aménagés en chambre*** et ceux qui font seulement fonction de ***grenier***. Toutes les maisons construites au XVIII$^{e}$ siècle nous apparaissent aujourd'hui avec deux fenêtres d'étage, l'une à l'avant, l'autre à l'arrière, dénotant un état de pièce habitable. Or, 12,23 % seulement des maisons possèdent une « ***chambre en haut*** », en principe sur la façade avant, et une seule possède une deuxième chambre haute (sur la façade arrière). Il est un autre cas où cette chambre est désignée comme étant une chambre sur cuisine, ce qui ne donne au total que 13 % de maisons partiellement habitables à l'étage. Cela revient à dire, qu'en dépit d'une forte pression démographique et de maisonnées certainement nombreuses - en moyenne, de sept à dix membres par famille, plus les domestiques chez les laboureurs - l'espace considérable représenté par l'étage paraît sous-employé.

La qualité de ***grenier*** est mieux partagée, 43,88 % de grenier tout court, plus respectivement, 3,60 % de faux grenier (certainement le fumoir) et de grenier à foin, plus 5,75 % de grenier devant et 6,47 % de grenier derrière ; en tout 63,30 % de greniers. Deux maisons sur trois sont équipées d'un grenier.

Les ***caves*** sont peu nombreuses, 9,3 5%, cela peut venir du relief, une grande partie du village se situant en zone inondable. Le terrain argileux et marneux qui reçoit le cadre bâti se prête peu à la constitution de caves très profondes. De plus, même si la colline contre laquelle est bâti Bisping se nomme le Reberg (la montagne du raisin) et si la branche atrophiée de la rue du Tillot conduit au Rebgarten (le jardin des vignes), le vignoble du village est peu important et ne nécessite pas de véritable locaux de conservation du vin.

69,78 % de maisons disposent d'une ***écurie***, preuve qu'une majorité des familles élèvent quelques têtes de bétail de subsistance, une vache, au moins. Certaines de ces étables abritent pêle-mêle des vaches, des bœufs et des chevaux ; il arrive cependant que les grosses maisons de laboureur détiennent à la fois une écurie des chevaux, 5,04 %, et une écurie des vaches distinctes, 4,32 %. Cette remarque vaut pour l'***errang des porcs***, 4,32 % ; il est rare que les cochons logent dans un local spécifique, ils cohabitent la plupart du temps avec les autres animaux dans l'écurie.

Les ***granges*** sont assez peu représentées, 17,27 % mais seule l'activité de laboureur la rendait nécessaire. On peut supposer que la grande majorité des maisons de manouvrier se constituaient seulement d'un logis et d'une écurie. Pour les artisans, les locaux spécialisés font défaut, 1,44 % seulement pour les boutiques, servant généralement de maréchalerie pour le seul métier artisanal qui nécessite un local spécialisé, avec foyer ; les autres métiers de l'artisanat occupent l'une des pièces ordinaires de la maison. Il est enfin peu fréquent que les inventaires s'arrêtent à l'***usoir***, devant la maison, 13,67 %, et toujours pour un attirail de laboureur, des chariots en général qui peuvent être garés à deux ou trois sur le pas de la porte.

**10.8, la représentation sociale des pièces des maisons de Bisping.**

Nous observons maintenant le même phénomène, à contrechamp, puisque nous établissons, pièce par pièce, une fréquence par pourcentages des classes sociales disposant de chacune de ces pièces, à commencer par le ***poêle***, possédé à 100 % par les artisans, les laboureurs et les manœuvres, à 95 % seulement par les artisans et à 78 % par les veuves. Pour celles-ci, la pièce unique peut faire fonction de poêle. Cette pièce est donc universelle, un paradoxe puisque les maisons de Bisping manquent de cet organe, destiné à transmettre la chaleur de la cheminée, derrière la taque, par lequel la belle chambre prend véritablement son caractère et sa fonction de poêle. Notons qu'au XIX$^{e}$ siècle, ce terme de poêle disparaît des inventaires après décès alors qu'il se maintient à Barisey-la-Côte.

Nous avons déjà vu que le ***cabinet***, à côté du poêle, était rare. Peut-on le qualifier d'annexe de la belle chambre ? Il n'apparaît respectivement qu'à 23 %, 19 % et 11 % chez les artisans, les laboureurs et les manœuvres, les veuves n'en possèdent jamais, les chambres uniques ne justifiant pas son emploi.

La ***cuisine*** est présente, légèrement moins souvent que le poêle mais elle entre majoritairement dans le plan des maisons, proportionnellement à la valeur estimée de celle-ci, 92 % chez les laboureurs, 90 % chez les artisans, 75 % chez les manœuvres et 64 % chez les veuves ; ces différences posent évidemment la question du lieu où cuisinaient ceux qui n'en possédaient pas. Ainsi, 8 % de laboureurs manqueraient de cuisine.

La ***pièce située à côté de la cuisine*** n'est guère plus présente que le cabinet du poêle et son ordre de présence suit celui de la valeur sociale des maisons puisqu'on la retrouve à 33 % dans les maisons de laboureur, à 28 % dans celles des artisans, à 11 % dans celle des manœuvres, à 14 % dans celle des veuves.

La possession d'au moins une ***chambre*** est très inégale, à 84,62 % pour les laboureurs contre 57,14 % pour les artisans et 47,17 % pour les manœuvres, les artisans se trouvent donc légèrement mieux logés que les manouvriers. Quant aux laboureurs, tous ne disposent pas d'une chambre de manière absolue, 15,38 % en sont privés, ce qui signifie en principe que leur corps de logis se compose de deux pièces seulement : le poêle et la cuisine.

La ***chambre haute*** est rare, ni les manœuvres ni les artisans n'en détiennent et seulement 17 % de laboureurs en sont équipés. Au XVIII$^{e}$ siècle, les familles n'ont pas encore la pleine possession de leur étage.

La présence d'un ***grenier*** est certainement la moins sélective puisque les écarts entre les classes sociales sont assez réduits : présence à 33 % pour les artisans, 58 % pour les laboureurs, 42 % pour les manœuvres et 21 % pour les veuves ; ces pourcentages assez faibles sont surprenants, particulièrement pour les laboureurs qui ont au moins besoin de fenils pour conserver leur paille et leur foin.

L'existence d'un ***grenier de derrière*** est encore plus rare, 5 % chez les artisans, 17 % chez les laboureurs et 14 % chez les veuves, tous les manouvriers sont exclus de l'usage d'un tel lieu et toutes les autres classes le sont à plus de 80 %.

L'existence d'une ***écurie à chevaux***, désignée comme telle, n'aurait dû intéresser que la classe des laboureurs, ils en possèdent une à 69 %, or, 10 % des artisans, 6 % des manœuvres et 40 % des veuves en ont la possession. C'est d'autant plus inattendu que la mention d'écurie à chevaux, qui s'accompagne de celle d'écurie à vaches, se rapporte à la présence d'une maison à double écurie, distribuée de part et d'autre de la grange, il s'agit obligatoirement d'une maison de laboureur.

90 % des artisans possèdent une ***écurie à vaches***, ou le plus souvent une écurie tout court, ce qui prouve l'importance d'un cheptel de consommation au sein des classes les plus basses de la communauté. Les laboureurs ne sont que 51 % à profiter de cet organe contre 76 % des manœuvres et 80 % des veuves, des pourcentages qui se montrent forts. Même en absence de véritable corps d'exploitation destiné à la production, une majorité de foyers élèvent un modeste cheptel d'entretien.

La ***grange*** est l'attribut par excellence du laboureur or seulement 37 % d'entre eux en détiennent une, contre 15 % d'artisans, 9 % de manœuvres et

60 % de veuves, ce dernier pourcentage est particulièrement suspect. Pour les laboureurs, la faible représentation des granges peut résulter du fait qu'une grange vide n'est pas inventoriée.

Nous qualifions de ***fenil grenier*** le grenier dans lequel se trouve du foin ; la nuance est importante puisque le grenier tout court, dans lequel sont entreposés des objets divers, se rapproche plus du corps de logis que du corps d'exploitation. 43 % des laboureurs, contre 15 % des artisans, 18 % des manœuvres et 20 % des veuves en possèdent un ; les hiérarchies professionnelles sont donc respectées même si les fenils de laboureur sont encore en sous effectifs.

Les ***caves*** ne sont pas nombreuses à Bisping, 10 % pour les artisans, 14 % pour les laboureurs, 6 % pour les manœuvres et 20 % pour les veuves, cela tient certainement à des besoins réduits - peu de vignes - ainsi qu'à la situation inondable d'une grande partie du cadre bâti.

L'***errang de porc*** est peu représenté, aucun chez les artisans, 11 % chez les laboureurs mais 21 % chez les manouvriers. La plupart du temps, le cochon n'est pas logé dans un abri spécifique mais gîte dans l'écurie.

### 10.9, les maisons de Barisey-la-Côte.

On ne comptait à Barisey-la-Côte, au XIX$^e$ siècle, que deux classes socio-professionnelles : les cultivateurs et les vignerons ; les manœuvres étaient vignerons et les artisans, peu nombreux, exerçaient une activité souvent saisonnière. Ces deux catégories paysannes s'adonnaient peu ou prou aux mêmes productions : de la vigne, des céréales, peu d'élevage et de l'activité maraîchère pour l'auto consommation. En quantité, les laboureurs possédaient un train de culture plus important : ils avaient des chevaux et du matériel de labour. Toutefois, la ségrégation sociale était devenue moins forte et le mode de faire-valoir direct était communément appliqué. S'il existait encore des fermages, c'était marginalement. Dans un pareil contexte, le rapport à la maison ne pouvait être exactement le même qu'à Bisping au XVIII$^e$ siècle, d'abord, en raison de fortes différences démographiques car la population de Bisping était pleine et le sommet démographique du XIX$^e$ siècle se trouvait planifié par des niveaux de population importants ; celle de Barisey-la-Côte était faible, le sommet démographique est apparu tôt, vers 1836, ensuite, la saignée de population s'est montrée forte. En 1813, le parc bâti de Bisping était du double de celui de Barisey-la-Côte de 1830 et pourtant, dans les années 1970, les deux villages comptaient le même nombre de maisons, entre soixante et soixante-dix, pour presque 800 habitants d'un côté, au plus fort taux de population, et 300 de l'autre.

L'analyse architecturale et l'analyse cadastrale montrent que les maisons y étaient davantage formalisées qu'à Bisping, du moins l'étaient-elles en totalité, on n'y connaissait pas le phénomène d'habitat précaire et rudimentaire. Toutes les maisons de Barisey-la-Côte représentaient donc de véritables maisons paysannes ; elles se conformaient à l'image actuelle de la maison lorraine, avec des travées bien définies, distribuant un logis, une grange et/ou une écurie. Cet avantage vient certainement du fait qu'une population moins dense composait mieux son architecture.

Pour l'essentiel, les inventaires de Barisey-la-Côte se concentrent sur le XIX^e^ siècle mais l'unique inventaire du début du XVIII^e^ siècle, en 1709[602], décrit une maison de vigneron de deux pièces, comportant une bougerie et un module groupé grange/écurie. Cette maison à deux travées paraît proche de l'archétype de la maison de vigneron telle qu'elle est aujourd'hui généralement reconnue. Elle était déjà spécialisée puisqu'elle possédait des organes de fonction bien distincts, d'un côté, un corps de logis avec une cuisine ou un poêle, ou du moins une chambre ; de l'autre, un local de fabrication du vin - la bougerie -, une écurie et une grange certainement multifonctionnelle. La cave n'est pas mentionnée, il serait étonnant qu'elle fût absente, à moins qu'elle ne fût remplacée par un cellier.

Au XIX^e^ siècle, les deux tiers des ***cultivateurs*** possédaient un logis de trois pièces, l'un d'eux allait même jusqu'à quatre. Pour le tiers restant, le logis ne comptait que deux pièces ; dans un cas, il manquait une grange à la maison. Tous les autres avaient une grange et une écurie ; ces maisons étaient donc complètes, bien formées, avec grange, engrangement, chambre à four et cave. La plupart disposaient d'un grenier mais on ignore combien de travées elles comptaient. Deux ou trois ? On ne peut donc apprécier la relation entre le statut déclaré et la même reconnaissance statutaire de la maison.

Apparemment, les ***vignerons*** logeaient un degré au-dessous des cultivateurs puisque un peu plus de la majorité d'entre eux, six sur onze, ne disposaient que d'un logis de deux pièces, contre un trois pièces pour les cinq autres. On trouve deux cas de pièces unique, l'un avec bougerie, l'autre avec grange. Est-ce un effet de cohabitation ? Quatre vignerons, à logis de trois pièces, possédaient également une grange. La moitié seulement des maisons de deux pièces comprenaient une grange et deux d'entre elles n'avaient pas d'écurie ; le corps d'exploitation de ces maisons n'était donc pas complètement développé, cela tend à établir une correspondance entre la normalisation du corps de logis de trois pièces et celle des travées d'exploitation.

Les ***veuves*** de Barisey-la-Côte étaient mieux logées que celles de Bisping, les deux veuves représentées vivaient dans un corps de logis de trois pièces ; pour l'une d'elles, ce corps de logis était isolé, pour la seconde, il s'attachait à un corps d'exploitation presque complet, comprenant une cave, une chambre à four, un grenier et une écurie, mais pas de grange.

Il existait une épicerie à Barisey-la-Côte qui faisait également fonction de teinturerie et de bal. Cette grande maison de laboureur comptait quatre

---

602 AD Meurthe-et-Moselle 3 E 85.

pièces en enfilade, la dernière étant surélevée. La salle de danse se situait à l'arrière de la grange ; la teinturerie, indépendante, a aujourd'hui disparu.

Dans l'ensemble, sur ces vingt-neuf inventaires, la ségrégation sociale par l'habitat reste perceptible, nettement moins qu'à Bisping. Ici, les différences de statuts et de trains de vie sont atténuées. Cela rend les maisons plus souvent conformes au modèle convenu, du moins, la présence d'un corps d'exploitation plus spécifique est-elle autorisée.

### 10.10, la distribution des pièces du corps de logis à Barisey-la-Côte.

Nous établissons à présent une statistique des différentes pièces énumérées dans ces trente inventaires, selon leur présence dans la maison. On compte 36,67 % de ***poêles***, cela semble peu mais il faut préciser que le poêle n'est pas toujours défini comme tel et qu'en général, une chambre par maison en fait fonction ou paraît le faire au regard de ses meubles et objets. Le poêle se caractérise également par la présence d'un placard de poêle et d'une arrière-taque chauffante, ce que seule, l'analyse architecturale permet d'observer.

Au total, les ***chambres*** sont présentes à 113 %, pourcentage qui tient bien sûr compte du fait qu'il peut y avoir plusieurs chambres par maison. *Chambre de devant*, 46,67 % ; *chambre mortuaire*, 3,33 %, cette précision est sans grande valeur d'analyse puisque, par principe, toute maison renferme une chambre mortuaire, à moins qu'on ne meure dans la cuisine ; *chambre*, sans qualificatif, 16,67 %, en général, cette chambre ne prend d'autre caractère que par sa distinction de la cuisine ou du poêle ; *chambre borgne*, 6,67 %, celle-ci est obligatoirement située au centre de la maison où l'on trouve plus ordinairement la cuisine ; *chambre de derrière*, enfin, 33,33 %, en principe, elle s'intègre dans un corps de logis classique de trois pièces avec poêle à l'avant, cuisine au centre et chambre froide à l'arrière.

La ***cuisine*** est attestée à 90,00 %, autant dire que toute maison en possède une puisque les trois cas manquant correspondent à des logis à chambre unique intégrée dans un autre corps de logis. Les ***caves*** existent à 73,33 %, la différence est flagrante avec Bisping, elle s'explique par la nature du sol, peu inondable sauf lors de précipitations venues de la côte et surtout, par la vocation viticole et vinicole de Barisey-la-Côte. Peu de celliers, 6,67 % ; au total, cela donne 80 % de maisons équipées pour la conservation du vin.

Les ***chambres à four*** sont plus nombreuses qu'à Bisping où le four est intégré dans la cheminée de la cuisine. On compte ici, 56,67 % de chambres à four, indépendantes en général, situées à l'arrière de la maison, à proximité ou dans la bougerie. Il ne semble pas que les 43,33 % de maisons restantes possèdent un four ouvrant, par exemple, dans la cuisine.

Les véritables ***bougeries***, du moins dénommées comme telles, n'apparaissent que dans 30 % des inventaires mais d'autres lieux s'y substituent : quelques halliers : 16,67 %, ou hangars : 16,67 %. Au total, 63,33 % des maisons inventoriées recèlent un local spécifique de pressage.

Les maisons de Barisey-la-Côte n'ont pas véritablement d'étage habitable, même les plus tardives, mais 63,33 % possèdent un ***grenier***, ce qui fait beaucoup et peu à la fois puisque l'analyse architecturale montre que toutes ces maisons ont une capacité d'entrepôt du foin, de la paille et des récoltes, sous un toit très ample. Cette remarque vaut pour les ***granges*** et les engrangements, 63,33 %, la très grande majorité des maisons de Barisey-la-Côte, étudiées par analyse architecturale depuis les années 1970, présentent des corps d'exploitation, grange et écurie affrontées (trois travées) ou grange et écurie en enfilade (deux travées) particulièrement affirmées.

**10.11, les valeurs estimées des corps de logis et des corps d'exploitation.**

Pour ordonner la différence de valeurs que pouvaient représenter les pièces respectives de leurs maisons dans l'esprit des gens du XVIII$^{e}$ et du XIX$^{e}$ siècle, nous n'avons d'autres moyens que les prisées effectuées lors des inventaires. Elles sont subjectives parce qu'elles ne tiennent pas compte du rapport offre/demande auquel les encans se montrent certainement plus fidèles, les encans ne situant cependant pas l'objet dans son lieu. Elles procèdent sans doute par une double estimation, d'abord réelle, qui retient la valeur marchande supposée de l'objet, ensuite plus symbolique, qui s'attache à la représentation sociale de cet objet et du lieu qui le contient

Nous conduisons différentes analyses de prisées de manière à comparer les valeurs atteintes à Bisping et Barisey-la-Côte entre les classes sociales respectives de ces deux villages mais aussi entre les différents lieux d'une même maison. En commençant par la valeur générale de chaque inventaire, nous obtenons un indice global de richesse représenté par la somme des biens meubles, biens mobiliers, objets, denrées et bétail que contiennent les maisons respectives des laboureurs, des manœuvres, des artisans et des veuves de Bisping, au XVIII$^{e}$ siècle, et des laboureurs/cultivateurs, des vignerons et des veuves de Barisey-la-Côte, au XIX$^{e}$ siècle. A Bisping, cette valeur globale se caractérise d'abord par une forte disparité entre les prisées dans chacune de ces classes, en particulier dans celle des laboureurs dont les états de richesse mobilière varient entre quelques centaines de livres et plus de 6 000 #, pour la plus grosse fortune. Les inventaires des laboureurs tendent graduellement à diminuer de valeur, sauf en fin de période, en raison de cas personnels dont la qualité ne remet pas en cause ce mouvement de déflation générale. Dans l'absolu, les laboureurs se montrent les plus riches, suivis d'assez loin par les artisans, puis par les manœuvres et les veuves. Ces deux dernières classes se trouvent presque à parité, la valeur de leurs inventaires dépasse rarement les 500 #, les artisans logeaient quand même avec un peu plus de confort que les manouvriers.

A Barisey-la-Côte, où nous n'opposons plus que les cultivateurs et les vignerons, la disparité entre les inventaires est nettement moins marquée. Les prisées des cultivateurs sont plus fortes que celles des vignerons, autour de 2 000 f pour les premiers, entre 900 f et 1 000 f pour les seconds, le niveau des laboureurs les moins riches équivaut à celui des vignerons.

***Valeurs comparées du logis et du corps d'exploitation pour les laboureurs, les artisans et les manœuvres.*** A Bisping, le logis des laboureurs atteint une valeur de deux à trois fois moindre que celle du corps d'exploitation ; on observe même quelques rares cas où les différences sont nettement plus appuyées. Dans l'ensemble, le logis vaut moins de 1 000 #, le corps d'exploitation gagne une valeur située entre 1 000 # et 2 000 #, la valeur des corps d'exploitation tend toutefois d'abord à diminuer jusqu'aux deux tiers de la période, puis à augmenter. Pour les artisans et les manœuvres, les valeurs du logis et du corps d'exploitation sont sensiblement égales au cours de la première moitié de la période avec toutefois une légère prédominance du logis ; ensuite, les valeurs progressent conjointement, celles du logis l'emportant avec, entre un tiers et un quart en plus. Dans l'ensemble, les corps de logis et d'exploitation valent moins de 200 # chacun. Peu d'inventaires pour les veuves, qui ne possèdent généralement pas de corps d'exploitation ; leur logis est assez déprécié, son contenu ne vaut pas plus de 100 #.

A Barisey-la-Côte, pour les cultivateurs, les premiers inventaires révèlent une valeur du logis deux à trois fois moins importante que celle du corps d'exploitation mais elle ne cesse d'augmenter pour finir à parité avec elle. Pour les vignerons, les valeurs sont dans l'ensemble assez égales, avec les fluctuations individuelles de circonstance.

A Bisping, ***la valeur du logis seul***, entre les quatre classes, présente le même ordre d'importance décroissante que la valeur totale des inventaires. En légère perte de richesse, les laboureurs se situent néanmoins en tête de prisées, suivis par les artisans puis par les manœuvres et les veuves, les écarts sont toutefois moins marqués qu'avec les valeurs globales d'inventaires. En proportion, les valeurs des logis de ces classes respectives se montrent sensiblement plus égales. Si la valeur des logis de laboureur ne cesse de baisser, sauf pour deux des trois derniers inventaires, celle des logis de manouvriers tend à légèrement augmenter comme s'il s'effectuait un transfert de richesses modéré entre les laboureurs et les manouvriers. Il arrive que les logis des artisans les plus riches affichent une valeur plus grande que celle des laboureurs les plus pauvres. D'ailleurs, les écarts entre les classes se resserrent nettement ; passé la première dizaine d'inventaires de laboureurs, la diminution de valeur de leur logis les rapproche des autres classes socio-professionnelles.

A Barisey-la-Côte, à une exception près, les valeurs de logis respectifs entre les cultivateurs et les vignerons sont équivalentes, un indice davantage qu'une preuve que des différences moins marquées entre les classes sociales les conduisent à habiter sur le même pied ; les différences de niveau de vie ne portent donc essentiellement que sur les corps d'exploitation.

A Bisping, la valeur du corps d'exploitation se situe dans l'ensemble entre 1000 # et 2 000 # pour les laboureurs ; elle est nettement plus réduite pour les trois autres classes : entre 100 # et 200 #, les veuves étant pratiquement exclues de ces états. Chez les laboureurs, le corps d'exploitation représente entre 70 % et 80 % de la valeur totale de la maison ; chez les manœuvres, cette proportion n'est que de 20 % à 40 % ; chez les artisans, elle est en moyenne de 30 %. Pour de rares manœuvres, le corps d'exploitation peut atteindre entre 70 % et 80 % du total de la prisée mais il est de règle que les laboureurs consacrent, plus que les autres, la majeure partie de leur investissement domestique à la possession de granges et d'écuries parfaitement équipées ; néanmoins, leur corps de logis reste de valeur toujours supérieure à ceux des manœuvres et des artisans.

A Barisey-la-Côte, les différences de valeurs sont moins fortes entre les cultivateurs et les vignerons ; la base de valeur minimale du corps d'exploitation des laboureurs est pratiquement équivalente aux valeurs moyennes des vignerons, autour de 1 000 f, certains laboureurs peuvent malgré tout posséder un corps d'exploitation beaucoup plus riche - entre 4 000 et 6 000 f, cela s'observe à trois reprises. En pourcentages, les valeurs affichées par les corps d'exploitation des laboureurs fléchissent à mi-période pour descendre au niveau des valeurs des vignerons, à environ 60 %. Au départ, la différence n'était de toutes façons pas grande, entre 10 % et 20 % au plus.

### 10.12, les valeurs comparées des prisées par pièce.

Nous étudions ici la distribution des valeurs au sein des corps de logis respectifs des laboureurs, des manœuvres et des artisans de Bisping. Pour les laboureurs, les écarts entre les valeurs de chaque pièce du logis ne sont pas grands ; le poêle est le plus richement garni, puis viennent la cuisine et les chambres. Ces écarts tendent à se resserrer en fin de période, ils seraient plus importants pour les poêles et pour les chambres, les prisées se montrant beaucoup plus régulières pour les cuisines ; cela s'explique par le fait que ces dernières sont peu équipées et partagent donc le même état de dépouillement. Pour les manœuvres, la valeur des prisées dans les poêles augmente de façon nette à partir de la moitié de la période alors que celle des cuisines reste relativement constante ; le rôle social du poêle ou de son substitut semble donc progresser à la fin du XVIII$^{e}$ siècle. Pour les artisans, le poêle, légèrement mieux prisé que chez les manœuvres, tend également à progresser en valeur, de 100 # à 150 # ; la cuisine vient en second lieu, en moyenne autour de 50 #, avant la ou les chambres qui passent toutefois au deuxième rang (avant la cuisine) à partir du deuxième tiers du XVIIIe siècle.

A Barisey-la-Côte, chez les cultivateurs, les écarts entre les valeurs des différentes pièces sont moins grands qu'à Bisping mais le poêle reste en tête et sa valeur augmente tout au long du XIXe siècle, de 500 f à un peu plus haut. On trouve ensuite, par ordre de valeurs décroissant, la cuisine puis la chambre. L'équipement de cette dernière est en général faiblement prisé, à une exception près pour laquelle la prisée monte à 2 500 f. Pour les vignerons, la valeur du poêle augmente de façon assez nette et régulière, de 300 f à 600 f ; celle de la cuisine décline, de 200 f vers 150 f. Pour les manœuvres et les cultivateurs, la chambre possède peu de valeur.

***Le cheptel familial.*** Pour estimer la valeur du gros bétail, nous distinguons, d'une part, les chevaux des laboureurs ou cultivateurs, de l'autre, les vaches des cultivateurs et vignerons, ou des laboureurs, manœuvres et artisans. A Barisey-la-Côte, en têtes de gros bétail, les chevaux des cultivateurs sont les plus nombreux ; pour les vaches, les vignerons sont mieux nantis que les cultivateurs. Les valeurs en franc du gros bétail, respectent le même ordre : en principe, les chevaux des cultivateurs ont une valeur plus importante, parfois beaucoup plus - entre 400 et 1000 f ; pour les vignerons, la valeur des vaches augmente tout au long du XIXe siècle, de 200 vers 400 f, alors que celle du cheptel bovin des cultivateurs se maintient autour de 100 f.

A Bisping, en têtes de gros bétail, les chevaux et les bœufs des laboureurs sont les plus nombreux mais leur nombre baisse progressivement et sensiblement tout au long de la période d'étude. Les laboureurs élèvent plus de vaches que les manouvriers ; les artisans sont peu nombreux à posséder des bovins. En valeurs de gros bétail, les chevaux et les bœufs des laboureurs diminuent graduellement de 1 000 à 500 #. La valeur des vaches des laboureurs est sensiblement plus forte que celles des manouvriers, entre 200 et 300 # ; la valeur des vaches des artisans est légèrement plus élevée que celle des manœuvres, toutes les deux restent faibles.

# 11e chapitre

# Les meubles

## 11.1, historiographie du mobilier lorrain.

La présence de meubles, d'ustensiles, d'objets mobiliers et d'habits permet de procéder à ce que l'on pourrait appeler une archéologie de la maison par le texte, à partir d'une série d'inventaires échelonnés dans le temps qui représentent autant de « fouilles descriptives des maisons ». Chaque pièce du corps de logis se définit par ses fonctions, identifiables par les objets qui s'y rapportent. Un certain nombre de gros équipements mobiliers peuvent apparaître ou disparaître de manière graduelle. Jacques Choux[603] tient ainsi le coffre comme l'élément central du mobilier avant la guerre de Trente ans, les tables sont alors rares, les sièges réduits à la qualité de bancs et les lits résumés à celle de simples couchettes. Au cours de la seconde moitié du XVIIe siècle, apparaissent l'armoire, le buffet, le dressoir, la chaise, la table et le lit à colonnes, devenus d'un usage courant au XVIIIe.

Si les inventaires après décès ne remplacent pas l'observation en propre des meubles et des objets domestiques, ils offrent le moyen de dater les entrées en service respectives de l'ensemble des biens meubles inventoriés et prisés dans la maison, et de comprendre, de manière très normative, comment s'établit chronologiquement l'usage de chacun d'eux. Ces normes se définissent à partir de moyennes correspondant au plus grand nombre d'inventaires pour lesquels chaque objet donné se trouve en usage, à date connue.

Selon Guy Cabourdin[604], bien que devenu archaïque au XVIIIe siècle, ***le coffre*** a continué à servir au rangement du linge en Lorraine centrale, particulièrement dans les intérieurs les plus modestes ; en général, placé dans la pièce principale, il renfermait les habits nuptiaux de la femme. D'autres coffres, en usage dans la cuisine ou le grenier, contenaient des pois et des fèves. Pour Michèle Kuntz[605], les intérieurs du Pays-Haut conservaient encore des coffres entre 1850 et 1900 mais pour des usages marginaux ; relégués dans les greniers et les écuries, ces meubles servaient de caisses à grains et certains remplissaient un usage particulier de coffres à sel. De son côté, Emmanuel Derocles[606] observe que le coffre équipait 83 % des foyers,

---

603 CHOUX Jacques, *Les meubles lorrains*, op.cit., p.8.
604 *Ibid*, p.148.
605 KUNTZ Michèle, *Intérieurs paysans du pays de Briey entre 1850 et 1900*, art.cit.
606 DEROCLES Emmanuel, *L'hésitation d'une société rurale ; l'exemple de la Lorraine.*,

entre 1695 et 1715, contre 70 % entre 1815 et 1830, la diminution est perceptible bien que ce meuble restât encore très courant même s'il désertait le poêle pour la chambre et principalement, celle de l'étage.

Le cycle de l'***armoire*** est inversé par rapport à celui du coffre puisqu'elle l'a progressivement remplacé. Son apparition s'observe pour le premier tiers du XVII^e^ mais son essor ne se produisit qu'après la période 1650-1660. Elle fut d'abord fabriquée en sapin, auquel le chêne se substitua progressivement. Devenant précieuse, l'armoire a pris une valeur de considération sociale ; son évolution s'est autant effectuée en hauteur qu'en largeur. Elle s'est très largement répandue au début du XIX^e^ siècle, après une progression continuelle tout au long du XVIII^e^.

Aux XVI^e^ et XVII^e^ siècles, le ***lit*** n'était qu'une simple couchette que Guy Cabourdin qualifie de châlit[607] ; cet auteur situe dans le tournant des XVII^e^ et XVIII^e^ siècles l'affirmation d'un vrai lit, de type lit de laboureur à colonnes, présent dans la majorité des intérieurs ruraux au XVIII^e^ siècle. Michèle Kuntz n'en compte pourtant qu'un tiers avant 1870[608]. Jacques Choux différencie plutôt le lit qui fait corps avec l'architecture, de celui qui ne le fait pas[609], ce qui sous-entend que l'on est passé en vérité de l'alcôve au lit mobile par l'intermédiaire du lit alcôve, meuble qui reprend la morphologie de l'alcôve. Ensuite est venu le lit à colonnes, habillé d'étoffe alors que l'alcôve l'était de bois, puis le lit à bois simple, sans ciel, certainement en usage entre le milieu du XIX^e^ siècle et les premières décennies du XX^e^.

Au XVIII^e^ siècle, le progrès dans le confort domestique est également marqué par l'apparition et la généralisation de certains meubles qui tiennent autant de l'utilitaire que de la représentation. C'est le cas pour le ***dressoir***, élément devenu incontournable du poêle et dont l'usage est lié à un équipement de plus en plus grand en pièces de faïence. Marie-José Laperche Fournel[610] fait remonter l'apparition de la ***crédence***, ou dressoir porte-vaisselle, aux années 1740-1750 ; elle s'est lentement répandue, de 6 % entre 1740 et 1760 à seulement 9 % entre 1815 et 1830. Guy Cabourdin[611] reconnaît à ce meuble des fonctions d'exposition permanente de chaudrons, de pots, de poêles et de vaisselle de taille très variable mais il distingue trois éléments de mobilier, d'abord, la crédence, simple étagère sans fond ni porte que l'on pose à même le sol des encoignures ; elle a évolué au cours du XVIII^e^ siècle au point de devenir un meuble à pied, fermé par le fond et par

---

op.cit., p.118.

[607] CABOURDIN Guy, *Le mobilier de bois dans les intérieurs ruraux aux XVI^e^ et XVII^e^ siècle*, art.cit., p.152.

[608] KUNTZ Michèle, *Intérieurs paysans du pays de Briey entre 1850 et 1900*, art.cit., p.169.

[609] CHOUX Jacques, *Les meubles lorrains*, op.cit., p.49.

[610] LAPERCHE-FOURNEL Marie-José, *La population du duché de Lorraine de 1580 à 1720*, op.cit., p.157.

[611] CABOURDIN Guy, *Le mobilier de bois dans les intérieurs ruraux aux XVI^e^ et XVII^e^ siècle*, art.cit., p.155.

le devant. Du ***desservant***, cet auteur ne fait pas de description aussi précise ; rare et de peu de valeur jusqu'au début du XVIII$^{e}$ siècle, ce meuble serait devenu plus fréquent, plus imposant et plus beau jusqu'à représenter la vitrine de l'équipement en vaisselle précieuse de la maisonnée. Meuble bâtard enfin, le ***vaisselier***, très prisé au XIX$^{e}$ siècle, se constitue d'un bas de buffet et d'une étagère, lui-même aurait été favorisé par l'usage de la faïence, à la fin du XVIII$^{e}$ siècle. Quant au ***buffet***, de taille médiocre jusqu'au début du XVII$^{e}$, il comporte deux niveaux de portes, ou ventaux, avec une profondeur moindre en partie supérieure. Il s'est généralisé au cours du XVIII$^{e}$ siècle pour servir à ranger l'argenterie, le linge de table, les papiers, l'argent et parfois les denrées alimentaires.

### 11.2, espaces domestiques différenciés et lieux d'usage de l'objet.

Une double lecture de l'inventaire après décès est donc possible : dans le temps, pour apprécier l'évolution du cadre de vie domestique, et dans l'espace, pour déterminer les conditions de vie de la maisonnée en terme d'usage domestique des espaces habitables. En supposant que l'objet inventorié trouve effectivement sa fonction dans le lieu même où s'est effectuée la prisée, nous le rapportons directement à cette fonction pour déterminer les activités pratiques auxquelles se prêtait ce lieu et nous traduisons celles-ci en termes d'activités sociales. Cela revient à considérer que l'organisation de la famille se structurait autour d'un nombre d'activités dévolues à chacun de ses membres, individuellement ou collectivement.

Pièce par pièce, nous analysons la présence des objets, meubles et effets, d'abord à Bisping, puis à Barisey-la-Côte, de manière à éclairer les différentes fonctions de ces pièces ; celles-ci sont clairement désignées lors de l'inventaire, ce qui permet de supposer que leur nom s'attachait à des fonctions précises. Nous effectuerons, non seulement, une distinction par nature d'objets, mais nous procéderons, encore, par une détermination sociale de l'espace domestique, pour discerner d'éventuelles différences de train de vie entre les classes sociales reconnues à Bisping (laboureurs, artisans, manœuvres et veuves) et à Barisey-la-Côte (cultivateurs et vignerons).

**11.3, identification du poêle.**

***A Bisping***. Nous rappelons que dans ce village, le poêle est reconnu lors des inventaires, indépendamment de l'attribut - l'arrière plaque chauffante - qui identifie cette pièce en règle générale. L'autre fonction du poêle est de représenter la pièce d'apparat de la maison, autrement dit, la belle chambre.

Chez les ***artisans***, *l'armoire* est présente à 81 %, *le lit* à 95 %, *le coffre* à 43 %, *la table* à 57 %, *le banc* à 29 %, *la chaise* à 53 %, *le buffet* à 5 %, *la maie* (ou *pétrin*) à 24 % et *le desservant* à 19 %.

Chez les ***laboureurs***, *l'armoire* est présente à 89 %, *le lit* à 92 %, *le coffre* à 36 %, *la table* à 78 %, *le banc* à 58 %, *la chaise* à 56 %, *le buffet* à 6 %, *la maie* à 31 %, *le desservant* à 8 % et *la pendule* à 8 %.

Chez les ***manœuvres***, *l'armoire* est présente à 78 %, *le lit* à 91 %, *le coffre* à 42 %, *la table* à 51 %, *le banc* à 24 %, *la chaise* à 60 %, *le buffet* à 4 %, *la maie* à 16 % et *le desservant* à 16 %.

Chez les ***veuves***, *l'armoire* est présente à 70 %, *le lit* à 95 %, *le coffre* à 55 %, *la table* à 30 %, *le banc* à 15 %, *la chaise* à 40 %, *le buffet* à 5 %, *la maie* à 25 % et *le desservant* à 15 %.

On observe donc la présence très généralisée de l'armoire, surtout chez les laboureurs, au détriment du coffre, même si celui-ci se trouve dans 36 % à 55 % des maisons ; ce sont les laboureurs qui l'ont le plus vite abandonné, cela, en relation avec le fait qu'ils sont légèrement plus nombreux à posséder des armoires. Le lit est très courant, à plus de 90 %, le poêle est donc une chambre où l'on dort. L'existence de la table est nettement plus partagée chez les laboureurs que chez les autres ; les bancs et les chaises sont inventoriés dans à peine plus d'une maison sur deux. La maie est présente dans seulement un quart et un tiers des maisons et le plus souvent chez les laboureurs, un indice portant à croire qu'une minorité de familles seulement pétrit son pain. Les buffets et les desservants sont rares, l'horloge, elle-même, n'est en possession que d'une poignée de laboureurs.

***A Barisey-la-Côte***, le poêle possède l'attribut déterminant du poêle lorrain l'arrière taque chauffante ; ses fonctions organiques sont donc nettement mieux établies qu'à Bisping. Ce poêle renferme bien sûr des meubles, de manière fréquente, moyenne ou rare. Les meubles usuels sont d'abord *le lit*, cultivateurs 100 %, vignerons 85,57 % ; *la chaise*, cultivateurs 45,45 %, vignerons 85,71 % ; *l'armoire*, cultivateurs 63,64 %, vignerons 71,42 % ; *la table*, cultivateurs 54,54 %, vignerons 64,28 % et *l'horloge*, cultivateurs 72,73 %, vignerons 35,71 %. Les fonctions de sommeil sont donc évidentes ; pour le reste, les inventaires sont partagés et les cultivateurs ne sont pas toujours les mieux nantis, particulièrement en chaises. Arrive-t-il qu'on ne puisse pas s'asseoir dans le poêle, pièce considérée comme le lieu de réunion par excellence ? Par contre l'horloge est devenue commune, beaucoup plus souvent chez les laboureurs ; le progrès est net, en comparaison de l'unique horloge inventoriée à Bisping, au XVIII$^{e}$ siècle.

Parmi les meubles moyennement représentés se trouve le *dressoir*, deux fois plus souvent observé chez les cultivateurs (45,45 %) que chez les vignerons (14,28 %) ; c'est également un net progrès par rapport à Bisping. Assez peu de *maies*. Au nombre des meubles rares, peu nombreux, comptent le *banc* (assez généralement remplacé par la chaise, le *coffre* et le *buffet*. Pour le coffre, c'est normal car ce meuble a été remplacé très largement par l'armoire, du moins dans le poêle ; pour le buffet, c'est plus étonnant puisque cet élément de mobilier devient généralement courant.

### 11.4, identification de la cuisine.

***A Bisping***, la cuisine est de dimension réduite, contrairement à celle de Barisey-la-Côte. Elle peut être borgne[612] parce que la flamande n'existe pas en ce lieu ; les logis de trois pièces en contiguïté disposent dès lors d'un pôle central totalement obscur. La cheminée occupe en moyenne le tiers de la surface de cette pièce, elle chauffe au large, c'est-à-dire qu'elle n'est constituée que d'un linteau de bois sous plafond qui sert également de sommier à la poutraison, il est donc facile d'y accéder. Elle contient souvent l'ouverture du four à pain dont la voûte se prolonge dans la troisième pièce de la maison.

Les meubles sont peu nombreux dans cette cuisine ; la *crédence* est courante mais seulement à proportion d'un quart à un sixième, ce qui est peu (artisans 23,81 %, laboureurs 22,22 %, manœuvres 20,75 %, veuves 4,28 %). En plus, elle apparaît plutôt tardivement, après le milieu du XVIIIe siècle. On trouve également quelques *desservants*, moins souvent que les crédences, il peut cependant y avoir confusion entre les deux. Quelques *chaises* et quelques *maies* sont inventoriées parmi les meubles les plus fréquents. Tous les autres sont rares : *armoire, banc, buffet, coffre* (principalement chez les veuves), *dressoir*, *fauteuil, porte-vaisselle, réchaud et table*. La rareté de la table et la chaise conduit à se demander où l'on mangeait dans ces maisons. Etait-ce dans la cuisine ? Alors debout ? Ou bien mangeait-on dans le poêle, en préparant la nourriture dans la cuisine ? Le mobilier de la cuisine servait surtout à la présentation de vaisselle et non au rangement d'effets, de linges et d'objets étrangers à la nourriture. La cuisine de Bisping ne renferme de toutes façons aucun effet vestimentaire.

Au contraire, les ustensiles de ménage et les pièces de vaisselle y sont nombreux et diversifiés. Les plus courants représentent les objets usuels nécessaires à la préparation et à la consommation des repas, en particulier des bassins, des chaudrons, des cocottes et autres cuveaux. Le pot se montre l'un des plus communs, avec le chaudron, il est l'instrument à tout faire de la cuisine campagnarde. La cocotte est moins usuelle, peut-être est-elle d'une

[612] Quand la maison est mitoyenne.

relative nouveauté ? On observe, sans surprise, que les laboureurs sont presque toujours les mieux équipés, suivis par les artisans, les manœuvres puis les veuves. Plus étonnant est d'observer que la crémaillère n'existe que dans plus ou moins deux tiers des maisons seulement, alors qu'en principe, toute maison possède un âtre.

***A Barisey-la-Côte***, à la différence de Bisping, la cuisine est meublée, moins que le poêle, et ses fonctions de sommeil sont évidentes, le *lit* est présent, pour les cultivateurs à 81,82 % et pour les vignerons à 85,71 %. Pour ces deux catégories, la cuisine est équipée d'une *cheminée* à 100 %, une évidence, et l'on y trouve des *chaises* chez 81,82 % des cultivateurs et 78,57 % des vignerons. Dernier meuble usuel de la cuisine, quoique moins fréquente, l'*armoire* est inventoriée chez les cultivateurs à 63,64 % et chez les vignerons à 64,29 %. La *crédence* est nettement plus rare, 36,37 % pour les cultivateurs et 21,43 % pour les vignerons, une différence assez nette qui tend à confirmer le rôle de représentation de ce meuble. Quant à la *table*, pourtant attribut supposé incontournable de la cuisine, puisqu'elle sert au repas, elle n'est qu'à moitié partagée, chez les cultivateurs à 45,45 % et chez les vignerons à 64,28 % ; l'ordre habituel est donc inversé.

Sont rares, *le coffre, le fauteuil, l'horloge et la maie*, le premier parce qu'il a presque entièrement disparu de l'ensemble des cadres domestiques de Barisey-la-Côte au XIX^e^ siècle ; le deuxième parce qu'il est à peine entré dans les maisons à cette époque ; la troisième parce qu'elle se retrouve surtout dans le poêle, en raison de sa valeur de représentation ; la dernière, parce qu'on ne pétrit visiblement pas dans la cuisine mais qu'on le fait dans la chambre de derrière ou dans la chambre à four.

A Barisey-la-Côte, la cuisine ne comporte que peu de linge et effets d'habillement, cette pièce n'a pas fonction de garde-robe. Les vêtements y sont rares et bien souvent, leur énumération résulte de cas uniques ; en voici la liste, surtout indicative : *bas, chapeau, chemise, corset, cornette, culotte, drap, gilet, habit, jupe, mouchoir, nappe, serviette, soulier, tablier, taie* (chez deux ou trois vignerons seulement), *veste* (uniquement chez un seul cultivateur).

Il est par contre attendu que les pièces de vaisselle et les ustensiles de cuisine y soient nettement plus courants puisqu'ils s'y trouvent dans leur lieu naturel. On connaît dans le rapport cultivateur/vigneron le même avantage accordé aux cultivateurs. Comme à Bisping, au XVIII^e^ siècle, le *chaudron* et le *pot* représentent les ustensiles de base de la cuisine, en plus, la cocotte s'est très largement introduite dans les domiciles des cultivateurs, moins dans ceux des vignerons.

**11.5, identification de la chambre.**

C'est ainsi que nous appellerons la troisième pièce de la maison classique, ou bien l'ensemble des chambres qui ne sont ni le poêle ni la cuisine. Cette pièce est réputée avoir une valeur sociale d'usage limité, elle se trouve souvent reléguée à l'arrière de la maison, dans les parties les plus privatives de celle-ci. Etant donné la disposition des maisons de part et d'autre de la rue, elle n'est donc pas toujours la moins bien orientée.

***A Bisping***. Les meubles sont assez fréquents, cette ou ces pièces reprend donc, au moins pour partie, les fonctions du poêle mais sans doute de façon plus atténuée. On remarque toutefois que le coffre s'y trouve plus souvent que l'armoire, signe, peut-être, du rôle de relégation que remplit la troisième chambre où l'on vient déposer ce qu'il ne convient plus de conserver dans le poêle. Trois fonctions principales se révèlent en ce lieu bien qu'elles soient par nature peu partagées : celles de rangement, de sommeil (surtout chez les laboureurs) et de préparation du pain. Les meubles les plus fréquemment inventoriés y sont donc le *coffre, le lit et la maie. Coffre :* artisans 19,05 %, laboureurs 41,67 %, manœuvres 9,44 %. *Lit :* artisans 23,81 %, laboureurs 61,12 %, manœuvres 7,55 %, veuve 14,28 %. *Maie :* artisans 23,81 %, laboureurs 33,33 %, manœuvres 11,32 %, veuves 14,28 %.

L'*armoire* arrive en second ordre, essentiellement chez les laboureurs, à 38,89 %. Nettement plus rares sont ensuite *le banc, la chaise, la crédence, le fauteuil, la pendule, le desservant, le fourneau, et la table*, éléments de représentation et d'échanges, ce qui dénote le caractère social nettement réduit de ces lieux.

Le linge se trouve présent au même titre que le mobilier, c'est-à-dire de façon moins importante que dans le poêle. Du reste, il s'agit plus souvent d'éléments du trousseau que de linge à proprement parler puisque les principales pièces concernent l'équipement du lit : *drap*, artisans 19,05 %, laboureurs 47,22 %, manœuvres 3,77 %, veuve 7,14 % ; *plumon*, artisans 23,80 %, laboureurs 58,33 %, manœuvres 9,43 %, veuves 7,14 % ; *taie*, artisans 19,05 %, laboureurs 44,44 %, manœuvres 1,88 %, veuves 14,28 % ; *traversin*, artisans 23,81 %, laboureurs 52,77 %, manœuvres 7,55 %, veuves 14,28 %. Assez peu de *rideaux*, dans l'ensemble, ces lits sont donc moins bien garnis que ceux du poêle. Les *habits* sont rares, on dort en ce lieu sans y ranger ses effets. *Bas, chapeau, chemise, courte pointe, cravate, culotte, essuie-main, gilet, guêtres, habit, justaucorps, nappe, oreiller, sarot, serviette, tour de lit, veste.*

Les objets, outils, pièces de vaisselle et autres ustensiles de cuisine présentent une certaine diversité mais aucun n'est très fréquent ; ils sont pourtant tous assez usuels. Cette variété indique que cette troisième chambre répond à des fonctions moins déterminées que le poêle et la cuisine, elle sert de façon plus originale à l'usage de la famille et paraît donc socialement moins normalisée.

***A Barisey-la-Côte.*** Les meubles ont la même place qu'à Bisping et la troisième pièce, plus fréquente, reprend les fonctions du poêle, de façon toutefois marginale, les meubles y sont qualitativement les mêmes mais ils s'y trouvent quantitativement moins nombreux. On note un nombre de maies plus grand que dans la cuisine ; on y pétrit donc plus volontiers le pain, à proximité de la chambre à four qui se situe à l'arrière de la maison, au-delà de la troisième pièce. Cette dernière conserve par ailleurs des fonctions de sommeil puisque le lit s'y trouve assez bien partagé, presque à moitié pour les cultivateurs et plus du tiers pour les vignerons. Lit, *cultivateurs 45,45 %, vignerons 35,71 %* ; maie, *cultivateurs 27,28 %, vignerons 35,71 %.*

Présence moyenne : *armoire et chaise.*

Présence rare : *dressoir, table, horloge, coffre, fourneau.* Les meubles qui possèdent le plus de valeur de représentation sociale sont assez peu observés dans cette pièce, cela tend à confirmer sa valeur sociale moins forte.

On ne trouve pratiquement pas de linge dans la chambre, à l'exception d'un cas unique de cultivateur qui y range sa garde-robe, assez bien fournie (59 chemises, 17 bonnets, 245 paires de bas et 12 gilets). *Chemises, bonnets, mouchoirs, bas, habits, veste, gilets, culotte, chapeau, cravate, soulier, jupe.*

Peu d'ustensiles et d'objets de cuisine, également ; la chambre fait fonction de débarras plutôt que d'atelier et de lieu d'activités pratiques organisées. L'inventaire s'y partage toutefois entre quelques ustensiles de cuisine, des pièces de vaisselle et des outils. La disparité de son inventaire montre que l'usage de cette pièce répond d'avantage à des choix d'usage propres aux familles plutôt qu'à une norme sociale large. L'inventaire présente néanmoins un échantillon très large de l'ensemble des objets usuels mais ils n'ont souvent qu'une présence unique.

### 11.6, lieux spécifiques de Bisping inexistants à Barisey-la-Côte.

***Les cabinets*** attenants à la cuisine ou au poêle ont-ils une fonction accessoire ou spécifique ? Les meubles y sont moyennement représentés - *armoire, crédence, coffre, lit, maie et table.* On y trouve également du *linge* et pratiquement toujours des éléments de literie - *plumon et traversin* ; ces cabinets servent donc au sommeil. Ils renferment ensuite, de façon moins courante, le reste de l'équipement du lit - *couverture, drap, nappe, rideaux, taie, serviette et tour de lit ;* ces éléments étaient plus courants dans le poêle, le lit de cabinet paraît donc moins équipé. Le cabinet ne contient ni objets ni vêtements véritables ; il prolonge essentiellement le poêle dans ses fonctions d'ameublement et de repos.

***La chambre unique*** renferme tout ce que possède une personne, parfois un ménage, elle autorise donc une approche plus individuelle d'un train de vie quand, par exemple, la femme se retrouve veuve, recluse dans sa chambre. Ce lieu n'intéresse tout de même que sept laboureurs (19,44 % du total), aucun artisan, dix manœuvres (18,87 %), une fille majeure et quatorze veuves (100 %). Les meubles des veuves sont ceux que l'on observe habituellement dans les maisons à pièces multiples, il n'y a donc pas de restriction des fonctions habituelles permises par la possession d'un mobilier. Sont rares toutefois : *le banc et le desservant ;* sont moyennement présents : *la chaise, la maie et la table ; le coffre, le lit et l'armoire* sont assez fréquemment observés, le lit est des plus courants, par nécessité.

Les objets et les meubles n'ont pas été inventoriés en détail mais par genre et par nature de fonction. Ils peuvent être diversifiés, en règle générale, on trouve dans la pièce unique, des *effets et des vêtements, des éléments de trousseau - draps, taies et serviettes -, des ustensiles de cuisine, des outils, des récipients, de la vaisselle,* parfois *un tour à filer, du grain* beaucoup plus rarement. Toutes proportions gardées, la chambre unique rassemble donc tout ce que contient une maison moyennement équipée dont elle concentre les fonctions dans son cadre unique.

***La chambre d'en haut***. On a vu qu'elle était rare et n'était généralement présente que dans les maisons de laboureur. Elle est à la mesure de la chambre unique ou de la troisième pièce du corps de logis, assez universelle dans son contenu, c'est-à-dire qu'elle rassemble, de façon moins courante, l'ensemble des meubles et des objets respectivement observés dans le poêle, la cuisine et la chambre du rez-de-chaussée d'un logis classique. En mobilier, on peut y trouver, *l'armoire, la beurtoire, le buffet, la chaise, le coffre* (plus souvent que l'armoire), *la table*, de façon non systématique, *le lit*, toujours présent. La chambre haute répond d'abord à des fonctions de sommeil. Pour le linge, on observe tous les éléments de trousseau classiques ; *draps et taies*, à une seule reprise, une seule *veste*, enfin, quelques objets usuels, assez peu nombreux : *chaudron, crible, cruche, cuveau, gril, pot, sac, tonneau et tour à filer*, plus un certain nombre d'*ustensiles de ménage*.

***La chambre à four, la bougerie et la cave*** n'existaient pas à Bisping, la première parce que la bouche du four ouvre dans la cheminée si bien que le four proprement dit est inclus ou dans le poêle ou dans la chambre ; les deux secondes parce que la vigne n'est pas d'une culture importante en ce lieu. L'enquête sur les communautés de 1708 déclare qu'il n'y en a pas[613], un petit vignoble s'implante ensuite ou se reconstitue sur le versant sud du Reberg, dans le canton dit de Rebgarten, de façon marginale. Ne possèdent en vérité une cave que les maisons situées hors des terrains inondables étendus de part et d'autre du ruisseau du Butz, sur les lieux-dits Mirstaine et devant Mirstaine. Mais les caves existantes ne sont pas prises en compte par les inventaires après décès, ce qui témoigne de leur valeur de représentation, peut-être même de leur usage assez faible.

---

613 AD Meurthe-et-Moselle B 11720.

## 11.7, lieux spécifiques à Barisey-la-Côte.

Dans la ***chambre à four*** de Barisey-la-Côte, le four en propre n'est pas inventorié puisqu'il ne fait pas partie des meubles puisqu'il constitue un organe constructif ; par contre, ses éléments mobiles peuvent être parfois estimés, rarement toutefois. On prise ainsi l'embouchoir, la pelle à four et le tire-braise, éléments ou outils toutefois indissociables du four sous peine de le rendre inutilisable ; ce sont des meubles fortement attachés à l'immeuble dont on n'imagine pas qu'ils puissent sortir.

Pratiquement tout le temps, la chambre à four contient un pétrin et une plaque, le rôle du premier ne fait pas de doute, il sert à préparer les pâtes, les fonctions de la seconde ne sont pas très définies. Ensuite, peuvent traîner en ce lieu divers objets usuels, directement ou accessoirement liés au besoin de cuire le pain : banc, chaise ou chandelier, broc, huche ; bien entendu, les corbeilles sont assez nombreuses, elles servent à défourner. Du bois est également observable, ponctuellement.

Le caractère hétéroclite de l'ensemble des autres objets entretient l'idée que des fonctions disparates se sont organisées, dans la chambre à four, autour de la fonction principale consistant dans la cuisson du pain. Ce lieu prend des allures de cuverie, on y trouve, rarement, un *alambic*, parfois un ou plusieurs *bouges*, un ou plusieurs *entonnoirs*, de la *futaille*, parfois, un *tendelin* (hotte de vendange). La présence de quelques pièces de vaisselle se montre assez inattendue, *assiette, couteau, cuiller, écuelle, chaudron, gobelet* et *pot* peuvent se trouver fortuitement dans la chambre à four. La présence de quelques éléments de mobilier est également surprenante, *bois de lit ou coffre*, toutefois, l'énumération de *couvertures*, de *draps* et de *taies* confirme la possibilité que la chambre à four ait servi au sommeil, de façon toutefois marginale. Cette hypothèse est confortée par la présence de quelques vêtements, justifiée si la fonction de sommeil est attestée : *chemise, caleçon, chapeau, habit, jupe, justaucorps, serviette, veste*. L'observation d'outils est moins surprenante ; située à proximité du jardin, la chambre à four a naturellement vocation de resserre ou d'atelier : *entonnoir, faucille, faulx, hache, hoyeau, K, marteau, pioche, ratelot, rebechette, scie, serpe et van.*

Dans ***la bougerie***, on trouve des *bouges* pratiquement tout le temps puisque la vocation de ce lieu est de conserver le vin ; du bois car, assez souvent, la bougerie peut faire fonction de hallier quand ce n'est pas l'inverse. La futaille est moyennement représentée, *cuves, tonneaux et tendelins* sont donc partagés avec la cave ; les fonctions de resserre sont également possibles avec la présence de quelques outils : *bêche, hache et K.* Se trouve rarement, parfois en exemplaire unique, toute une kyrielle d'objets ou d'éléments de mobilier attestant d'une certaine universalité de fonction de ce local, de façon originale et peu normalisée, en particulier, beaucoup d'outils, un seul *alambic*, des *pressoirs* peu nombreux. *Armoire, balance, baquet, baril, brouette, cercles, chanvre, ciseaux, claie, coffre, corbeille,* *couteau, coutre, crible, crochet à fumier, chariot, collier, enclume, entonnoir, établi, faulx, faucille, foudre, fourche, harnais, herse, huaux, maillet, marmite, marteau, meule, panier, pelle, pétrin, pioche, poêle, pressoir, rebéchette, roue, scie, seau, serpe, table, tire braise, vans*. Parfois, des animaux sont inventoriés : *brebis* et *poules* mais ces fonctions de bergerie ou de poulailler sont très accessoires.

La ***cave*** de Barisey-la-Côte est équitablement partagée entre les cultivateurs et les vignerons ; en principe, chaque maison en possède une. Par nature, la cave contient tous les objets et ustensiles nécessaires à la conservation du vin, on y trouve donc toujours des *cuveaux*, du *vin*, et même un *tendelin* bien que cet objet n'y soit pas nécessaire. Ont une présence moyenne, les *barils* et *entonnoirs*, et les *tonneaux*, désignés en tant que tels, indépendamment du terme de *futaille* ; on inventorie parfois un *foudre*. Très rares sont les *baquet, baratte, feuillette, fruit et outils*, pour la *feuillette*, sa rareté surprend.

### 11.8, énumération fonctionnelle des meubles, par pièces.

Une étude de la répartition des meubles par pièce autorise une approche quantitative des fonctions de chacune d'elles. Pour Bisping, nous avons procédé toutes chambres confondues, ce qui nous permet d'évaluer la présence respective de ces meubles, entre le poêle, la cuisine, la chambre, le cabinet et le grenier, et pour Barisey-la-Côte, entre le poêle, la cuisine et la chambre.

***L'armoire***, dans les deux cas, elle se situe majoritairement dans le poêle, dans une proportion moins grande à Barisey-la-Côte où ce meuble est observé, pour un tiers, dans la cuisine tandis qu'il est pratiquement inexistant dans celle de Bisping. Sa présence a peu près équivalente dans la chambre, entre le 1/5$^{e}$ et le 1/6$^{e}$ dans l'un et l'autre cas. C'est donc qu'à Barisey-la-Côte, les fonctions de pièce à vivre de la cuisine sont bien plus importantes qu'à Bisping alors que dans les deux villages, celles de la chambre sont atténuées.

***Le buffet***, ce meuble est assez peu désigné, même au XIX$^{e}$ siècle, il est très rare à Barisey-la-côte, seulement deux buffets observés dans le poêle ; il se trouve à Bisping légèrement plus répandu, en petit nombre dans le poêle, à part égale dans la cuisine et dans la chambre. Compte tenu de la différence numérique des inventaires entre les deux villages, on peut affirmer que la présence de ce meuble est exceptionnelle dans l'un et l'autre cas.

***La chaise***. Ce meuble, à destination individuelle, est à la fois d'usage fonctionnel et social. Il invite chacun à se tenir autour de la table familiale en même temps qu'il sert aux réceptions de la maisonnée. Il était assez peu répandu à Bisping et plus largement présent à Barisey-la-Côte. Sa situation dans les maisons respectives de ces deux villages se conforme à celle des meubles les plus usuels. A Bisping, il était très majoritairement inventorié dans le poêle, un peu dans la cuisine, rarement dans la chambre ; à Barisey-la-Côte, sa présence est presque équitablement partagée entre le poêle et la cuisine, avec un léger avantage pour cette dernière car on le trouve rarement dans la chambre. Cela traduit le rôle central de la cuisine, contrairement à celle de Bisping.

***Le coffre***, ce meuble, graduellement abandonné et relégué dans les pièces les moins nobles de la maison, permet d'évaluer un certain niveau de mise en confort du cadre domestique ; le rapport coffre/armoire témoigne d'une très nette évolution dans l'ameublement, entre l'équipement mobilier fruste du XVII$^{e}$ siècle et l'équipement d'utilité et de représentation du XVIII$^{e}$. Il est un fait que le coffre est encore assez bien représenté dans le Bisping du XVIII$^{e}$ siècle et qu'il s'est nettement raréfié dans le Barisey-la-Côte du XIX$^{e}$, mais on observe, déjà à Bisping, des signes de relégation du coffre dans la chambre. Ce meuble est à peine à moitié présent dans le poêle, il l'est très peu dans la cuisine et le cabinet, se retrouve à presque au tiers dans la chambre et au dixième dans le grenier. A Barisey-la-Côte, son utilisation se fait, par ordre décroissant, dans le poêle, dans la cuisine et dans la chambre.

***La crédence, le desservant et le dressoir***. Il est possible qu'à Bisping comme à Barisey-la-Côte, on n'ait pas fait une distinction toujours formelle dans l'identification de ces meubles qui ont pour fonction de ranger ou de présenter la vaisselle ; leur valeur de représentation et de témoin de richesse peut être forte, surtout en relation avec la possession de pièces de faïence. De la ***crédence***, Guy Cabourdin ne fait qu'une simple étagère à vaisselle ; ce meuble est rare dans nos deux exemples. A Bisping, il est absent du poêle, traîne essentiellement dans la cuisine et rarement dans la chambre ; à Barisey-la-Côte, il est strictement présent dans la cuisine.

Au contraire, le ***desservant*** serait devenu le meuble vitrine par excellence. Il est inconnu à Barisey-la-Côte, du moins sous ce nom-là ; à Bisping, il est aux deux tiers présent dans le poêle, à peine dans la cuisine, pour à peine plus d'un dixième dans la chambre, et rarement dans le cabinet.

Par contre, le ***dressoir*** n'existe à Bisping que dans la cuisine et se trouve à Barisey-la-Côte, majoritairement dans le poêle. Il pourrait y désigner ce que l'on appelait précédemment desservant, à cette nuance près qu'il est assez rare à Barisey-la-Côte et se situe plus souvent dans le poêle que dans la chambre.

Le ***fauteuil*** est pratiquement absent des inventaires, un seul dans chaque cas, et toujours dans la cuisine. De même que pour le ***guéridon***, cité une fois dans une cuisine de Bisping, jamais dans celles de Barisey-la-Côte. Pour le ***fourneau***, c'est l'inverse, une seule fois dans une chambre de Barisey-la-Côte.

Le ***lit***, ce meuble, très répandu et nécessaire, sert à distinguer les pièces à vivre des pièces de service. A Bisping, il est existant dans le poêle pour un peu moins des deux tiers, jamais dans la cuisine, pour un tiers dans la chambre, et il se partage pour une infime proportion entre le cabinet et le grenier. A Barisey-la-Côte, sa présence est presque égale entre le poêle et la cuisine, un peu plus souvent dans le premier, peu dans la chambre.

***La maie***, ce meuble sert à pétrir la pâte à pain, il est donc lié à la présence du four à pain, associé à la cheminée de la cuisine, à Bisping, et relégué dans une chambre à four spécifique à l'arrière de la maison, à Barisey-la-Côte. Cela explique qu'à Bisping, la maie soit le plus souvent observée dans le poêle, mais pour moins de la moitié, ensuite dans la chambre et très peu dans la cuisine, elle est rare dans le cabinet et le grenier. A Barisey-la-Côte, on la trouve par ordre décroissant dans la chambre, puis dans le poêle, ensuite dans la cuisine ; c'est normal, puisque la chambre représente un lieu intermédiaire entre le four où l'on cuit la pâte à pain, et la cuisine où elle est consommée. La présence de la maie, en majorité dans le poêle de Bisping, tend à démontrer que cette pièce est plus polyfonctionnelle qu'à Barisey-la-Côte où les activités domestiques se distribuent plus largement dans l'ensemble des pièces du logis.

La ***pendule*** représente l'élément mobilier de luxe par excellence. Elle est presque inexistante à Bisping, au XVIII^e^ siècle, et seulement chez des laboureurs ; à Barisey-la-Côte, au XIX^e^ siècle, elle se montre davantage répandue, dans environ la moitié des maisons. Elle siège très majoritairement dans le poêle en raison de sa valeur de représentation, pratiquement pas dans la cuisine et très rarement dans la chambre.

***Les porte vaisselle*** et ***réchaud***, très rares, seulement trois exemplaires, l'un et l'autre, dans une cuisine de Bisping.

La ***table*** constitue un meuble de base et pourtant, tous les intérieurs n'en possèdent pas. Elle aussi est représentative ou non du rôle multifonctionnel et convivial de la cuisine puisque par principe, c'est autour de la table que la famille mange. A Bisping, elle se trouve très majoritairement dans le poêle, elle est ensuite disséminée dans la cuisine, dans la chambre et le cabinct, très rarement dans le grenier ; encore, ne peut-on attribuer à toutes ces tables les mêmes fonctions, il est difficile d'imaginer que l'on mange dans les greniers. A Barisey-la-Côte, la présence de la table est assez équitablement partagée entre le poêle et la cuisine quoiqu'un peu plus souvent dans cette dernière, les repas s'y prennent certainement communément ; on trouve peu de tables dans les chambres, c'est normal puisque l'on ne s'y sustente pas.

## 11.9, les lieux du corps d'exploitation.

***Le grenier***. A Bisping, le grenier est aménageable en logis mais cette opportunité est rarement saisie ; à Barisey-la-Côte, il ne l'est pas, l'étage est donc occupé essentiellement par le fenil. On observe toutefois une différence entre les maisons les plus comparables : celles de cultivateur à logis de trois pièces. A Bisping, l'étage s'y trouve compartimenté, avec un fumoir central et deux pièces situées, l'une à l'avant, l'autre à l'arrière, toutes deux éclairées par une fenêtre de logis. Il serait donc facile d'y passer de l'usage de grenier à celui de chambre en l'équipant simplement des meubles et des objets usités ; l'ameublement ferait donc la fonction. A Barisey-la-Côte, de façon générale, ce grenier reste ouvert, c'est donc un fenil. Il peut toutefois se trouver compartimenté sur l'arrière pour l'aménagement d'un véritable grenier, c'est-à-dire, un lieu d'entrepôt du grain, ou bien pour une pièce où sécher le linge. Ce grenier n'a pas de destination de logement précise, il ne renferme pas de meubles.

Les greniers de Bisping ont un usage essentiellement agricole, de préférence, chez les laboureurs où l'on y trouve de *l'avoine, du blé*, assez souvent, *des outils et des sacs*, un peu plus rarement, *du chanvre et du chènevis*. Les seuls meubles que l'on puisse y inventorier, avec une présence moyenne, sont *le coffre, le lit, et la maie* - avec un lit, ce serait presque une pièce d'habitation. Parmi le linge moyennement observé, on compte quelques *habits*, de l'*étoupe* et des éléments de *trousseau ;* parmi les objets de travail : récipients, ustensiles et pièces de vaisselle, des *tinotte, tour à filer, ustensiles divers et autre van*. On peut trouver dans le grenier des aliments : *farine, fèves, lentilles, orge* et *lard*, denrées de conservation qui ne sont bien sûr pas consommées sur place ; au nombre des denrées plus rarement présentes dans le grenier comptent les *fruits secs, les haricots, les pois, la navette, le seigle, la surcroute, le verjus, les vesces et les topinambours*. Rares sont également certains meubles ou objets mobiliers comme *l'armoire, la table, le banc et la beurtoire*. Les instruments agricoles y sont occasionnels et certainement mis en débarras tel qu'*un chariot, une charrue* ou *des harnais*. Il arrive encore rarement que le grenier de Bisping recèle du *lin* et quelques *ruches*.

Le grenier, à Barisey-la-côte, possède une vocation nettement agricole, on y trouve assez souvent de l'*avoine, du blé, du chanvre, de la farine, de la paille et des sacs ;* assez peu souvent du *bois, du foin, de la laine, de l'orge, des outils et des habits ;* rarement des *baratte, bouge, tissu, coffre, corbeille, cuvelle, fève, fourneau, meuble, pétrin, tendelin, tonneau, tour, trémois, ustensiles, van*. Entre les deux villages, malgré les différences d'époque, les fonctions du grenier et de l'étage, quand elles ne sont pas d'habitation, restent foncièrement les mêmes : d'abord, entreposer les produits de l'agriculture et servir de vague débarras sans que les objets présents y soient vraiment utilisés.

La ***grange*** à Bisping, ne concerne que vingt-huit laboureurs (77,77 %), trois manœuvres (5,66 %) et aucun artisan. Ce lieu recèle pratiquement toujours un ou plusieurs *chariots*, une ou plusieurs *charrues* et la moitié du temps, une ou plusieurs *herses* et des *harnais*. A Barisey-la-Côte, beaucoup mieux partagée entre cultivateurs et vignerons, la grange répond à des fonctions plus larges puisqu'elle sert également à la remise, peut-être provisoire, *d'avoine, de blé, de foin et de paille ; on peut y trouver une fourche*, outil de circonstance. Il arrive que cette grange contienne du *bois* et des *bouges* et que l'on y gare des véhicules et des instruments agricoles mais selon une fréquence assez moyenne : *charrettes* (assez peu), *chariots et charrues*. Quelques outils y ont une présence moyenne : *faulx, hache, K, pioches, sacs*, ainsi qu'un meuble : *table ;* d'autres outils y sont plus rarement observés : *bêche*, de même qu'une somme de matières ou d'objets divers : *bois, cercles, chanvre et crible, cuve, cuvelle, dressoir, enclume, farine, faucille, herminette, hotte, houe, lentilles, marteau, passoire, pelle, planches, pain, rebéchette, seau, serpe, table, tarière, tombereau, tonneau, tour.*

Dans l'***écurie***, les animaux traduisent les différences sociales qui paraissaient estompées par la présence d'une écurie dans pratiquement toutes les maisons. Mais la qualité ne fait pas la fonction et les inventaires après décès permettent de distinguer entre le bétail des pauvres et celui des riches, quantitativement et qualitativement. A Bisping, par exemple, les bœufs sont un peu mieux partagés que les chevaux, tous deux bêtes de traits et parfois de charrois. Absent chez les artisans, le bœuf est présent à 44,44 % chez les laboureurs ; à 9,44 % chez les manœuvres et 14,28 % chez les veuves. Le cheval s'accorde évidemment mieux que le bœuf au statut de classe sociale du laboureur, les artisans n'en possèdent aucun, contrairement à 72,22 % des laboureurs qui disposent parfois d'un nombre important de chevaux, surtout lors de la première moitié du XVIII$^{e}$ siècle : dix, douze, quinze et même jusqu'à dix-neuf. Un seul manœuvre possède un cheval et une seule veuve en détient neuf, reliquat, certainement, du cheptel d'un défunt mari laboureur. Bien sûr, les laboureurs sont les plus nombreux, sinon les seuls à posséder des poulains, seulement pour 44,44 % d'entre eux, pas d'artisans, ni de manœuvres, mais il est tout de même 7,14 % de veuves à en détenir dans leur écurie.

Assez souvent, les laboureurs sont les seuls ou les premiers à posséder des espèces animalières rares ou en voie d'introduction ; on inventorie, par exemple, un seul bouc chez un seul laboureur, et un seul canard chez un seul autre. Le mouton est d'apparition tardive, en fin de période, seulement, sa présence intéresse 9,52 % des artisans, 25,00 % des laboureurs, 3,77 % des manœuvres et aucune veuve ; la logique de classe est ainsi respectée. La présence de l'oie, également tardive, est un peu mieux partagée entre laboureurs et artisans, à 13,88 % pour les premiers et à 14,28 % pour les seconds ; 9,43 % des manœuvres et 7,14 % des veuves élèvent également cette volaille.

Les porcs nourrissent de nombreux artisans, à 80,95 %, les laboureurs sont en proportion moins grande, 69,44 %, mais certains élevages peuvent être nombreux, jusqu'à vingt et vingt-neuf têtes. Les manœuvres ne sont plus que 55,35 % à élever des cochons et les veuves, 42,85 %, mais ces proportions restent fortes en comparaison des autres espèces d'animaux d'élevage. Par exemple, les poules sont assez fréquentes, nettement moins que les porcs, 42,85 % d'artisans, 41,66 % de laboureurs, 26,41 % de manœuvres et 28,57 % de veuves. On ne possède pratiquement pas de taureaux et peut-être ne s'agit-il que de taurillons puisque le taureau est banal, en principe à la charge du décimateur - artisans, 4,00 % et laboureurs 19,44 % - par contre, la vache rumine dans les écuries selon des proportions voisines de celles du porc, ces deux animaux sont à la base de la nourriture familiale : viande et laitages, 57,14 % pour les artisans, 83,33 % pour les laboureurs, 50,94 % pour les manœuvres et 42,86 % pour les veuves. Les veaux sont moins nombreux, il n'y a donc pas de véritable cheptel bovin de renouvellement ; il s'en trouve chez 23,81 % d'artisans, 58,33 % de laboureurs, 20,75 % de manœuvres et 7,14 % de veuves, il est impossible de savoir si ces veaux serviront au remplacement des vaches laitières ou à la boucherie.

A Barisey-la-Côte, les bœufs sont très rares ; un seul chez un cultivateur. Les chevaux restent majoritairement détenus par les cultivateurs à 54,54 %, mais 27,28 % des vignerons en élèvent un ou plusieurs. Par contre, les cultivateurs sont seuls à élever des poulains, à 27,28 %, la remonte est donc faible, du moins, le renouvellement des adultes est-il lent. On ne compte aucune chèvre dans le village, la vache est présente dans au moins deux tiers des maisons, à 81,82 % chez les laboureurs et à 64,28 % chez les vignerons. Paradoxalement, ces derniers élèvent davantage de veaux, 9,09 % chez les cultivateurs contre 35,71 % chez les vignerons ; pour les génisses, le rapport est de 27,28 % chez les cultivateurs contre 42,85 % chez les vignerons. Le village ne compte qu'un seul taureau, chez un cultivateur. On inventorie deux fois plus de moutons chez les cultivateurs que chez les vignerons, 54,54 % contre 21,43 % ; les porcs sont presque aussi nombreux chez les uns que chez les autres, cultivateurs à 54,54 % et vignerons à 57,14 % ; cela fait, dans les deux cas, à peine plus d'une famille sur deux. La volaille est également en faible nombre, à 27,27 % chez les cultivateurs et à 42,86 % chez les vignerons. Le petit élevage familial de subsistance, à base de cochon et de volaille, paraît donc plutôt réduit.

## 11.10, la maison de Bisping au XIXe siècle.

Pour le XIXe siècle, nous ne recueillons que quatre inventaires complets de maisons de Bisping -1858, 1862, 1875 et 1879. Le terme de poêle a disparu des quatre comme si l'appellation de cette pièce n'avait pas résisté à son absence de fonction organique. Il reste à savoir si sa fonction sociale, celle de belle chambre, s'est maintenue et si le cadre domestique de la maison a pu se développer, notamment à l'étage, les greniers se transformant alors en chambre. L'inventaire de 1858[614] présente un corps de logis à deux pièces de profondeur dont le rez-de-chaussée comportait une chambre sur cour et une cuisine sur rue. Une chambre supplémentaire se situait au-delà du couloir. L'étage distribuait une chambre à l'avant, une autre à l'arrière et un grenier. La chambre sur rue contenait les meubles ordinaires du poêle du XVIIIe siècle dont une crédence, un lit, un coffre de sapin mais pas d'armoire. Dans la cuisine, on n'inventoriait pas de meubles, uniquement des ustensiles et de la vaisselle. A l'étage, si la chambre sur rue était bien équipée en mobilier - des chaises, trois lits et deux armoires -, la chambre de derrière servait essentiellement de débarras : y étaient inventoriés, un coffre, un tour à filer, un pétrin, une paillasse et diverses choses. La chambre supplémentaire répondait aux mêmes fonctions, on n'y trouvait que deux chaises. La cave constituait un simple garde-manger, sans vin, avec de la choucroute, des pommes de terre et des betteraves. Les progrès dans l'art d'habiter, dans cette maison, sont donc perceptibles mais assez limités, l'ancien poêle restait la seule pièce véritable à vivre, la cuisine ne renfermait toujours pas de mobilier et la chambre supplémentaire répondait à des fonctions très réduites.

Même chose pour les deux autres exemples qui intéressaient également des maisons à deux pièces de profondeur. La maison inventoriée en 1875[615] disposait au rez-de-chaussée d'une chambre et d'une cuisine, à l'étage, d'une chambre sur l'avant et de combles, puis une grange, une écurie et une cave. On peut penser qu'il s'agissait d'une maison à deux travées puisque l'écurie était unique, certainement située derrière la grange. Dans la chambre, on trouvait des chaises, un coffre, une table, une armoire, une crédence avec de la faïence et un lit, toutes les fonctions domestiques y étaient donc permises. Dans la cuisine, on n'énumérait qu'une vieille armoire. La chambre de l'étage servait essentiellement pour le coucher, elle contenait un lit, un coffre et une table.

L'exemple de 1879[616] montre que même une évolution de style extérieur, liée à un meilleur confort d'éclairage, ne correspondait pas nécessairement à un usage très différent du cadre de vie domestique. En effet, la chambre qui

614 AD Moselle 22 E 44/155.
615 AD Moselle 22 E 63.
616 AD Moselle 22 E 69.

prenait jour sur le jardin possédait deux fenêtres, ce qui constituait un pas sensible vers le modèle de la maison hygiénique, aérée et lumineuse[617]. Par ailleurs, le logis s'était développé en surface puisqu'on comptait, à l'avant, une chambre et une cuisine confrontée et, à l'arrière, cette chambre qui certainement, tenait la largeur des deux. L'étage reproduisait la même disposition du plan, en agençant deux chambres sur la rue et une grande chambre à l'arrière. De cette façon, le corps de logis possédait certainement, à l'avant et à l'arrière, deux fenêtres par étage, ce qui représentait un progrès évident. L'équipement mobilier a-t-il suivit cette évolution ? La chambre du rez-de-chaussée, à l'arrière, recelait deux armoires, un fourneau de faïence, une grande glace, neuf chaises, un fauteuil, une table de nuit, une commode et deux lits. La petite chambre de devant faisait essentiellement fonction de cabinet, elle ne disposait que d'une armoire remplie de vaisselle ; dans la cuisine, on trouvait une armoire, de la poterie, de la faïence et de la porcelaine, rien de très différent de ce que l'on observe généralement, des fonctions de cuisson et de réserve, surtout. A l'étage, seules, les deux chambres de devant étaient habitables avec lits, armoire, table et chaises ; la grande chambre de derrière conservait les fonctions habituelles de débarras et de grenier. Dans cette maison, l'espace était donc mieux partagé, la représentation sociale de la façade se montrait plus accentuée grâce à la composition des ouvertures mais, dans leur principe, les façons d'habiter restaient les mêmes bien qu'en comparaison avec le XVIII<sup>e</sup> siècle, l'étage fut devenu, partiellement et définitivement, un lieu à vivre.

Avec le modèle de maison lorraine à trois pièces de profondeur, on perçoit la même réticence ou difficulté à meubler la cuisine et l'ensemble de l'étage. Cette maison, inventoriée en 1862[618], disposait, au rez-de-chaussée, d'une chambre sur rue, d'une cuisine centrale et d'une chambre de derrière ; à l'étage, d'une chambre à l'avant, d'une autre à l'arrière. Le corps d'exploitation se constituait d'un grenier, d'une cave, d'une grange et d'une écurie. Au rez-de-chaussée, la chambre, prenant jour sur rue, représentait l'équivalent d'un poêle, avec une table, un coffre, des chaises, une pendule, un tour, une armoire et un lit ; la cuisine ne recelait aucun meuble et la pièce arrière servait de débarras : on y relevait un pétrin, une cuve et divers outils. A l'étage, malgré leur nom, les deux chambres servaient seulement de grenier. Cette maison, pourtant grande, dont le corps de logis disposait d'un potentiel de cinq pièces, ne possédait qu'une seule pièce bien meublée alors qu'elle abritait, en 1862, une famille stérile dont les deux conjoints décédèrent sans enfants connus ; une seule pièce à vivre lui suffisait donc.

---

617 Modèle défendu à la fin du XIX$^{e}$ siècle, dont la promotion fut l'une des raisons des enquêtes sur l'habitat traditionnel dirigées par De Foville.
618 AD Moselle 22 E 48/272.

# 12e chapitre

# La matière et l'objet à travers les classes sociales

En règle générale, les meubles sont faits de bois, les vêtements de tissus et les objets usuels, parfois de bois, le plus souvent de métal. Ces diverses matières sont souvent précisées, elles peuvent varier dans leur genre, sûrement dans le temps et de façon sans doute moins nette, à travers les classes sociales. Peut-on même parler de meubles et d'objets de riches ou de pauvres alors que la disparité se montre grande en matière de richesse et de niveau de fortune ? Ce n'est pas certain, au regard des analyses qui vont suivre. Elles ont été effectuées de façon croisée afin de discerner l'état des matières et leur évolution au sein des maisons, et d'identifier les diverses catégories sociales selon les matières dont elles disposent ; cela revient à présupposer, par exemple, que les classes les plus aisées - laboureurs ou cultivateurs - pourraient posséder les matières les plus précieuses, du moins le faire avant les autres. Cela revient également à supposer qu'il existe une hiérarchie de valeurs entre les matières. Par exemple, si les laboureurs possèdent des meubles en chêne en nombre sensiblement plus important que les manouvriers, pouvons-nous en conclure que le chêne avait effectivement déjà plus de valeur que le sapin au XVIIIe ou au XIXe siècle ?

## 12.1, les meubles.

Par principe, ils sont tous fabriqués en bois et parfois équipés de tissus, comme le lit. Indépendamment d'une évolution possible entre le XVIIIe et le XIXe siècle, la proximité des Vosges, pour Bisping, entraîne un usage certainement plus évident du sapin. Il existe apparemment, entre le chêne et le sapin, une hiérarchie de reconnaissance et d'usage[619]. En règle générale, l'usage du sapin se trouve plus répandu au XIXe siècle, en charpenterie comme en menuiserie. Par exemple, on tend à ne plus construire les charpentes qu'en sapin à l'exception du poinçon[620] qui reste en chêne car c'est la seule pièce de la ferme qui soit destinée à travailler en compression debout[621]. Ou bien, les encadrements de porte restent en chêne alors que les

---

[619] Par exemple, dans ce contrat sur Dieuze, en 1724, les ventaux des portes du logis seront en sapin, à la réserve de la porte d'entrée du logis qui sera en chêne. AD Moselle 3 E 1323.
[620] Une pièce verticale qui, reliant l'entrait horizontal aux arbalétriers obliques, permet une triangulation plus large de la ferme de charpente.
[621] L'entrait travaille en traction, les arbalétriers en flexion.

panneaux sont en sapin. On prévoira de la même façon le chêne pour les portes d'entrée de logis et le sapin pour les huisseries des travées d'exploitation.

A Bisping, les deux bois dominants sont le chêne et le sapin, auxquels peuvent s'ajouter des essences plus rares tel que le hêtre, le noyer ou le poirier pour les armoires, les buffets, les coffres et les crédences. En partant du postulat que le chêne était déjà considéré au XVIII^e^ comme une essence plus précieuse que le sapin, nous voulons vérifier l'hypothèse d'une double hiérarchie entre classes sociales et entre catégories de mobiliers, en fonction de leurs valeurs d'usage et de représentation.

L'***armoire***. A Bisping, sur un total de cent trois armoires, on en compte cinquante-trois en chêne pour trente-huit en sapin, neuf à la fois en chêne et en sapin, une seule en hêtre, noyer et chêne, une seule en noyer et en sapin, une seule en poirier : ces essences sont rares et même exceptionnelles. Au XIX^e^ siècle, les armoires restent partagées entre le chêne, le sapin et le noyer dans des proportions impossibles à connaître. Les différences entre les catégories sociales sont assez peu marquées, ce sont les laboureurs, suivis par les artisans, puis par les manœuvres, enfin par les veuves, qui possèdent le plus d'armoires en chêne. Les armoires en bois rares sont en possession des laboureurs.

A Barisey-la-Côte, on trouve un cas unique, au XVIII^e^ siècle, d'armoire en noyer, avec des volets de sapin et de chêne : elle appartient à un laboureur. Au XIX^e^ siècle, les armoires sont exclusivement en chêne.

Pour le ***banc***, le rapport chêne/sapin est inversé puisqu'on compte huit bancs en chêne pour vingt-neuf bancs en sapin et deux bancs à la fois en chêne et en sapin.

Le ***buffet*** est rare, à Bisping comme à Barisey-la-Côte. On note, à Bisping, déjà en 1694, la présence d'un buffet en noyer et d'un autre en chêne ; on trouve par la suite, plusieurs buffets en sapin, un seul en chêne, un seul en chêne et sapin. A Barisey-la-Côte, au XIX^e^, ce meuble est toujours en chêne mais le sapin est rare d'une façon générale.

La ***chaise*** est toujours présente dans les intérieurs, à Bisping autant qu'à Barisey-la-Côte, au XVIII^e^ comme au XIX^e^ siècle ; elle devient toutefois plus répandue au cours de ce siècle-là. La différence ne se joue plus entre le chêne et le sapin mais entre la chaise en bois (il faut croire en chêne) et la chaise en paille qui aurait moins de valeur. Elle est au moins beaucoup plus fréquente ; on compte à Bisping, au XVIII^e^ siècle, sept chaises en bois contre soixante et onze chaises en paille. Seul, un laboureur possède une chaise tapissée, indice d'un certain luxe. Quant aux sept chaises de bois, cinq appartiennent à des laboureurs, deux à des veuves ; les artisans et les manœuvres ne détiennent que des chaises de paille. Au XIX^e^ siècle, on s'assoit plus souvent sur la paille que sur le bois, selon un rapport de deux à un, avec cependant peu d'exemples.

A Barisey-la-Côte, au XVIIIe siècle, les chaises sont toutes en chêne mais la statistique est faible, la paille est par contre observée au XIXe siècle selon un rapport de vingt-et-une chaises de chêne pour sept chaises de paille. Les valeurs sont donc inversées en comparaison de Bisping.

Le ***coffre*** présente, à Bisping, la même variété de matériaux que l'armoire : chêne (50 fois), sapin (47 fois), poirier (3 fois). La répartition sociale de ces essences est moins bien équilibrée puisque les artisans ne possèdent que 30,43 % de coffres en chêne contre 63,64 % en sapin alors que pour les laboureurs, cette proportion est de 29,03 % contre 64,52 % ; pour les manœuvres et les veuves, elle est de 50 %/50 %. La différence de valeur d'équipement joue très nettement en faveur des laboureurs.

A Barisey-la-Côte, au XVIIIe comme au XIXe siècle, le coffre est toujours en chêne.

La ***crédence***, très rare à Bisping, est plus souvent en sapin qu'en chêne, vingt-deux fois contre seize. La répartition sociale de ces deux bois respecte l'ordre de classe habituel : 50 %/50 % chez les artisans et les veuves, mais 63,64 % de chêne pour 26,36 % de sapin chez les laboureurs et inversement, 40,00 % de chêne et 60 % de sapin chez les manouvriers.

A Barisey-la-Côte, au XIXe siècle, les crédences et les desservants sont généralement en chêne ; il arrive qu'ils soient en poirier.

Le ***fourneau*** est le seul élément mobilier en métal pour des raisons évidentes. Il est rare, à Bisping comme à Barisey-la-Côte, et toujours en fonte.

La ***couche***. Nous distinguons la couche du lit sans que les inventaires précisent en quoi tous deux peuvent être différents. On peut supposer que la couche est un meuble plus rudimentaire. A Bisping, le partage entre le chêne et le sapin est assez équitable : onze cas d'un côté, dix de l'autre mais on trouve cinq cas de couche en sapin à montants de chêne. A Barisey-la-Côte, le terme de couche n'est pas utilisé.

Le ***lit***, en principe, est un meuble de valeur. Il semble qu'à Bisping, le lit le plus courant soit à quatre colonnes et trois pans de rideaux, un grand classique qui fait suite à l'alcôve, indissociable de la maison, et le lit-alcôve, mobile. Ce lit peut être en chêne (58 cas), en sapin (20 cas) à la fois en chêne et en sapin (11 cas). La prépondérance du chêne revient à en faire l'un des premiers meubles de la maison. A Barisey-la-Côte, les lits sont toujours en chêne, au XVIIIe et au XIXe siècle.

La ***maie***, il s'agit également du pétrin qui sert à malaxer la pâte à pain avant de la cuire au four, ou à conserver le pain. A Bisping, ce meuble peut être en chêne (2 cas), en hêtre (5 cas), ou bien sûr, en sapin (10 cas). A Barisey-la-Côte, il est pratiquement toujours fabriqué en chêne, à l'exception d'une seule maie en sapin possédée par un cultivateur.

La ***table***, meuble usuel, nécessaire et pourtant souvent absent ; elle est en chêne, trente-six fois ; en sapin, vingt-et-une fois ; en chêne et en sapin, vingt-deux fois ; en poirier, deux fois. Les bois « exotiques » sont donc rares ; le chêne l'emporte et le double emploi du chêne et du sapin peut prendre des formes variées tel que pied en chêne et plateau en sapin, ou inversement, feuille en chêne et pieds en sapin. A Barisey-la-Côte, le chêne est moins exclusif ; au XVIIIe siècle, sont inventoriées trois tables en chêne, une en sapin et une à pieds en chêne et dessus en sapin ; au XIXe siècle, les intérieurs inventoriés comptent deux tables en chêne, six en sapin et une en chêne et sapin.

En définitive, le rapport chêne/sapin conduirait à classer le mobilier de Bisping selon une échelle de valeurs présumée : lit (65,17 % de chêne), crédence (57,89 %), armoire (51,49 %), coffre (50 %), table (44,44 %), banc (20,51 %), maie (11,76 %), chaise (8,91 %).

### 12.2, la lingerie.

Notre analyse procède d'un double rapport : linges et corps et linges de meubles, d'une part, et tissus autoproduits (chanvre et lin) et tissus achetés, d'autre part. Nous postulerons que l'évolution de la lingerie va dans le sens de l'autoproduction vers le textile manufacturé et qu'elle se caractérise également par l'usage de nouvelles étoffes même si la gamme des matières est déjà large au XVIIIe siècle. Pour les seules ***bandes de tête***, à Bisping, les inventaires n'énumèrent pas moins que le lin, la mousseline, le cloître, également le chanvre. La mousseline s'observe toutefois rarement, une seule fois chez un laboureur ; les autres matières sont assez socialement bien partagées. Il n'y a rien pour le XIXe siècle.

A Barisey-la-Côte, l'unique bande de tête inventoriée et caractérisée est en toile commune, chez un manœuvre, en 1751. On ne trouve rien pour le XIXe.

Les ***bas***, à Bisping, peuvent être en laine 36 fois, en estamette[622] 4, en tammegris 1, en fil 8, en chanvre 2 et en étoupe 3. Il s'établit donc un ordre hiérarchique apparent, la laine est utilisée pour les deux tiers des bas mais il est difficile de mettre l'ensemble de ces tissus, ou étoffes, sur un même niveau de comparaison. Par exemple, ni le fil ni l'étoupe ne sont des textiles en propre, ils correspondent plutôt à un certain conditionnement d'une étoffe donnée ; le fil peut être de laine, de lin, de chanvre. A Barisey-la-côte, la nature des textiles est moins diverse ; par ailleurs, on parle de toile, sans autre précision (2 fois), la laine reste majoritairement employée (14 fois) et le coton est inventorié pour la première fois, en 1794. On note la disparition totale du chanvre au XIXe siècle.

Le ***bonnet***, cette coiffure est certainement fréquente mais rarement inventoriée, cinq cas seulement à Bisping, trois en laine, un en étoffe et un en coton, à partir de 1788, au domicile d'un laboureur. A Barisey-la-Côte, cinq coiffes en coton et une en toile. On trouve par contre un ***casaquin*** déjà

[622] Nous conservons l'orthographe prise dans le texte.

en cotonnade en 1744, à Bisping, alors que le même vêtement est en flanelle à Barisey-la-Côte, en 1850.

A Bisping, les ***chemises*** sont toujours faites en chanvre, que ce soit en fibre, vingt-neuf fois, en étoupe, dix-neuf fois, ou en mélange de fibre et d'étoupe, huit fois. En considérant que l'étoupe est un sous-produit du chanvre, donc de moindre classe, l'usage respectif du chanvre et de l'étoupe respecterait fidèlement l'ordre de classe habituel : laboureurs, artisans et manœuvres. Pour une même garde-robe, les chemises seraient de qualité d'autant meilleure que la classe sociale serait élevée. A Barisey-la-Côte, les chemises sont très peu souvent qualifiées, une seule fois du chanvre, en 1745 ; ensuite, de la toile en 1853 et en 1866. L'abandon du chanvre au XIX$^{e}$ siècle semble probable.

Entre ***corselet*** et ***corset***, la différence n'est pas très explicitée sinon par le fait que les rédacteurs des inventaires emploient ces deux termes respectifs, à bon escient ou non. A Bisping, au XVIII$^{e}$ siècle, la gamme des tissus est large pour l'un et l'autre de ces vêtements. Pour le ***corselet*** : serge, quatre fois ; dafinne ou dauphine, sept fois ; drap, huit fois ; estamette ou estaminette, cinq fois ; chanvre, trois fois ; tridenne, deux fois et droguet d'Angleterre, trois fois.

Pour le ***corset***, le choix est encore plus large puisqu'on compte de la dafinne, cinq fois ; de l'estamette, douze fois ; du lin, une fois ; du drap (de laine ?), dix-sept fois ; du coton, trois fois, à partir de 1762 ; de l'indienne, une fois ; du chanvre, deux fois ; du crépon ; une fois ; du droguet d'Angleterre, sept fois ; du serge, une fois, à partir de 1785 ; de la tirdaine (ou tridaine), quatre fois. A Barisey-la-Côte, on n'inventorie qu'un seul corset en étamine, en 1807.

Pour la ***cornette***, le choix est aussi large sinon qu'à Bisping, le chanvre cesse d'être utilisé en 1789 alors que la mousseline apparaît à partir de 1762. Dans l'ensemble, on utilise le chanvre, treize fois ; l'indienne, une fois ; le lin, huit fois ; la mousseline, sept fois ; la toile de cloître, deux fois. Aucune convergence très nette n'apparaît véritablement entre un ordre de classe et un ordre de qualité de textiles sauf peut-être pour les veuves qui se montreraient plus tributaires des cultures locales. A Barisey-la-Côte, une cornette est en toile commune en 1751, et une autre en indienne en 1864.

La ***culotte***, vêtement exclusivement masculin, sa confection fait également usage d'une gamme de matières très variée associant tous les textiles connus. A Bisping, au XVIII$^{e}$ siècle, on fait usage de chanvre, six fois ; de drap (de laine?), sept fois ; de dauphine, une fois ; de droguet, deux fois ; d'estamette, six fois ; d'étoupe, trois fois ; de panne, quatre fois ; de peau, huit fois et de tridaine, huit fois. A Barisey-la-Côte, au XVIII$^{e}$ siècle, les culottes peuvent être de boge, de toile, d'étoupe, de chanvre et de drap ; au XIX$^{e}$ siècle, de drap, de toile, de droguet de boge et de velours. Disparition du chanvre, apparition du velours (mais velours de quoi ?) d'un côté, maintien du drap et du boge entre les deux mais, d'un siècle à l'autre, ces mêmes mots désignent-ils les mêmes tissus ?

Les ***essuie-mains***, à Bisping, la faible valeur de représentation de ce linge de ménage et son caractère utilitaire le réduit strictement à l'étoupe, de chanvre certainement, le plus médiocre de tous les tissus ; on ne trouve rien à Barisey-la-Côte.

Le ***gilet***, vêtement de représentation, entre en général dans la panoplie de l'habit en trois pièces qui comporte en plus la culotte et la veste. C'est peut-être lui qui offre la plus grande variété de matières, à Bisping comme à Barisey-la-Côte.

Bisping, pas moins de quinze textiles : calamandre, une fois ; chanvre, trois fois ; coton, une fois ; cotonnade, trois fois ; dafin, une fois ; drap, deux fois ; écorché, une fois ; estamette, sept fois ; étoupe, une fois ; flanelle (à partir de 1781), une fois ; lin, une fois ; mirelaine, une fois ; quelche (1781), une fois ; tirdaine (1781), cinq fois ; toile, une fois. Le chanvre se trouve en meilleure place chez les artisans et les manœuvres que chez les laboureurs, c'est plutôt l'inverse pour le coton.

Choix moins ouvert à Barisey-la-Côte, au XIX$^{e}$ siècle, avec des matières ou des dénominations souvent différentes. Bien sûr, le chanvre a disparu : coton une fois ; cotonnade, une ; drap, une ; droguet, trois ; droguet de boge, une ; flanelle, une ; laine, deux ; panne, une ; toile rayée, une.

***L'habit***, en principe, il s'agit d'un complet, du moins, certains inventaires le précisent, de trois pièces, avec veste, gilet et pantalon ; à moins que l'habit ne désigne un manteau, vêtement absent de tous les inventaires. Sans surprise, il est généralement fait des mêmes étoffes ou tissus que le gilet. A Bisping, chanvre, une fois ; drap, manœuvre, douze ; droguet, six ; estamette, sept ; estamine, une ; flanelle (1783), une ; misselaine, une ; toile, une ; tridenne, treize. A Barisey-la-Côte, on se contente de gros drap, de drap, de droguet et de droguet de boche.

La ***jupe***, vêtement exclusivement féminin, les matières sont encore plus variées puisqu'on compte vingt-cinq étoffes ou tissus différents dont les valeurs respectives ne sont pas estimables, il est donc difficile de les ordonner socialement. A Bisping, basenne, un ; calamandre (1762), cinq ; carlamine (1750), trois ; chanvre, deux : coton (1762), trois ; cotonnade (1759), trois ; crépon (1780), un ; dafine, onze ; drap, douze ; droguet, quatre ; droguet d'Angleterre, six ; estamette, dix-neuf ; estaminette, deux ; étamine (1750), deux ; étoffe, un ; étoupe, trois ; flanelle, quatre ; lin (1777), un ; demi-Londres, cinq ; molton (1781), un ; mousseline (1772), un ; ratine, deux ; serge (1694), douze ; tridaine, douze ; toile, un. Même diversité de matières pour Barisey-la-Côte mais les désignations ne sont pas les mêmes et la difficulté de comparaison toujours aussi grande. Au XVIII$^{e}$ siècle, les jupes peuvent être faites de serge de Londres ou de toile (sans précision) ; au XIX$^{e}$ siècle, elles sont en boge (1 fois), en droguet d'Angleterre (4 fois), en droguet (5 fois), en flanelle (1850)(4 fois), en coton (1850)(2 fois), en calamandre (1 fois), en drap (1 fois), en toile (non précisé)(5 fois), en indienne (1850)(3 fois), en laine (1850)(2 fois), en mousseline de laine (1866)(2 fois), en tartanelle (1866)(1 fois), en soie (1866)(1 fois).

Pour ce vêtement, qui sert à s'habiller et à se montrer, l'autoproduction est pratiquement inexistante - dès le XVIII^e^ siècle, le chanvre est rare - et les choix de tissus ou d'étoffes commerciales sont déjà larges. La diversité des matières est grande, pas seulement pour la globalité des inventaires, chaque inventaire montre cependant un certain éclectisme de goût.

Les jupons sont moins souvent observés dans les inventaires ; comme ils ne sont pas non plus visibles, il est possible que le choix des matières ne tienne qu'à une question de confort. Un seul cas, à Bisping, en 1750, chez un laboureur, avec un jupon en tridaine. A Barisey-la-Côte, au XIX^e^ siècle, on trouve du coton, de l'indienne, de la laine, du droguet et de la flanelle, une belle diversité, en vérité, pour un linge qui n'a pas à faire d'effets.

Les justaucorps, par contre visibles, peuvent être à Bisping, en estamette, en drap d'Elbeuf ou en tridaine ; à Barisey-la-Côte, au XVIII^e^ siècle, en drap ou en boge. A vrai dire, ce vêtement est très peu cité, du moins peu décrit dans ses matières.

Il en va de même pour le manteau. A Bisping, il est en drap ou en droguet ; à Barisey-la-Côte, au XIX^e^ siècle, en laine.

Le ***mouchoir*** fait partie du trousseau, il semble que ce soit un linge de représentation, du moins il peut être fait d'étoffes précieuses, en particulier de soie, ce qui est très rare. La diversité des matières reste grande et plusieurs d'entre elles sont nouvelles. A Bisping, au XVIII^e^ siècle, on inventorie par exemple un mouchoir en cal, cinq en chanvre, quatre en toile de cloître, six en coton, un en indienne, trois en lin, huit en mousseline et sept en soie, en tête chez les laboureurs. A Barisey-la-Côte, les références sont peu nombreuses mais on trouve de la mousseline au XVIII^e^ siècle, du coton et de la laine au XIX^e^.

Aucun ***pantalon*** à Bisping : au XIX^e^ siècle, on portait la culotte, mais quelques-uns à Barisey-la-Côte au XIX^e^ siècle, en toile de ménage, en drap ou en droguet.

De même, pas de ***robes*** à Bisping, seulement des jupes ; à Barisey-la-Côte, les robes sont en laine, en cotonnade, en mousseline de laine, en indienne, en rayonne, en coton, en tartanelle.

Une seule ***robe de chambre*** à Bisping, pour une veuve, en crépon.

Quelques ***sarots*** à Bisping, en étoupe, en toile ou en tridaine ; un seul sarot à Barisey-la-Côte, au début XVIII^e^, en boge.

La ***serviette*** est un linge de corps nettement plus intime que le mouchoir ; elle n'a pas sa valeur sociale, elle est donc faite de textiles plus grossiers, nettement moins variés et de production locale. A Bisping, il s'agit essentiellement du chanvre, quarante-huit fois ; de l'étoupe, seize fois ; du lin, seize fois et de toile mêlée (en principe, chanvre et étoupe), quatre fois. Chez les laboureurs, le lin vient en deuxième position, chez les artisans, il le fait en troisième, chez les manœuvres et les veuves, il vient en dernier. A Barisey, on n'observe qu'une seule serviette, en toile de ménage.

Le ***tablier***, on retrouve la même diversité de matières que pour les habits les plus voyants, avec une faible différence tenant à une proportion de chanvre légèrement plus forte, vingt fois contre trois fois pour la toile de cloître, deux pour la cotonnade (1771), un pour le cuir (un tablier de travail, peut-être), cinq pour la dafine, deux l'étamine, neuf l'étoupe, neuf l'indienne (1744), six le mantrichoux (1750), un la toile mêlée (1775), deux la mousseline (1780), un la toile de perse (1780), cinq la simple toile, deux la toile de Suisse et un le tridaine. A Barisey-la-Côte, on trouve un tablier en serge au XVIII$^{e}$ siècle ; en coton, cotonnade, indienne, laine et soie ; cotonnade, au XIX$^{e}$.

Avec la ***veste***, les hommes font preuve du même éclectisme de goût que les femmes avec leurs jupes et leurs tabliers ; le choix des matières est donc large. Pas moins de seize étoffes différentes à Bisping dont l'étamine et le lin en 1694, sans distinction de classe pour cette année-là. Ensuite, on trouve, du balsin (1748), une fois ; de la calamande (1787), deux fois ; du chanvre, deux fois ; du coton (1769), une fois ; de la cotonnade (1768), une fois ; de la dafine, trois fois ; du drap (de laine ?), sept fois ; du droguet (1748), trois fois ; de l'estamette, neuf fois ; de l'étoffe, une fois ; de l'étoupe, trois fois ; de la peau (1766), une fois ; du serge, une fois ; de la tridaine, deux fois. De la diversité, sans doute, assez peu partagée quand même, les quantités sont peu nombreuses. A Barisey-la-Côte, on inventorie, au XVIII$^{e}$ siècle, une veste en boge ; au XIX$^{e}$, les vestes peuvent être en toile, en droguet, en droguet de boche et en drap.

**12.3, les tissus d'ameublement.**

Avec les tissus d'ameublement, qui ne sont pas destinés à la représentation et se relèguent à un usage plus pratique, on peut s'attendre à une variété moins grande de matières et à un emploi sans doute plus fréquent des textiles autoproduits. Bien sûr, le choix des tissus et des étoffes s'accorde à leur valeur fonctionnelle, par exemple, il faut, pour les ***couvertures***, des qualités calorifiques que possède la laine, au contraire du chanvre. Mais que doit-on entendre par couverture ? Ce linge de lit est rare, au XVIII$^{e}$ siècle comme au XIX$^{e}$ siècle, on abrite plutôt son sommeil sous un édredon que les gens de Bisping appellent lit-plumon. A Bisping, on ne trouve que cinq couvertures qualifiées ainsi, toutes chez un ou plusieurs laboureurs, deux sont en laine et trois en indienne, tandis qu'à Barisey-la-Côte, au XVIII$^{e}$ ou au XIX$^{e}$ siècle, les couvertures sont également en laine (4 fois), en indienne (2 fois), ou en coton (6 fois). Il est donc très possible que, par ce terme de couverture, il faille comprendre couvre-lit, ce qui expliquerait l'emploi du coton.

Pour confectionner des ***draps***, il n'existe, à Bisping, au XVIII$^{e}$ siècle, que trois solutions : le chanvre (33 fois), l'étoupe (de chanvre, certainement (64 fois)), et la toile mêlée (chanvre et étoupe (14 fois)). On trouve, en 1786, des draps en tirdaine ; en 1788, des draps en lin. Au XIX$^{e}$ siècle, il est fait, une fois, état de draps en kelsh (1858) ; c'est d'ailleurs la seule référence aux draps, pour ce siècle. A Barisey-la-Côte, les draps sont également en chanvre et en étoupe, en 1709 et en 1710 ; ils sont également encore en chanvre chez une veuve, en 1827 ; sinon ils sont, au XIX$^{e}$ siècle, en toile de ménage ou en toile de serge.

Les ***nappes***. On peut penser qu'elles servent à recouvrir les tables, ce n'est pas précisé ; leur présence paraît moyenne. Elles sont presque toutes en chanvre, trente-sept fois, et en étoupe, trente-cinq fois, en toile mêlée, six fois, en lin (1735) cinq fois et en toile non précisée. A Barisey-la-Côte, les nappes sont en toile (imprécisé), en coton, en serge et en chanvre.

Les ***plumons***, il faut entendre par ce terme l'édredon qui sert à chauffer le lit. En principe, un lit ordinairement équipé en compte deux. Ses descriptions sont assez rares, on ne sait si elles portent véritablement sur l'enveloppe ou sur la taie. Pour Bisping, il peut s'agir de chanvre, deux fois ; de coutil (1765), deux fois ; d'écorché, sept fois, et d'étoupe, trois fois.

On retrouve, avec les ***rideaux***, le besoin d'enjoliver car ces linges de mobilier possèdent une valeur de représentation liée à la propre valeur du lit, le meuble le plus précieux. On recherche donc une certaine diversité et richesse de textiles ; les matières cultivées sur place sont écartées.

Il existe, à Bisping, dix matières différentes : bergame, quatorze fois ; coton (1858), une fois ; dentelle (1753), une fois ; droguet, deux fois ; estamette, une fois ; étoupe, trois fois ; misselaine (1768), trois fois ; serge, quatorze fois ; toile (1775), deux fois ; tridaine, vingt fois. A Barisey-la-Côte, les rideaux sont en boge, en serge, en burejamps, en burc, en siamoise, en coton ou en cotonnade.

Les ***taies*** sont fonctionnelles et intimes, il n'est pas besoin de les faire voir, et pourtant, le choix peut être ouvert même si le chanvre et l'étoupe, ou le mélange chanvre/étoupe, sont les textiles les plus couramment employés : bergame, une fois, chez un laboureur ; chanvre, quarante et une fois ; coutil (1748), une fois, chez un laboureur ; drap (1762), trois fois ; étoupe, quarante-trois fois ; lin (1788), une fois, chez un laboureur ; mêlé (1750), dix-huit fois, tridaine (1749), deux fois. Au XIX$^{e}$ siècle, on emploie encore le chanvre, le kelsch également.

Pour les ***tayettes***, le choix des matières est moins large puisqu'on ne trouve que du chanvre, vingt-deux fois ; du drap (1769), deux fois ; de l'écorché (1756), une fois ; de l'étoupe, vingt-huit fois ; de la toile mêlée, dix-sept fois, et de la toile, une fois.

Le ***tour de lit***. On peut penser que ce linge d'ameublement habille le cadre de bois qui surmonte ces dernières. Il sera donc des matières les plus précieuses et les plus diversifiées, de fait, on trouve, à Bisping, de la bergame, du serge, de la toile façon dentelle, de l'étoupe, de la sapine, du droguet, de la tridaine et du chanvre. A Barisey-la-Côte, au XVIII$^{e}$ siècle, le seul tour de lit qualifié est en serge.

Enfin, le ***traversin*** ; il faut croire que le textile en question concerne l'enveloppe même du traversin et non la taie qui peut le recouvrir également. Cette matière est le plus souvent à base de chanvre mais elle peut-être plus originale : bergame ou coutil. A Bisping, bergame (1744), une fois ; chanvre, deux fois ; coutil (1737), une fois ; écorché (1737), douze fois ; étoupe, onze fois ; mêlé (1763), deux fois. A Barisey, en 1850, on parle une fois de toile de ménage.

### 12.4, les objets, pièces de vaisselle et ustensiles de cuisine.

Les meubles sont en bois, le linge en textile, les objets, récipients et ustensiles de cuisine, pour la plupart, en métal dont la variété se situe numériquement entre celle du bois et celle du textile. Il existe toutefois des récipients et bois et des pièces de vaisselle en terre cuite. Cette variété joue apparemment moins à travers les classes sociales qu'elle ne le fait en fonction d'une certaine évolution dans le temps. Il existe, en plus, un rapport étroit entre le métal utilisé et l'objet donné, selon son usage et sa représentation sociale. Entre le XVIII$^{e}$ et le XIX$^{e}$ siècle, on observe l'abandon de certains métaux (l'airain) et l'apparition de nouvelles matières (la fonte). Certains métaux comme le cuivre, déjà utilisé au XVIII$^{e}$ avec rareté, deviennent courants au XIX$^{e}$ siècle.

Pour des raisons de facilité de présentation, nous conservons l'ordre alphabétique pour énumérer ces objets, par catégories de matières - métaux, terre et bois - et dans chacune d'elles, par matières, de manière à favoriser une certaine lecture des métaux, par ordre d'importance et d'usage.

Entre le XVIII$^{e}$ et le XIX$^{e}$ siècle, six matériaux sont disponibles pour la confection des ustensiles de ménage, l'airain (on ne parle jamais de bronze), le cuivre, l'étain, le fer, le fer blanc et la fonte. Le premier finira par être moins utilisé, la dernière, ainsi que le cuivre, connaîtra un essor au cours du XIX$^{e}$ siècle, les trois autres se montreront d'un usage assez stable.

**L'airain**. Il se trouve au XVIII$^{e}$ siècle très employé, à Bisping comme à Barisey-la-Côte ; son importance se réduit au XIX$^{e}$ au bénéfice du cuivre, par exemple, pour la confection des ***bassinoires*** de Barisey-la-Côte, six cas contre cinq en faveur du cuivre, alors que le même rapport était de trois pour le cuivre, contre six pour l'airain, à Bisping, au XVIII$^{e}$ siècle.

A Bisping, l'airain est majoritairement employé pour la fabrication des ***marmites***, dix fois, en concurrence, de loin, avec presque tous les autres métaux : cuivre et rosette, deux fois ; fer, deux fois ; fer blanc, deux fois ; fonte, deux fois. Cet ustensile est toutefois dans l'ensemble assez peu répandu. A Barisey-la-Côte, les quelques cas de marmites qualifiées font exclusion de ce matériau, on passe du fer, au XVIIIe siècle, au cuivre et surtout à la fonte, au XIXe.

Deux usages marginaux emploient ce métal, la ***passoire*** et la ***tourtière*** ; à Bisping, la première est à neuf reprises en airain, à cinq en cuivre et à trois en fer blanc ; elle n'est pas qualifiée à Barisey-la-Côte. Quant à la tourtière, également rare, elle peut être, à Bisping, six fois en airain et une fois en cuivre ; à Barisey, au XIXe siècle, cinq fois en airain, deux fois en cuivre et quatre fois en fonte, ce qui traduit néanmoins une certaine permanence.

L'airain se trouve également très utilisé pour le façonnage des chaudrons, légèrement moins que le fer.

**Le cuivre**. Au XVIIIe, ce métal n'est pas rare mais n'est utilisé que pour des objets spécifiques, il est même mentionné à Bisping, en 1694, pour la confection des bassins, bien que majoritairement utilisé pour ce récipient au XVIIIe siècle, vingt-sept fois ; il l'est concurremment avec l'airain, quatorze fois, et plus rarement, avec le fer blanc, une seule fois en 1775 (2,38%). A Barisey-la-Côte, on ne trouve que des bassins en airain au XVIIIe siècle, métal cité à une seule reprise au XIXe, le reste étant en cuivre. Le zinc apparaît en 1871.

Les ***casseroles*** sont rares à Bisping au XVIIIe siècle, trois d'entre elles sont en cuivre ou en rosette, une seule en airain, une seule en terre. A Barisey, au XIXe siècle, cet ustensile n'est pas non plus très représenté, il peut être en airain, en cuivre et en fer blanc.

A Bisping, au XVIIIe siècle, tous les ***chandeliers*** sont en cuivre ; à Barisey au XIXe siècle, six sont en cuivre, deux en fer blanc. La ***chaufferette***, rarement observée et qualifiée, également, à Bisping, au XVIIIe siècle ; on en trouve sept en airain et six en cuivre, mais une en cuivre au XIXe siècle. A Barisey-la-Côte, on inventorie une chaufferette en airain au XVIIIe siècle, aucune au XIXe. Les ***mortiers***, à piler, à Bisping, sont en cuivre à sept reprises, en bois à deux reprises. On ne recense qu'une ***poissonnière***, en cuivre, chez un gros laboureur de Bisping, en 1788. Les ***réchauds***, à Bisping, sont le plus souvent en cuivre, cinq fois, contre une fois en airain et une fois en fer. A Barisey-la-Côte, on compte deux réchauds en fer.

**L'étain**. Ce métal, répandu pour la vaisselle de table du XVIIIe siècle, en particulier pour la confection des assiettes, perd cet usage au XIXe siècle au profit de la terre et surtout de la faïence. Il restera plus commun pour les récipients à boire mais on cessera de manger dans l'étain.

Au XVIIIe siècle, les rares ***bénitiers*** sont en étain à Bisping comme à Barisey-la-Côte, de même que les ***chopines***. Les ***cuillers*** sont nettement plus partagées, à Bisping, même si elles sont majoritairement en étain, vingt-et-une fois contre quatre fois pour l'airain, quatre fois pour l'arquemine, trois fois pour le cuivre, huit fois pour le fer et quatre fois pour le fer blanc. A Barisey-la-Côte, les cuillers sont en étain et en fer blanc au XVIIIe et au XIXe siècle. A Bisping, seule l'***écuelle*** peut être en étain et en terre au XVIIIe siècle, elle est également en étain, à Barisey-la-Côte, au XVIII$^{e}$, mais se trouve en faïence, au XIX$^{e}$.

Rapports plus partagés pour les plats, nettement en étain à Bisping, seize fois, mais déjà en terre, trois fois, et même en faïence, deux fois. A Barisey-la-Côte, au XIX$^{e}$ siècle, la faïence l'emporte de peu, cinq fois, pour quatre fois en étain, une fois en fer battu, une fois en grès, une fois en terre.

Même évolution pour les ***salières***, à Bisping, au XVIII$^{e}$ siècle, une fois en airain, une fois en bois, quinze fois en étain et deux fois en faïence, deux fois en étain ; à Barisey-la-Côte au XVIII$^{e}$ siècle, une fois encore au XIX$^{e}$, mais deux fois en faïence pour ce même siècle.

**Le fer**. A Bisping, le fer sert majoritairement à la fabrication des ***chaudrons***, de peu devant l'airain, quatre-vingt-huit fois pour le premier, quatre-vingt-une fois pour le second. On trouve deux mentions de chaudrons en acier, un métal exceptionnel, pour autant que ce soit le même acier que celui d'aujourd'hui. Le cuivre est parfois employé, rarement, à quatre reprises, on voit également apparaître la fonte, plus exactement, le fer fondu, à neuf reprises. A Barisey-la-Côte, au XVIII$^{e}$ siècle, les chaudrons sont majoritairement en airain, sept fois, puis en fer, trois fois, en fer de fonte, deux fois et en cuivre une fois. La répartition est donc sensiblement la même qu'à Bisping. Au XIX$^{e}$ siècle, l'airain vient toujours en tête, douze fois, puis la fonte, onze fois, et le cuivre, huit fois. On notera la progression du cuivre et le remplacement du fer par la fonte.

Les ***chenets***, par ailleurs assez rares, sont en fer à Bisping mais en fonte à Barisey-la-Côte. Autre récipient usuel, peut-être un peu moins que le chaudron, la ***cocotte***, à Bisping, au XVIII$^{e}$ siècle, elle est surtout en fer, vingt-cinq fois ; en fonte, à partir de 1783, six fois ; et beaucoup plus rarement en airain, deux fois. A Barisey-la-Côte, toutes les cocottes sont en fonte sauf une en fer blanc (1825) et une en airain (1827).

Les ***fourchettes***, à Bisping, au XVIII$^{e}$ siècle, peuvent être faites de métaux assez divers même si le fer vient nettement en tête : acier, trois fois ; airain, trois fois ; arquemine, deux fois ; bois, une fois ; cuivre, une fois ; étain, une fois ; fer, trente-sept fois ; fer blanc, deux fois. Tous les métaux connus à l'époque sont donc utilisés. A Barisey-la-Côte, les choix sont plus réduits : XVIII$^{e}$, arquemine et étain ; XIX$^{e}$, fer, huit fois, étain, une fois.

***La lampe***, trois possibilités seulement à Bisping : l'étain, une fois ; le fer, quatre fois ; le cuivre, deux fois. A Barisey-la-Côte, seulement du fer ; au XVIII$^{e}$ siècle, mais au XIX$^{e}$, le choix est légèrement plus ouvert : de la fonte, une fois ; du fer, une fois ; du fer blanc, une fois ; de l'étain, une fois ; du cuivre, une fois.

***Poêles et poêlons*** ; à Bisping les premières sont surtout en fer, huit fois, puis en airain ou en étain, une fois de chaque ; à Barisey, on n'inventorie que deux poêles, en fer ; à Bisping, les poêlons sont de nature mieux partagée, le fer vient en tête, neuf fois, contre l'airain, quatre fois ; le cuivre (1694), deux fois ; le fer blanc, deux fois ; le fer battu, deux fois.

Le *pot* est l'un des ustensiles emblématiques des cuisines et le pot de fer l'emporte sur le pot de terre. Le fer, quatre-vingt-onze cas, prévaut nettement sur les autres métaux, soit : le cuivre, deux fois ; l'étain, trois fois ; le fer fondu, huit fois. Les terres sont représentées par la faïence, une fois ; le grès, huit fois ; et la simple poterie de terre cuite, dix-sept fois. Au XIX^e^ siècle, on trouve deux fois de la fonte, une fois du grès. A Barisey-la-Côte, au XVIII^e^ siècle, les pots sont en étain, une fois ; en fer, trois fois ; en fer battu, une fois ; en fer de fonte, trois fois ; la diversité des métaux est donc la même qu'à Bisping avec une place du fer moins prépondérante mais l'échantillon n'est pas grand. Evolution plus diversifiée, au XIX^e^, au cours duquel on trouve du cuivre, une fois ; du fer blanc, une fois ; de la fonte, treize fois ; de la glaise, une fois ; du grès, treize fois ; de la terre, sept fois. Il est difficile d'établir une différence entre la glaise et la terre, notons seulement que la fonte est devenue le premier des métaux, et le grès, la première des terres ; la faïence est absente.

**Le fer blanc**. ***L'arrosoir***. Certains arrosoirs, en toile, sont précisément désignés comme servant au repassage du linge (on dit détirer), ils remplacent donc l'usage actuel de la pattemouille. On compte, de fait, quatre de ces arrosoirs en toile. La plupart des arrosoirs en métal sont en fer blanc (22 fois), matière rare qui se réserve essentiellement pour cet objet. On trouve par ailleurs deux arrosoirs en cuivre (1761) et deux autres en airain ; ces deux matières se croisent dans la chronologie de l'emploi des métaux. A Barisey-la-Côte, au XIX^e^ siècle, les arrosoirs sont en fer blanc.

Autres ustensiles ou couverts majoritairement en fer blanc : la ***cafetière***, totalement inconnue à Bisping au XVIII^e^ siècle et encore rare à Barisey-la-Côte au XIX^e^ ; le ***couvre plat*** est en fer blanc dans un cas comme dans l'autre. L'***écumoire***, présente au XVIII^e^ siècle à Bisping, quoique rarement, il arrive qu'elle soit en airain, une fois ; en cuivre (1694) une fois, mais elle est surtout en fer, sept fois, et encore plus en fer blanc, neuf fois ; à Barisey-la-Côte, elle est autant en fer qu'en fer blanc. De même pour l'***entonnoir*** : fer ou fer blanc à Bisping comme à Barisey-la-Côte. La ***lanterne*** est majoritairement en fer blanc, onze fois à Bisping et huit fois à Barisey-la-Côte ; elle peut être en étain à Bisping, une fois, ou en bois à Barisey-la-Côte, une fois.

### 12.5, les objets en terre.

**La faïence**. Elle vient tardivement et s'attache à de la vaisselle de représentation et d'utilité. C'est elle que l'on expose sur les dressoirs ; elle sert donc essentiellement à la vaisselle de table, en particulier les ***assiettes*** qui peuvent encore être en étain, à Bisping au XVIII^e^ siècle, quatorze fois, simplement en terre, six fois, plus souvent en faïence, vingt-et-une fois. Au XIX^e^ siècle, les deux seuls cas d'assiettes qualifiées sont en faïence. A

Barisey-la-Côte, au XIX$^{e}$, l'étain est encore présent cinq fois contre neuf pour la faïence, la simple terre cuite a disparu.

Les autres pièces de faïence qualifiées sont des ***sabliers, des saladiers*** et des ***soupières***, tous sont en faïence à Bisping comme à Barisey-la-Côte, en nombre assez faible toutefois.

Au XVIII$^{e}$ siècle, à Bisping, la faïence est moins courante que la poterie de terre ou de grès mais il est probable que le rapport terre/faïence s'établisse selon une certaine distinction de classes. Nous étudions ce rapport sur trois périodes : jusqu'à 1750, de 1751 à 1770 et après 1771. Dans l'ensemble, il évolue peu, pour la première période, il est de 57,89 % pour la poterie, contre 42,11 % et, pour les deux périodes suivantes, il devient respectivement de 75 % contre 25 %, et de 65,78 % contre 34,22 %. En règle générale, les laboureurs sont mieux nantis en faïence que les autres classes sociales, à peine plus qu'en poterie. Toutefois, au cours de la troisième période, les manœuvres augmentent leur vaisselle en faïence même si la poterie reste pour eux majoritaire. Cette analyse est indicative, la méthode statistique est impossible parce que le recueil des données n'est ni exhaustif ni contrôlable.

**Le grès**. Son usage reste limité aux récipients pour boire ou conserver des liquides, par exemple, les ***burettes*** d'huile qui sont en grès, à Bisping, au XVIII$^{e}$ siècle, et en grès ou en étain, à Barisey-la-Côte, au XIX$^{e}$ siècle. Pour les ***cruches***, à Bisping, le grès l'emporte sur la faïence, deux fois contre quinze, et quatre fois pour des cruches en terre. A Barisey-la-Côte, au XIX$^{e}$ siècle, les matières sont mieux partagées puisque la cruche peut être en étain, une fois ; en faïence, cinq fois ; en grès, neuf fois (une légère prédominance), en terre, deux fois, et même en verre, une fois.

**Le végétal**. Il consiste essentiellement en **osier** pour la confection des ***corbeilles***, sept fois en osier à Bisping contre cinq fois en paille, et tout en osier à Barisey-la-Côte. De l'osier, encore, pour les ***paniers***, une paille pour vingt-et-un osier à Bisping et tout en osier à Barisey-la-Côte ; moins prisée au XVIII$^{e}$ siècle, la paille disparaît ainsi graduellement au XIX$^{e}$.

Quant au **sapin**, il est utilisé pour les ***baquets***, les ***cuveaux et cuveaux à lessive*** ou les ***seaux***, ces derniers se montrant plus partagés puisqu'on compte, à Bisping, deux seaux en airain, deux en chêne et cinq en sapin , et un seau en airain, au XVIII$^{e}$ siècle, à Barisey-la-Côte.

# BIBLIOGRAPHIE

## *1. Histoire et anthropologie françaises.*


ASSIER-ANDRIEU Louis (dir.de), *Les usages locaux en France rurale, rapport pour le ministère de la justice*, Toulouse, 1989, 290 p.

AUGUSTINS Georges, *Comment se perpétuer ? Devenir des lignées et destin des patrimoines dans les paysanneries européennes*, Université de Paris X, Nanterre, Société d'ethnologie, 1989, 434 p.

BAULANT Micheline, « L'analyse par ordinateur des inventaires après décès de la région de Meaux », in *Les actes de notaires. Source de l'histoire sociale, XVI$^{e}$-XIX$^{e}$*, Vogler B. dir, Actes du colloque de Strasbourg, mars 1978, Strasbourg, 1979, pp. 197-203.

BAULANT Micheline, « Âge du fer, âge du chêne. Le matériau des objets du quotidien en Brie aux XVII$^{e}$ et XVIII$^{e}$ siècles », in *Inventaire après décès et ventes de meubles. Apports à une histoire de la vie économique et quotidienne, XIV$^{e}$-XIX$^{e}$ siècle.* Actes du séminaire du IX$^{e}$ congrès international d'Histoire Economique de Berne, 1986, Louvain-la-Neuve, 1988, pp.39-57.

BAULANT Micheline, « Niveau de vie des familles rurales dans la Brie du XVIII$^{e}$ siècle », in *Transmettre, hériter, succéder, la reproduction familiale en milieu rural, France-Québec, XVIII$^{e}$-XX$^{e}$ siècle*, Presses Universitaires de Lyon, 1992, pp.135-151.

BEAUR Gérard, *Histoire agraire de la France au XVIII$^{e}$ siècle : inertie et changements dans les campagnes françaises de 1715 à 1815*, Paris, Sedes, 2000, 328 p.

BRAUDEL Fernand, *L'identité de la France*, Arthaud, 1986, Flammarion, 1990, réédition, le Grand livre du mois, 2000, 1181 p.

CLAERR Thierry, « Restauration seigneuriale et contestation paysanne en Île de France à la fin du XV$^{e}$ siècle », in *Histoire et Sociétés rurales*, n°14, 2e sem. 2000, p.213.

DEROUET Bernard, « Pratiques successorales et rapport à la terre : les sociétés paysannes d'Ancien Régime », in *les Annales ESC*, 1989, pp. 173-206.

DESAIVE Jean-Paul, « Du répétitif au singulier, ou les tableaux imprévisibles. L'exemple des inventaires auxerrois des XVIe et XVIIe siècles », in *L'histoire grande ouverte. Hommage à Emmanuel Le Roy-Ladurie*, Paris, Fayard, 1997, pp. 297-300.

DUBY Georges, WALLON Armand (direction de), *Histoire de la France rurale* ; Tome 1, *La formation des campagnes françaises des origines à 1340*, BERTRAND Georges, BAILLOUD Gérard, LE GLAY Marcel, FOURQUIN Guy ; Tome 2, *L'âge classique des paysans de 1340 à 1789*, LE ROY-LADURIE Emmanuel (direction de), NEVEUX Hugues, JACQUART Jean ; Tome 3, *Apogée et crise de la civilisation paysanne*, JUILLARD Etienne (direction de), AGULHON Maurice, DESERT Gabriel, SPECKLIN Robert ; Tome 4, *La fin de la France paysanne, de 1914 à nos jours*, GERVAIS Michel, JOLIVET Marcel, TAVERNIER Yves ; Seuil, Paris, 1975-1976.

GOUBERT Pierre, « Société traditionnelle et société nouvelle », in *Histoire sociale et économique de la France*, Braudel Fernand, Labrousse Ernest (dir. de), tome 2, 1660-1789.

JACQUARD J., « L'utilisation des inventaires après décès villageois, grille de dépouillement et apports », in *Les actes notariés. Source de l'histoire sociale*, XVIe-XIX[e] siècle, pp. 187-196.

LE ROY-LADURIE Emmanuel, « Système de la coutume. Structures familiales et coutume d'héritage en France au XVIe siècle », in *les Annales ESC*, juillet-octobre, n° 4-5, 1972, pp. 825-848.

PARDAILHE-GALABRUN A., « L'inventaire après décès, une source incontournable pour l'appréhension de l'intime à l'époque moderne », in *Histoire sociale et actes de notaires. Problèmes de méthodologie, acte de la table ronde du 20 mai 1988*, pp. 41-66.

QUENIART J., « Utilisation des inventaires en histoire socio-culturelle », in *Les actes notariés, source de l'histoire sociale, XVIe-XIX[e] siècle*, direction de B. Vogler, Strasbourg, 1979, pp. 241-255.

ZINK Anne, *L'héritier de la maison. Géographie coutumière du sud-ouest de la France au XVIIIe siècle*, EHESS, Paris, 1993, 542 p.

### *2. Histoire, géographie et sociologie lorraines.*


BERNI Daniel, *La maîtrise des eaux et forêts de Nancy dans la seconde moitié du XVIII$_{e}$ siècle, (1747-1795)*. Administration forestière et répression des délits, thèse de droit, 1997, 433 p.

BONVALOT Ed., *Les plus principales et générales coutumes du duché de Lorraine*, Paris, 1878, 133 p.

CABOURDIN Guy, « Jacques Callot, graveur lorrain, 1592-1635 » in *Bulletin de la Société lorraine des études locales dans l'enseignement public*, n° 3, avril-juin 1957, pp. 3-9.

CABOURDIN Guy, « Le mobilier de bois dans les intérieurs ruraux aux XVI$^{e}$ et XVII$^{e}$ », in *Art Populaire de la France*, (SD Choux J.), RIFF A., Strasbourg-Paris, 1965, pp.91-109.

CABOURDIN Guy, « Les meubles en bois en Lorraine centrale (XVI$^{e}$-XVIII$^{e}$ S.) », in *Actes du Colloque de Nancy des 22-24 octobre sur les Villages et maisons de Lorraine*, Presses Universitaires de Nancy-Ed. Serpenoise, Metz, 1982, pp.147-158.

CABOURDIN Guy, *La vie quotidienne en Lorraine aux XVII$^{e}$ et XVIII$^{e}$ siècles*, Paris, Hachette, 1984, 321 p.

CABOURDIN Guy, *Paysans d'autrefois. Terre et hommes en Lorraine*, Presses Universitaires de Nancy-Ed. Serpenoise, 1984, 176 p.

CABOURDIN Guy, « Les Temps Modernes. De la Renaissance à la Guerre de Trente ans », in *Encyclopédie illustrée de la Lorraine*, Metz, Ed. Serpenoise, Nancy, Presses Universitaires de France, 1990-1992, 247 p.

CHATTON Edmond (Abbé), « Itinéraire des reîtres en Lorraine sous la conduite du Duc de Bouillon, en 1587 », in *Bulletin de la Société archéologique de Lorraine*, Nancy, 1911.

CHAUVET Jean-Yves, *Les loups en Lorraine*, Ed. Horvath, 1986, 171 p.

CHOUX Jacques, *Les meubles lorrains*, Paris, Hachette, 1973, 115 p.

COUDERT Jean, *La coutume de Vaudémont, publication du Centre lorrain d'histoire du droit*, Nancy, 1970, 303 p.

COUDERT Jean, « Les usages communautaires en matière d'habitat : le cas lorrain, d'après les coutumes (XVIe-XVIIIe siècle) », in *Actes du Colloque de Nancy* des 22-24 octobre 1981 sur les *Villages et maisons de Lorraine*, Presses Universitaires de Nancy-Ed. Serpenoise, Metz, 1982, pp.21-38.

*Coutumes générales dans le duché de Lorraine pour les bailliages de Nancy, Vosges et Allemagne, 1594, nouvelle édition imprimée sur celle de Jacob Garnich, en 1614*, Nancy, 1774, 145 p plus 170 p.

HUSSON Jean-Pierre, « Essarts et lisières forestières dans les Vosges au XVIIIe siècle », in *Les transformations historiques du parcellaire et de l'habitat rural*, Symposium de géographie historique de Nancy des 21/25 août 1984, Nancy, Presses Universitaires de Nancy, 1986, pp.467-497.

HUSSON Jean-Pierre, *La forêt lorraine, étude de géographie humaine*, Doctorat d'Etat, faculté des Lettres, Metz, 1987.

HUSSON Jean-Pierre, « Les difficultés d'approvisionnement en bois de chauffage des villes lorraines à la fin du XVIIIe siècle. Essai de géographie historique », in BIGET J.P., BOISSIERE J.,

JACOPS Marie-France, *Les particularités du mobilier lorrain*, Dijon, 1981.

JOIGNON Laurence, *coutumes, familles, successions et alliances en Lorraine, 1670-1900*, doctorat 3e cycle, EHESS, 1989.

KARNOOUH Claude, « La démocratie impossible. Parenté et politique dans un village lorrain », in *Etudes rurales*, oct-déc. 1973 ; n°52, pp.24-56.

KARNOOUH Claude, « Penser "maison", penser "famille", résidence domestique et parenté dans les sociétés rurales de l'est de la France », in *Etudes rurales*, juillet-septembre 1979, pp.35-75.

KUNTZ Michèle, « Intérieurs paysans du pays de Briey entre 1850 et 1900 », in *Actes du Colloque de Nancy des 22-24 octobre 1981 sur les Villages et maisons de Lorraine*, Presse Universitaires de Nancy-Editions Serpenoises, Metz, 1982, pp. 159-174.

LAPERCHE-FOURNEL M.J., *La population du duché de Lorraine de 1580 à 1720. Evolution quantitative et structures*, Thèse, Université de Nancy, 1982. Editée en version abrégée sous le titre : *La population du duché de Lorraine de 1580 à 1720*, Presses Universitaires de Nancy, 1985, 236 p.

PARISSE Michel (direction de), BURNAND Yves, COUDERT Jean, GIRARDOT Alain, GUILLAUME Christine, LE MOIGNE Yves, PARISSE Michel, ROTH François, *Histoire de la Lorraine*, Privas, Toulouse, 1977, 496 p.

PELTRE Jean, *Recherche métrologique sur les finages lorrains*, thèse d'Etat, Université de Lille III, Paris, Honoré Champion, 1975.

PELTRE Jean, « Les remembrements en Lorraine à l'époque moderne (XVII$^{e}$-XVIII$^{e}$) », in *Annales de l'Est*, 1976, n° 28a, pp.197-246.

RISTON, *Analyse des coutumes sous le ressort du Parlement de Lorraine adaptées au droit commun et aux lois particulières de cette Province*, Nancy, 1782, 418 p et 86 p.

RISTON Victor, *Contribution à l'étude du droit coutumier lorrain. Des formes de la propriété, fiefs, censives, servitudes réelles*, 1887, Paris, 347 p.

*Usages locaux de la ville de Toul et du pays toulois, homologués et ordonnés par lettre patente du 30 septembre 1747*, Metz, 1748, 88 p.

### *3. L'habitat rural, en France.*

BARDET J.P., CHAUNU Pierre, DESERT G., GOUHIER P., NEVEU Hugues, *Le bâtiment. Enquête d'histoire économique. XIV$^{e}$-XIX$^{e}$, t.1 : maisons rurales et urbaines dans la France traditionnelle*, Paris-le Havre, Mouton, 1971, 544 p.

BLOCH Marc, « Types de maisons et structure sociale », in *Travaux du premier congrès international de Folklore*, Tours, Arnault et Cie, 1938.

BRUHNES Jean, « Les types régionaux de maisons et carte générale des toits », chapitre 14 de *Histoire de la Nation Française*, vol 1, Introduction générale : Géographie humaine de la France, Paris, 1920, pp.411-444. Carte mise à jour par Jean-Bruhnes Delamarre et Pierre Deffontaines.

CHAUVET Jean-Yves, *Les toits des pays de France*, Ed. Eyrolles, Paris, 1996.

CUISENIER Jean, *La maison rustique : logique sociale et composition architecturale*, Presses Universitaires de France, Paris, 1911, 380 p.

DEFFONTAINES Pierre, *L'homme et sa maison*, Gallimard, Paris, 1972, 254 p.

DEMANGEON Albert, « L'habitation rurale en France, essai de classification des principaux types », in *Annales de géographie*, XXIX, n°161, 1920, 352-375.

DEMANGEON Albert, *Problèmes de géographie humaine. Essai d'une classification des maisons rurales*, A.Colin, Paris, 1942, 408p. En particulier : « L'habitat rural, de l'influence des régions agraires sur les modes d'habitat dans l'Europe occidentale », pp.153-205 ; « Essai de classification des maisons rurales », pp.230-235 ; « L'habitat rural en France. Essai de classification des types », pp.261-287 ; « Types de peuplement rural en France », pp.289-310.

DEMANGEON Albert, « Une carte de l'habitat », in *Annales de géographie*, XLII, n°237, 15 mai 1933, pp.225-232.

DUBOST Françoise, *Maisons riches et maisons pauvres : évolution des modèles sociaux d'habitat dans un village beaujolais*, Thèse de 3e cycle, EHESS, Ed. du Centre Européen de Sociologie Historique, 1977, 245 p.

MOREAU Pierre, « Traditions gallo-romaines dans nos maisons paysannes », in *Maisons Paysannes de France*, n°82, 4/1986, pp.16-19.

MUSSAT André, « L'habitat rural traditionnel en Bretagne », in *Maisons Paysannes de France*, n°2/1979, pp.10-13.

RAPOPORT Amos, *Pour une anthropologie de la maison*, Paris, Bruxelles, Montréal, Ed. Dunot, 1972, 209 p.

RAUTEMBERG Michel, « Mémoire domestique de l'habitat, la "bretagne" en Lyonnais », in *Maisons Paysannes de France*, n°85, 3e trim.1987, pp.17-19.

RAUTEMBERG Michel, *La mémoire domestique. Anthropologie et histoire de la maison rurale dans les Monts du Lyonnais. XVIII^e-milieu du XIX^e siècle*, Thèse EHESS, 1990.

ROYER Claude, *L'architecture rurale française, Franche-Comté, Corpus des Genres, des types et des variantes*, Musée National des Arts et Traditions Populaires, Ed.Berger-Levrault, Paris, 1977, 215 p.

SINDOU Pierre-Marie, « Fours à pain sur le causse de Gramat », in *Maisons paysannes de France*, n°1/1982, pp.18-19.

***4. L'habitat rural en Lorraine.***

BLACHE Jules, « Les maisons étirées du vignoble toulois (Lorraine), l'exemple du village de Bruley », in *Comptes-rendus du Congrès international de Géographie*, tome 2, Amsterdam (Leiden), 1938, pp.16-25.

BONTEMPS-LITIQUE Martine, *L'évolution du parcellaire villageois en Lorraine, depuis le XVII^e^ siècle*, thèse de géographie de 3e cycle, ancien régime, faculté des lettres, Université de Nancy 2, 1982, 398 p.

BONTEMPS-LITIQUE Martine, « Les destructions à la suite de la guerre de Trente ans dans les bailliages d'Allemagne et des Vosges », in *Actes du Colloque de Nancy des 22-24 octobre 1981 sur les villages et maisons de Lorraine*, Presses Universitaires de Nancy-Ed. Serpenoise, Metz, 1982, pp.217-224.

CABOURDIN Guy, « Villages et maisons rurales au début des temps modernes, Toulois et Xaintois », in *le Pays Lorrain*, t.56, 1975, pp. 65-84.

CHAUVET Jean-Yves, « Mouvements sociologiques de l'habitat à Barisey-la-Côte », in *Etudes Touloises, n°14,* Toul, 1979.

CHAUVET Jean-Yves, *Recherche analytique sur l'architecture du village de Bisping (Moselle)*, inédit, Parc Naturel Régional de Lorraine/D.D.A. de Moselle, Metz, 1980, 600 p.

CHAUVET Jean-Yves, *Vivre la maison lorraine*, Ed. Jaher, Paris, 1982.

CHAUVET Jean-Yves, « L'usage des archives dans l'inventaire des matériaux de construction », in *l'Architecture Vernaculaire*, tome XIV, 1990, pp.49-59.

CHAUVET Jean-Yves, *L'architecture en pan de bois de Moselle*, Service régional de l'Inventaire de Lorraine, inédit, 1992, 60 p.

CHAUVET Jean-Yves, *La mise en œuvre des matériaux traditionnels en architecture rurale de Moselle, au XIX^e^ siècle, d'après les archives communales*, Maisons Paysannes de Moselle, Metz, 1994, 288 p.

CHAUVET Jean-Yves, *Historicité de l'habitat rural en Lorraine. De la géographie historique à l'anthropologie de la famille*, Mémoire de DEA, EHESS, 2000, 208 p.

CHAUVET Jean-Yves, « La typologie de l'habitat rural récent en Moselle », in *Bâtiments ruraux lorrains, d'Auguste à Bismarck*, Metz, 2003, pp.73-79.

CHAUVET Jean-Yves, « Les chaînons manquant dans la chronologie de l'évolution de l'habitat en pan de bois lorrain », in *Restitution des bâtiments ruraux lorrains d'après les traces archéologiques : certitudes et incertitudes*, Metz, 2004, pp.1-4

CHAUVET Jean-Yves, « La connaissance de l'évolution structurelle pour la restitution des bâtiments en pan de bois mosellans », in *Restitution des bâtiments ruraux lorrains d'après les traces archéologiques : certitudes et incertitudes*, Metz, 2004, pp. 54-57.

CHOUX Jacques (Abbé), « Portes de maisons rurales à fronton monumental de l'est de la Lorraine », in *Art populaire de France*, Istra, Strasbourg, 1960, pp.37-47.

CHOUX Jacques (Abbé), « La toiture des maisons lorraines », in *Art populaire de Lorraine*, Istra, Strasbourg, 1966, pp.45-58.

CROISE Georges, SAUNIER Marc, *Recherche de matériaux en vue de la reconstitution de torchis*, Maisons Paysannes de Moselle, 1981, inédit.

DENIS Marie-Noëlle, « La maison d'Alsace Bossue : un habitat de transition entre Lorraine et Alsace », in *Actes du Colloque de Nancy* des 22-24 octobre 1981 sur les *Villages et maisons de Lorraine*, Presses Universitaires de Nancy-Ed. Serpenoise, Metz, 1982, pp.193-202.

DEROCLES Emmanuel, *L'hésitation d'une société rurale ; l'exemple de la Lorraine. Habitat et consommation, vers 1690, vers 1830*, Mémoire de DEA, Université de Paris 1, 1998, 222 p.

GERARD Claude, PELTRE Jean, *Les villages lorrains*, Université de Nancy 2, 1978, 105 p.

GERARD Claude, *L'architecture rurale française, Lorraine, Corpus des Genres, des types et des variantes*, Musée National des Arts et Traditions Populaires, Ed.Berger-Levrault, Paris, 1981, 384p.

GERARD Claude, « Les caractéristiques du village lorrain », in *Actes du colloque de Nancy* des 22-24 octobre 1981 sur les *Villages et maisons de Lorraine*, Presses Universitaires de Nancy-Ed. Serpenoise, Metz, 1982, pp.9-20.

GERARD Claude, « La maison rurale en Lorraine », in *Encyclopédie illustrée de la Lorraine, la vie traditionnelle*, Ed. Serpenoise-Presses Universitaires de Nancy, 1989, pp.185-200.

GERARD Claude, « L'équipement du foyer », in *Encyclopédie illustrée de la Lorraine, la vie traditionnelle*, Ed. Serpenoise-Presses Universitaires de Nancy, 1989, pp.201-212.

GUERINGER François, *Etude d'un type de maisons rurales à pans de bois dans l'est mosellan*, Mémoire de troisième cycle, UP d'Architecture de Nancy, 1982, 204 p.

GUERINGER François, *La maison abandonnée*, auto-édition, Sarralbe, 1995, 133 p.

GUILLAUME Jacques, « L'architecture en pan de bois en Lorraine », in *Actes du Colloque de Nancy* des 22-24 octobre 1981 sur les *Villages et maisons de Lorraine*, Presses Universitaires de Nancy-Ed. Serpenoise, Metz, 1982, pp.105-122.

GUILLAUME Jacques, *Moselle, maisons et fermes en pan de bois*, coll.Itinéraires du patrimoine, n°37, Service Régional de l'Inventaire de Lorraine, Nancy-Metz, Ed. Serpenoise, 1993, 20 p.

GUILLAUME Jacques, « L'architecture rurale en pan de bois dans l'est mosellan », in *Feuilles d'archives, la forêt en Moselle (XIV^e^-XX^e^ siècle)*, Archives départementales de la Moselle, Metz, 1998.

HABICHT Werner, *Dorf und Bauernhaus im Deutschprachingen Lothringen und im Saarland*, Thèse de doctorat, 2 tomes, Saarbruck, 1980, 432 p.

HIEGEL Henri et Charles, « La maison rurale du bailliage d'Allemagne de Lorraine. Types de constructions et modes de couvertures », in *Art populaire de Lorraine*, Istra, Strasbourg, 1966, pp.81-89.

L'HÔTE Georges, « Deux siècles de granges dans l'arrondissement de Sarrebourg (Moselle) », in *Art populaire de Lorraine*, Alsatia, Strasbourg, 1969, pp.83-105.

LIEB Alain, *Un exemple d'évolution de l'habitat rural, le village d'Altwiller*, MM, Université de Strasbourg, 1979, 88 p.

MATRINGE Paul, « Une maison lorraine locale : essai de typologie. » in *les Cahiers forbachois*, n°1, 1997, pp.26-33.

OLLAND D., *Les limites vers la Sarre de l'habitat rural de type lorrain*, MM, Faculté des Lettres et Sciences humaines, Nancy, 1966, 84 p.

PELTRE Jean, « Du XVI^e^ au XVIII^e^ siècle, une génération de nouveaux villages en Lorraine », in *Revue Géographique de l'Est*, tome VI, n°1-2, 1966, pp.3-28.

PELTRE Jean, « L'évolution des meix et du bâti dans un village lorrain depuis le XVII^e^ siècle », in *Géographie historique du village et de la maison rurale*, Paris, Ed. du CNRS, 1980, pp.113-120.

PELTRE Jean, « Bans et villages, une longue histoire, un avenir en question », in *Encyclopédie Illustrée de la Lorraine, la vie traditionnelle*, Ed. Serpenoise-Presses Universitaires de Nancy, 1989, pp.151-158.

PLANHOL (DE) Xavier, POPELARD J., « Les limites alsaciennes de l'habitat rural de type lorrain », in *Fields, farmes and settlement in Europe*, Hollywood, Co. Doxn, 1976, pp.152-161.

POPELARD Bernard, *Les limites alsaciennes de l'habitat rural de type lorrain*, MM, Faculté des Lettres et Sciences humaines, Nancy, 1968, 157 p.

THOUVENOT Claude, « Le recul des fours à pain en Lorraine rurale », in *Villages lorrains*, n°36, septembre 1986, pp.1-3.

TORTOLING Herbert, *Les limites de l'habitat de type lorrain vers la Sarre du sud-est*, MM, Faculté des Lettres et Sciences humaines, Nancy, 1968.

WEISROCK André, « Observations sur les pierres millésimées des maisons rurales dans le Xaintois et la plaine sous-vosgienne », in *Bull. Soc. lorraine des Etudes locales*, 40, 1971, pp.1-14.

WOLFANGER Jörg ; *Die Bauerhausformen in Krummen Elsass und Seinen Randgebieten*, Thèse de doctorat, Sarrebruck, 1977, vol. 25, 165 p.

# L'histoire
# aux éditions L'Harmattan

## Dernières parutions

**MENSONGES (LES) DE L'HISTOIRE**
*Monteil Pierre*
Chaque génération hérite des *a priori* et des idées reçues de la génération précédente. Ainsi, nombreux sont les mensonges de l'Histoire qui ont survécu jusqu'à nos jours. Nos ancêtres les Gaulois ? Napoléon était petit ? Au Moyen Age, les gens ne se lavaient pas ? Christophe Colomb a découvert l'Amérique ? Ce livre revient sur 80 poncifs considérés par beaucoup comme une réalité...
*(Coll. Rue des écoles, 28.00 euros, 282 p.)*
*ISBN : 978-2-336-29074-4, ISBN EBOOK : 978-2-296-51351-8*

**FLAVIUS JOSÈPHE – Les ambitions d'un homme**
*Cohen-Matlofsky Claude*
Quelles furent les ambitions cachées de Flavius Josèphe, historien Juif de l'Antiquité ? Il prône, à travers ses écrits, le retour à la monarchie de type hasmonéen, à savoir d'un roi-grand prêtre, comme réponse à tous les maux de la Judée. La question fondamentale est la suivante : comment les élites locales ont-elles géré leurs relations avec la puissance romaine et quel rôle les membres de l'élite ont-ils assigné à leurs traditions et constitution politique dans cet environnement d'acculturation ?
*(Coll. Historiques, série Travaux, 15.50 euros, 152 p.)*
*ISBN : 978-2-336-00528-7, ISBN EBOOK : 978-2-296-51387-7*

**MER (LA), SES VALEURS**
*Groupe «Mer et valeurs» Sous la direction de Chantal Reynier – Préface de Francis Vallat*
La mer, plus que jamais, est la chance des hommes et la clef de leur avenir. Elle leur apprend la responsabilité, suscite l'esprit d'initiative, mais elle oblige tout autant à rester humble devant ses forces naturelles. Le groupe de réflexion «Mer et Valeurs», réunissant navigants et universitaires, examine l'influence de ces valeurs rapportées à toutes les activités humaines. Des références historiques et géographiques illustrent le développement intellectuel et économique des pays qui se sont tournés vers la mer.
*(21.00 euros, 188 p.)* *ISBN : 978-2-336-00836-3, ISBN EBOOK : 978-2-296-51412-6*

**MÉTAMORPHOSES RURALES**
**Philippe Schar : itinéraire géographique de 1984 à 2010**
*Sous la direction de Dominique Soulancé et Frédéric Bourdier*
Philippe Schar était convaincu que la géographie ne saurait exister sans la dimension du temps et la profondeur de l'histoire, seules capables de mettre pleinement en lumière le présent et de le restituer dans toutes ses dimensions. On retrouve en filigrane dans ses recherches concises et pointues la volonté de replacer les opérations de développement à l'interface des logiques promues par les décideurs d'un côté et par les populations de l'autre. Cet ouvrage présente une sélection de ses écrits.
*(33.00 euros, 320 p.)*
*ISBN : 978-2-296-99748-6, ISBN EBOOK : 978-2-296-51501-7*

**POUVOIR DU MAL – Les méchants dans l'histoire**
*Tulard Jean*
L'Histoire n'est pas une magnifique suite d'actions héroïques et de gestes admirables. Sans le Mal pas d'Histoire. Et il faut l'avouer, les méchants sont les personnages les plus fascinants de

la saga des peuples. En voici treize, présentés à travers des dramatiques interprétées jadis sur les ondes. Treize portraits où l'on retrouve méchants célèbres comme Néron ou Beria et héros insolites comme Olivier Le Daim ou le prince de Palagonia. Ils illustrent le pouvoir du Mal.
*(Coédition SPM, 25.00 euros, 270 p.)*
*ISBN : 978-2-917232-01-9, ISBN EBOOK : 978-2-296-51010-4*

**VIES (LES) DE 12 FEMMES D'EMPEREUR ROMAIN**
**Devoirs, intrigues et voluptés**
*Minaud Gérard*
Grâce à un méticuleux travail de recherche se redéploie ce que furent les vies de 12 femmes d'empereur et leur influence, non seulement sur leur mari mais aussi sur le destin de Rome. Les pires informations se mêlent. Un amour maternel allant jusqu'à l'inceste, un amour conjugal virant au meurtre, un amour du pouvoir justifiant tout. D'un autre côté, un sens du devoir exceptionnel, une habileté politique remarquable, un goût du savoir insatiable.
*(34.00 euros, 332 p.)* *ISBN : 978-2-336-00291-0, ISBN EBOOK : 978-2-296-50711-1*

**MONDE (LE) DES MORTS**
**Espaces et paysages de l'Au-delà dans l'imaginaire grec d'Homère à la fin du V^e^ siècle avant J.-C.**
*Cousin Catherine*
Ce livre propose d'étudier l'évolution des conceptions que les Grecs ont pu se former des espaces et des paysages de l'au-delà, jusqu'à la fin du V^e^ siècle avant J.-C. Monde invisible, interdit aux vivants, mais sans cesse présent à leur esprit, les Enfers relèvent pleinement de l'imaginaire. Une comparaison entre productions littéraires et iconographiques enrichit cette étude et laisse entrevoir l'image mentale que les Grecs se forgeaient du paysage infernal.
*(Coll. Kubaba, série Antiquité, 39.00 euros, 402 p.)*
*ISBN : 978-2-296-96307-8, ISBN EBOOK : 978-2-296-50624-4*

**CORPS ET ÂMES DU MAZDÉEN – Le lexique zoroastrien de l'eschatologie individuelle**
*Pirart Eric*
Selon les conceptions mazdéennes, l'individu posséderait plusieurs types d'âmes. Est-ce vrai ? Et qu'advient-il de telles âmes au-delà de la mort ? De quel sexe sont-elles ? Et le corps ? Pour répondre à de telles questions, Éric Pirart analyse les textes zoroastriens des diverses époques anciennes ou médiévales et y décrypte le lexique de l'eschatologie individuelle.
*(Coll. Kubaba, 29.00 euros, 294 p.)*
*ISBN : 978-2-296-99286-3, ISBN EBOOK : 978-2-296-50580-3*

**3000 ANS DE RÉVOLUTION AGRICOLE**
**Techniques et pratiques agricoles de l'Antiquité à la fin du XIXe siècle**
*Vanderpooten Michel*
De la Grèce et la Rome antiques à l'Andalousie arabe, des campagnes gauloises à la France des Lumières et de la Révolution industrielle du XIXe siècle, l'évolution des connaissances et des pratiques agricoles est ici retracée à travers l'étude de près de 4000 documents. Les étapes de la production agricole, à différentes époques, sont étudiées, ainsi que l'entrée de l'agriculture dans l'ère de la chimie et du machinisme.
*(Coll. Historiques, série Travaux, 34.00 euros, 332 p.)*
*ISBN : 978-2-296-96444-0, ISBN EBOOK : 978-2-296-50329-8*

**ANTIQUITÉ (L') MODERNE**
*Wright Donald*
Ce livre étudie le regard que l'homme de la Belle Époque porte sur l'Antiquité. Il analyse la modernité de la Troisième République et ce que celle-ci doit à une interprétation systématique et scientifique des apports grecs et romains. Au travers des textes littéraires et scientifiques ainsi que de nombreux documents ensevelis puis retrouvés dans les archives françaises, ce livre est une étude sociologique d'une époque moderne par excellence qui se veut «classique».
*(Coll. Historiques, série Travaux, 27.00 euros, 274 p.)*
*ISBN : 978-2-296-99168-2, ISBN EBOOK : 978-2-296-50407-3*

**GRANDEUR ET SERVITUDE COLONIALES**
*Sarraut Albert - Texte présenté par Nicola Cooper*
Albert Sarraut fut l'un des maîtres-penseurs du colonialisme de la période de l'entre-deux-guerres. Cet ouvrage de 1931 est l'un des meilleurs exemples de la justification du colonialisme français : il touche à tous les impératifs coloniaux de la France, du tournant du siècle aux débuts de la décolonisation. C'est essentiellement Sarraut qui façonna le langage avec lequel les Français parlaient de leur empire colonial.
*(Coll. Autrement mêmes, 24.00 euros, 200 p.)*
*ISBN : 978-2-296-99409-6, ISBN EBOOK : 978-2-296-50121-8*

**HOMO SAPIENS (L') ET LE NEANDERTAL SE SONT-ILS PARLÉ EN RAMAKUSHI IL Y A 100000 ANS ?**
**Paléontologie génétique et archéologie linguistique**
*Diagne Pathé*
Cet ouvrage présente les découvertes qui permettent pour la première fois d'éclairer de manière factuelle la révolution culturelle et linguistique, qui a planétarisé avec l'avènement de la parole de Sapiens, voire de Néandertal, le monothéisme et les cultes bachiques de bonne fortune et de fécondité, à partir de 300000 et 200000 ans av. J.-C. Les faits qui rendent compte de manière précise de cette révolution sont portés par le ramakushi et son vocabulaire comme langage datable matériellement entre 8000 et 10000 ans av. J.-C.
*(Editions Sankoré, 14.50 euros, 138 p.)*
*ISBN : 978-2-296-99334-1, ISBN EBOOK : 978-2-296-50189-8*

**HISTOIRE DES PEUPLES RÉSILIENTS (Tome 1)**
**Traumatisme et cohésion VIe-XVIe siècle**
*Benoit Georges*
Ce livre revient sur l'histoire de communautés éparses qui, surmontant le traumatisme de leur naissance improbable, firent preuve de résilience collective. Histoire particulière, marginale, de rescapés et de fuyards qui se prirent en charge pour se sauver, trouvant en eux-mêmes, dans leur cohésion intime, cette énergie qui les hissa au-dessus de l'ordinaire. Histoire de petites sociétés horizontales qui, vivant en périphérie du continent européen, irradièrent au loin jusqu'à se poster en économies-monde, quand la société médiévale, toute pétrie de verticalité hiérarchique, clouait la population au sol.
*(Coll. Historiques, série Essais, 23.00 euros, 222 p.)*
*ISBN : 978-2-296-99201-6, ISBN EBOOK : 978-2-296-50168-3*

**HISTOIRE DES PEUPLES RÉSILIENTS (Tome 2) – Confiance et défiance XVIe-XXIe siècle**
*Benoit Georges*
Au XVIe siècle, la Contre-Réforme déclara le meilleur de la bourgeoisie *persona non grata* et, poussant des communautés entières à l'exil, elle les contraignit à se réfugier dans une Eglise plus sociétaire, à tramer du lien social - source de cohésion et de puissance, à faire preuve de cette résilience collective qui fit la fortune de l'Amérique puritaine. Dans ce second tome, cette histoire dit aussi ce que - privées d'une aventure commune - l'Inde des castes et l'Italie du Mezzogiorno ne furent pas ; ce que - par esprit de défiance - l'Amérique des temps modernes pourrait ne plus être.
*(Coll. Historiques, série Essais, 23.00 euros, 224 p.)*
*ISBN : 978-2-296-99200-9, ISBN EBOOK : 978-2-296-50167-6*

**VAGABOND (LE) EN OCCIDENT. SUR LA ROUTE, DANS LA RUE (Volume 1) – Du Moyen Age au XIXe siècle**
*Sous la direction de Francis Desvois et Morag J. Munro-Landi*
Les textes ici réunis se proposent de fixer une image du vagabond dans les cultures occidentales. Du Moyen Age à nos jours, les sociétés occidentales ont hésité entre fascination et répulsion pour le nomadisme, enviable quand il est choisi, détestable et harassant quand il est imposé. Ces contributions reviennent sur l'histoire de ce phénomène, son accueil et sa pénalisation, ainsi que sur ses représentations dans la littérature et les arts plastiques.
*(38.00 euros, 378 p.)* *ISBN : 978-2-296-99153-8, ISBN EBOOK : 978-2-296-50110-2*

**VAGABOND (LE) EN OCCIDENT. SUR LA ROUTE, DANS LA RUE (Volume 2)**
*Sous la direction de Francis Desvois et Morag J. Munro-Landi*
Ce volume s'interroge sur l'esthétisation progressive et simultanée, partout en Occident, du vagabond. Bohème et poète, on le voit dériver lentement d'une recherche d'identité plus ou moins consciente et assumée vers la désagrégation personnelle et le désenchantement incarnés par les bandes de voyous et les punks. Le vagabondage retrouve alors sa fonction première de quête de la survie, mais avec un horizon beaucoup plus sombre désormais.
*(35.00 euros, 346 p.)* *ISBN : 978-2-296-99154-5, ISBN EBOOK : 978-2-296-50111-9*

**BALEINES (LES) FRANCHES**
*Soulaire Jacques*
Véritable encyclopédie richement illustrée, ce livre nous plonge dans les mers froides, à la découverte de l'univers passionnant des baleines franches. Un premier volet détaille l'anatomie et la physiologie de ces géants du monde animal, un second déroule l'histoire de leur pêche par pays de manière chronologique, ce qu'aucune histoire de la chasse à la baleine n'avait fait auparavant.
*(SPM, 39.00 euros, 560 p.)* *ISBN : 978-2-901952-93-0, ISBN EBOOK : 978-2-296-50078-5*

**HISTORIQUE DE L'ARTILLERIE DE MARINE ET DE LA COLONISATION FRANÇAISE**
*Laloire Jean-Claude - Préface du général de brigade Bertrand Noirtin*
Cet ouvrage présente les *Bigors*, les Artilleurs de Marine, engagés hors du territoire métropolitain, en particulier sur les continents africain et asiatique, depuis leur création officielle en 1692. Ils ont apporté une contribution décisive à la constitution des empires coloniaux successifs, et à leur gestion. L'artillerie de Marine constitue aujourd'hui une armée d'excellence face aux menaces actuelles.
*(11.50 euros, 94 p.)* *ISBN : 978-2-296-99254-2*

**HISTOIRE NAVALE HISTOIRE MARITIME**
**Mélanges offerts à Patrick Villiers**
*Textes réunis par Christian Borde et Christian Pfister*
Ces contributions traitent de l'histoire navale et maritime de l'Antiquité romaine à la période contemporaine. Transgressant la frontière entre marine de guerre et de commerce, P. Villiers a ensuite mené des travaux sur l'archéologie du vaisseau de guerre à l'Âge classique, la bataille navale, les dynamiques portuaires, le commerce colonial et la traite des esclaves, les convois atlantiques et la guerre de course, sans oublier la marine de Loire.
*(SPM, 21.00 euros, 210 p.)* *ISBN : 978-2-901952-92-3*

**ROYAUMES (LES) NÉO-HITTITES À L'ÂGE DU FER**
**Les Hittites et leur histoire**
*Freu Jacques, Mazoyer Michel*
Ce livre présente l'époque dite néo-hittite et fait une conclusion globale sur l'histoire et la civilisation hittites. L'histoire des États «néo-hittites» débute après l'effondrement, vers -1180, du grand royaume de Hatti. Elle a connu plusieurs phases : l'âge d'or, celui des contacts réguliers avec les Assyriens et les rois d'Urartu, d'Israël et de Phrygie ; la période finale et la conquête assyrienne, de la seconde moitié du VIIIe siècle à la fin du VIIe siècle avant JC.
*(Coll. Kubaba, série Antiquité, 36.00 euros, 366 p.)* *ISBN : 978-2-296-99244-3*

**SOLEIL (LE) ET LA LUNE DANS LE PAGANISME SCANDINAVE DU MÉSOLITHIQUE À L'ÂGE DU BRONZE RÉCENT (DE 8000 À 500 AV.J.-C.)**
*Ettighoffer Patrick*
Le Soleil et la Lune jouent un rôle déterminant dans les structures mêmes du paganisme nordique. Les deux luminaires sont indissociablement liés sous le terme de «cycle vital», autrement dit l'alternance vie-mort-renouveau. Voici un exposé historique, archéologique et iconographique, enrichi de recours à l'ethnographie, la tradition littéraire, la linguistique, l'étymologie et la toponymie.
*(Coll. Kubaba, série Antiquité, 36.00 euros, 348 p.)* *ISBN : 978-2-296-96990-2*

**L'HARMATTAN, ITALIA**
Via Degli Artisti 15; 10124 Torino

**L'HARMATTAN HONGRIE**
Könyvesbolt ; Kossuth L. u. 14-16
1053 Budapest

**ESPACE L'HARMATTAN KINSHASA**
Faculté des Sciences sociales,
politiques et administratives
BP243, KIN XI
Université de Kinshasa

**L'HARMATTAN CONGO**
67, av. E. P. Lumumba
Bât. – Congo Pharmacie (Bib. Nat.)
BP2874 Brazzaville
harmattan.congo@yahoo.fr

**L'HARMATTAN GUINÉE**
Almamya Rue KA 028, en face du restaurant Le Cèdre
OKB agency BP 3470 Conakry
(00224) 60 20 85 08
harmattanguinee@yahoo.fr

**L'HARMATTAN CAMEROUN**
BP 11486
Face à la SNI, immeuble Don Bosco
Yaoundé
(00237) 99 76 61 66
harmattancam@yahoo.fr

**L'HARMATTAN CÔTE D'IVOIRE**
Résidence Karl / cité des arts
Abidjan-Cocody 03 BP 1588 Abidjan 03
(00225) 05 77 87 31
etien_nda@yahoo.fr

**L'HARMATTAN MAURITANIE**
Espace El Kettab du livre francophone
N° 472 avenue du Palais des Congrès
BP 316 Nouakchott
(00222) 63 25 980

**L'HARMATTAN SÉNÉGAL**
« Villa Rose », rue de Diourbel X G, Point E
BP 45034 Dakar FANN
(00221) 33 825 98 58 / 77 242 25 08
senharmattan@gmail.com

**L'HARMATTAN TOGO**
1771, Bd du 13 janvier
BP 414 Lomé
Tél : 00 228 2201792
gerry@taama.net

655595 - Mai 2016
Achevé d'imprimer par

1livre.com
du rêve à la réalité !

www.ingramcontent.com/pod-product-compliance
Lightning Source LLC
LaVergne TN
LVHW010952061026
849535LV00006B/1684